U0391551

规划下乡

何兴华 著

中国建筑工业出版社

图书在版编目（CIP）数据

规划下乡 / 何兴华著 .— 北京：中国建筑工业出版社，2023.12
ISBN 978-7-112-29580-7

Ⅰ . ①规… Ⅱ . ①何… Ⅲ . ①乡村规划—研究—中国
Ⅳ . ① TU982.29

中国国家版本馆 CIP 数据核字（2023）第 253316 号

实施乡村振兴战略是新时代“三农”工作的总抓手，是全面建设社会主义现代化国家的重大历史任务。“乡村振兴，规划先行”已经成为社会共识。本书紧扣乡村振兴的主题，将规划下乡置于乡村变迁大背景中，从人居实践、文脉传承、社会革命、改革开放、转型升级、统筹协调、振兴活化、治理创新、知识生产九个角度对我国的乡村规划进行论述。对乡村人居传统以及代表不同发展阶段的乡村规划，例如大寨式新村规划、村镇规划、小城镇规划、城中村规划与传统村落保护规划等进行了分析，对相关部门规划的早期合作，以及国土空间规划中乡村规划如何更好地为乡村振兴服务进行了阐述，既互相连贯又相对独立成篇，可供相关专业的青年学子和城乡规划建设管理工作者参考。

策划编辑：高延伟
责任编辑：杨　虹　尤凯曦
责任校对：赵　力

规划下乡
何兴华　著
*
中国建筑工业出版社出版、发行（北京海淀三里河路 9 号）
各地新华书店、建筑书店经销
北京海视强森图文设计有限公司制版
北京富诚彩色印刷有限公司印刷
*
开本：787 毫米 × 1092 毫米　1/16　印张：22½　字数：364 千字
2024 年 12 月第一版　2024 年 12 月第一次印刷
定价：**116.00** 元
ISBN 978-7-112-29580-7
(42287)

前言

书名定为“规划下乡”，主要是为了简明、醒目，与本书内容相对应。规划的概念复杂，可以根据自己从事的工作做多种不同的理解。这里的规划，主要指城市规划。规划下乡，指城市规划为主的专业工具在乡村地区的应用。

国际视野的现代规划，最初主要是为解决城市问题服务的，所以专业名称叫城市规划。由于城市化进程引起乡村地区的衰落，产生了乡村保护和复兴运动，逐步出现了乡村规划的实践，城市规划也因此更名为城乡规划。然而，乡村规划并不是一个与城市规划并列的专业，而是城市规划专业在乡村地区的业务拓展。因此，讨论城市规划在乡村地区的适应性是规划实践与理论不可回避的议题。从这个角度说，规划下乡，也可以指城市规划演化为城乡规划的过程。由于不同国家、不同时期的城市规划有很大的不同，规划下乡也就有了完全不同的内容和意义。

与其他国家类似，从西方引入我国的现代城市规划，最初侧重于与城市发展相关的物质环境建设的内容，后来扩展为包括城市与乡村多个空间层次的改善物质环境与改进社会生活相互促进的各种努力。不同的是，中国传统的农业文明高度发达，1949 年中华人民共和国成立后逐步实行了城乡二元的经济社会制度，我国现代化的核心问题是对农业、农村和农民的改造。我国设立城市规划专业的初衷并不是为了乡村的发展，后来却需要面对特殊国情，处理城乡二元结构条件下的乡村问题，这必定需要一个艰难的适应过程。

乡村，是与城市相对应的概念。城市与乡村，简称“城乡”，属于人居环境的基本形态。无论是从空间范围，还是从要素构成看，城乡的概念都远大于城市。城市化使得产业和人口高度集中，住房紧张、交通拥挤、环境污染，“城市病”困扰全社会。与城市相比，乡村人才流失，居住分散，设施落后，技术力量薄弱、管理能力不足。乡村规划所涉及的内容，不能局限于乡村人居物质环境的改善，必须与乡村社会的综合治理结合起来考虑。因此，需要将城市规划下乡放到乡村变迁的大背景中进行观察。

讨论乡村变迁，不能漫无边际，需要有一个时间的概念和观察的角度。本书以传统农村衰落以及近百年来社会精英振兴乡村的努力过程作为背景，以乡村人居实践不同阶段的主要矛盾及其影响因素的变化为重点。讨论规划下乡的主线是1949年后由政府部门组织推动的乡村规划实践。

我是一个公务员，但是有一些学术爱好。在调研和阅读的基础上，计划利用公务之余，写作三本专业书，分别讨论我对"城市""乡村"和"人居"的学习体会。第一本《城市规划中实证科学的困境及其解困之道》，是由吴良镛先生指导完成的清华大学博士学位论文，已于2007年由中国建筑工业出版社出版。第三本，暂名为《人居概论》，讨论人居实践中的知识生产及其科学化问题，已经完成初稿。读者看到的这本书是我计划写作的三本专业书之一。最初，我以规划下乡为题材写作，其实，只不过是自我小结，是写给自己看的，主要的目的是回顾总结乡村地区的规划实践，为我完成《人居概论》一书做准备。

近年来，特别是国家实施乡村振兴战略之后，乡村规划成为热门话题。不同性质单位，包括党政机关、规划设计院、大学、学术会议甚至国际会议组织方，多次邀请我就此议题演讲或参加讨论。部分内容也通过网站、杂志公开发表，受到普遍欢迎。根据这个情况，我决定调整写作计划，采取两本书同时进行的方式，适当加快《规划下乡》的写作进度。

我希望，一个长期从事城乡规划管理工作的退休公务员和学术爱好者，根据自己早期的实际工作经历和近年的学习交流体会写作的这本书，能为那些不大了解中国乡村情况的青年学子提供力所能及的帮助。当然，如果您是希望到乡村去开展规划，或者您是专门从事乡村规划的规划师；如果您是希望到乡村去开展调研，或者您是对乡村某个方面问题有深入了解的研究人员，本书或许可以从整体的人居视野，提供更多维度的观察，便于拓展思路。此外，本书或许可以引起一部分乡村管理人员、社会工作者、学术爱好者的业余阅读兴趣，那就是额外的收获了。

其实，对于读者的预设是我的一厢情愿。我们已经进入一个前所未有的网络时代，信息的来源和传播工具多元化，读者完全可以用更加快捷有效的方式得到自己想要的知识，为何要读这样的文字呢？这涉及我对城乡规划知识生产方式的看法。作为应用型学科，我们确实可以从已有的知识积累中，随时随地根据形势和工作的需要重新组织、写作和传授社会急需的文章，快速高效地解决当下的问题。但是，现实生活中还有另外一些知识，没有什么具体的用处，却需要长时间实践积累才能体会到。这些知识大多生产过程复杂，无法简单地判断对错，甚至会不断地反复出现，并引发争议。这本书所要讨论的内容，基调就是如此，它是我结合四十多年公务员生涯对乡村规划进行的归纳和思考，许多问题可能并没有标准答案，今后或许仍将长期存在。

写作的构思大体上按照一个互相关联的问题链逐步展开。主要包括：什么是乡村？什么是规划？什么是乡村规划？城市规划为什么要更名为城乡规划？城市规划与城乡规划到底有什么区别？政府为什么推动规划下乡？规划下乡的过程是如何演进的？政府推动的规划工作与作为学科发展的规划专业是什么关系？乡村规划如何更好地为乡村振兴作出贡献？

这可能是规划界乃至社会普遍关心，但还并不是十分清楚的问题。这些问题是在实践中逐步产生的，经过一段时间的积累，需要从理论与实践结合的角度回顾总结，做出回答。我知道，这些问题十分复杂，不可能在一本书中完全说清楚。更何况，从不同角度观察某个问题，情况也会很不相同。但是，只要尽了自己的努力，心中自然更加安宁。

全书共分为九章，它们既互相连贯，又相对独立成篇。每章的内部结构大体上包括四个有一定逻辑联系的部分，一是背景情况，介绍议题涉及更为宏观的政治、经济、社会、文化发展背景；二是乡村变迁，就所述议题乡村方面的表现，特别是宏观背景对乡村的影响进行分析；三是规划应对，讨论人们根据需要对乡村人居进行的干预，重点是政府部门和专业领域采取的措施；四是本人看法，主要分享一些专业方面的学习体会。当然，这只能是大体上的考虑，每章会因具体议题不同而有所区别。

本书的内容涉及大量的国家重大政策和规划专业领域的重要活动，且时间跨度较大，观点不妥之处在所难免，敬请大家批评指正。

目 录

3　社会革命中的乡村规划

4　改革开放中的乡村规划

8 治理创新中的乡村规划

9 知识生产中的乡村规划

1 人居实践中的乡村规划

从人居实践视野观察乡村规划，目的是为乡村和规划两个概念定位，将乡村规划看作是对乡村人居实践的干预。乡村变迁体现的是人类文明进程，城市化是乡村人居变迁最主要的表现形式。讨论城市规划下乡的过程以政府推动的乡村规划为主线，本质上属于对自治乡村的外力干预。在乡村变迁中找寻乡村规划的恰当定位，可以起到统领全局的作用。

1.1 人居实践的视野

1.1.1 层次结构及其整体性

人居实践是人类社会实践的重要方面。

在本质上，人类全部的社会生活都是实践。实践，是人能动地改造世界的物质活动，是以客观事物为对象的现实的物质性活动，是主体对于客体的改造。实践从一开始就是社会的实践，是历史地发展着的实践。只有从实践出发才能真正理解人与世界的关系，理解人的活动的本质特征。实践活动是人特有的存在方式，人只有在实践中才能生存和发展。与动物本能的、被动的适应性活动不同，人的活动是有意识、有目的的。人类生存的第一个前提是必须首先满足吃穿住行等基本物质需要。

因此，人类的第一个历史活动，也是每日每时必须进行的基本活动，就是直接物质生产条件的生产与再生产。正是这种不同于动物的物质实践活动，不断地创造着人类生存和发展的根本条件，构成了人所特有的存在方式。由于人类的社会生活是丰富和复杂的，实践的形式也是多种多样的。从内容上看，实践大体上可以分为三种基本类型，即物质生产实践、社会政治实践、科学文化实践。它们既有各自不同的社会功能，又密切联系在一起。其中，物质生产实践是最基本的实践，它构成人类全部社会生活的基础。后两个类型的实践是在此基础之上发展起来的，受物质生产实践的制约，并对物质生产实践产生反作用。[①]

毫无疑问，人居实践是人类社会实践活动的重要方面。人居实践，是人类为了满足自身居住需要，利用各种资源，对人居环境进行选择、营建、分配、使用、维护、改造等活动的全过程。人居实践是与人类生存和发展同步的实践行为，是人类改造自然、改造社会、改造自身的重要内容，是人类社会生活的一种方式。人类在地球表面求生存、谋发展，选择宜居之地定居，形成人居环境。人居环境既可以看作人居实践的对象，也可看作人居实践的主要成果。人是实践的主体，环境是实践的客体。人类居住，既是人对环境进行认识后所采取的行动，同时也是人在日常生活生产中与周围环境的互动，时刻都在发生着变化。正因为如此，当我们希望表达这种行动以及互动时，需要用人居实践这样一个更高一级的概念来包含人居环境建设、城市发展、乡村振兴、区域协调、遗产保护等众多相关的概念。

人居实践与人的社会实践是同构的，可以分别从物质生产意义上的人居营造、社会政治意义上的人居治理、科学文化意义上的人居研究等多个方面进行讨论。人居实践是人类改造世界和自身的重大实践活动，涉及不同主体利益关系的分配和社会分工的调整，必定是一个相当复杂并充满矛盾的艰难过程。

人居实践具有独特的层次结构。

从人居实践的角度观察人居环境，不再停留在物质形态外观，而是遵循形

① 中共中央宣传部理论局．马克思主义哲学十讲 [M]. 北京：学习出版社，党建读物出版社，2013：35-39.

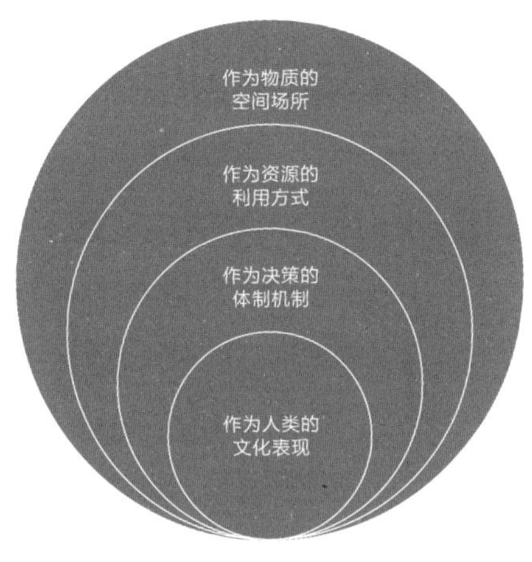

图 1-1 人居实践的四个层次

式（form）、资源（resource）、制度（institution）、文化（culture）的路径逐步深入。与此对应，人居实践可以归纳为物质空间形态、资源利用方式、决策体制机制、精神文化内涵等四个由外而内的基本层次（图 1-1）。根据人居实践的层次结构，人居实践活动可以理解为场所营造、资源利用、制度建设、文化创新等内容。[①]

与人居环境强调要素的构成不同，人居实践更加重视资源的利用。广义讲，资源既包括自然形成的相关物质环境条件，也包括人为的相关劳动成果。资源中最为基础的是地表空间，主要体现方式是宜居环境，核心是建设用地。土地是“人类财富之母”，建设用地及其地上的建筑物、构筑物、基础设施等人居环境相关要素是人类宝贵的物质财富。原始共产主义时期，人居实践普遍遵循着自然条件的限制和社会等级的约束，还没有形成资源利用和财富积累的观念。进入阶级社会之后，人居实践逐步成为财富积累和分配的重要途径。在任何一个阶段，占统治地位的社会阶层对物质和精神财富的理解，都会转化为对建筑物和城市的要求，形成主流的新形制和建筑风格。人居环境成为重要的资源，成为最宝贵的财富体现方式。经历了历史风雨洗礼之后的城乡居民点更是如此。

作为资源和财富的人居环境给谁用、为什么给他用，成为必须回答的基本问题。于是，人们开始认识到资源利用和财富分配规则的重要性，制度建设提上议程。制度本身虽然可以看作社会文化的构成部分，但是，人居实践层面的制度更多的是作为资源利用方式的决定性因素来讨论的。从宏观层面进行观察，国家作用、市场机制、民众互助三种力量此消彼长和共同作用，构成波澜壮阔的历史画卷，决定着资源利用和财富分配的方式。国家作用指政治权力或公共权力的干预，主要集中在政

① 何兴华．人居科学：一个由实践建构的科学概念框架 [J]．人居科学学刊，2016（4）：39-47.

府部门和大型的公共机构。市场机制指商品交换方式带来的巨大影响，特别是自由市场竞争、垄断的冲击，这种力量主要来源于作为市场主体的公司企业。民众互助原本是传统乡土社会基本的生活生产方式，但随着自由市场失灵和政府干预失效问题的提出，它被赋予了新的含义。社区自治组织以及非政府、非营利的机构作为公众参与现代治理的理念而得到推广。

广义的文化是“人类在社会历史发展过程中所创造的物质财富和精神财富的总和”，这种情况下，神话、宗教、历史、政治、艺术、科学等都是文化，建筑、城市、人居本身也属于文化的范畴。人居实践中所说的文化并不是指广义的文化，也不是指考古学角度的“同一个历史时期的不依分布地点为转移的遗迹、遗物的综合体”。那样，无法理解跨越时空的人居实践。在人居实践中，文化指通过具体社会、民族、地域范围和历史阶段的经济方式、组织形式、意识形态、价值规范、行为规则构成的社会文化体系。这个社会文化体系深刻影响着人居实践的方式和人居环境的形态。一个时代、一个地区、一个民族的人居环境是文化乃至文明的重要构成。更进一步，由于人居环境能够经历长时间延续，更能体现文化的整体性和普遍性，更能反映文化的连贯性和动态过程。因此，人居实践具有文化人类学角度社会文化的几乎所有特征，人居实践成为衡量社会进步、人民幸福的重要方面。

层次间的互动增强了人居实践的整体性。

人居实践的层次不是单独存在的，而是一个整体，是互相牵制、互相促进的。其整体性体现在，物质空间形态的构成，取决于资源利用的方式。建成后的物质空间环境，成为资源的要素。资源利用的方式，反映了决策体制机制的情况。利用中的资源，成为影响决策体制机制的因素。决策体制机制和制度，受到了社会历史文化的影响。形成后的制度，成为精神文化的重要组成部分。当我们参观一幢住宅、一个小区、一座城镇，如果只注重其美丽外表，拍摄一些照片带回去模仿，是学习不到真东西的。需要根据物质环境的形态、位置和尺度等外观情况，分析土地、投资、材料、设备、技术等资源使用情况，并由此与建设体制、管理制度、决策机制，以及社会文化状态建立联系。这是一个由外而内、由浅而深的分析框架。

从人居实践视野观察，直接干预人居环境的物质形态是相对容易的，只要有足够的资金和人力投入，就能够做到。要改变资源利用的方式就较难，需要处理大量的利益关系和矛盾。要改变体制机制和制度则更难，需要长时间的实践积累和共识的形成。场所营造、资源利用、制度建设的问题，最后集中反映的都是整体文化。因此，真正治根的事情，也是最难的事情，是改造社会文化，或者推动社会文化的进步。社会文化反映的是人们需要的变化，体现的是民众对于人居实践的认识和理解。

理解这个问题的难点并不是空间的尺度和类型，而是“人”与“物”的关系。一是定位于“物”，关注物质环境及其营造方式；二是定位于“人”，关注人的需要及其满足方式；三是对人与物互动的过程进行观察，关注人类居住活动及其文化创造过程。专门研究物质环境，是工程技术和应用科学的长处；单纯地研究人的需要，是人文学科和社会科学的长处。而人居研究的任务定位于“居”，即人类为了满足生存和发展需要而创造和改善人居环境的动态实践过程。本质上，人居实践各个层次的整体性是“人”与“物”关系的体现，不存在游离在人与物互动关系之外的人居实践内容。当我们用人居实践这个方法论工具观察世界，就如同找到了一个“万向球”，既可以与各个不同角度的问题建立方便的联系，又不会因为缺乏地标方向而走入漫无边际的原野。

1.1.2 规划作为主导

规划是对人居实践的统领。

建筑师心目中的规划，与设计的含义类同，经常合称规划设计。在传统的营造活动中，规划设计是一个环节。在实际的规划管理过程中，规划通常只是为建筑设计提供的前提条件。正如联合国人居奖获得者、英国建筑师 J. 特纳所分析的，规划（planning）是与组织、筹资、征地、择技、建造、维护并列的七项居住（housing）的基本活动之一。[①] 因此，仅凭“科学合理”的规划设计方案，不一定能在实际的

① TURNER J. Channels and community control[M]// D CADMAN, G. PAYNE. The living city. London: Routledge, 1990.

社会生活中发挥作用。如果从人的社会生活实践考虑，不管是作为“乐队指挥”来培养的传统建筑师，还是具有生态美学思想的景观设计师，或者是经过综合训练通过考试的注册城市规划师，恐怕都难以独自胜任规划师大任。主要的原因是，不论是传统的形体规划认为的空间布局合理，还是现代的综合规划认为的决策过程合理，都不一定能理解权力结构和利益关系的复杂性，最终被扭曲成实用主义的咨询，难以形成科学的规划。

人居实践为我们提供了认知文明进程中规划作用的基本框架。用人居实践原理观察规划，立即面临多个选择，产生了全景式的视野。规划是直接安排物质环境，还是干预资源利用？是各种制度与政策的顶层设计，还是社会文化的改良？回答这些问题，需要将规划的作用从作为物质营造的环节，提升到对人居实践过程的统领。使用规划的条件和能力决定了规划的类型和内容。因此，单纯地强调规划的物质性、治理作用或者综合性，显得没有实际的意义。这些规划都是需要的，它们在不同的层次上发挥着不同的作用。进一步深入思考，我们不难看出，在人居实践中，需要从物质空间场所的赋形、资源利用方式的变革、决策体制机制的创新、人类精神文化的表现等多个层次才能全面理解规划。

农业革命中，规划即“驯化”（domesticate），拉丁文“domus”就是指“房子”，这时规划或设计存在的前提是其房屋营造能力。定居农业使人们逐步建立了聚居概念，拥有了更多预测未来的条件，产生了更好地防卫特定领地的需要。这时，规划的韧性就提高了，它不仅是房屋建造，还要铺路挖沟。城市的出现和大型基础设施的建设使得工程问题复杂化，规划设计逐步职业化。规划师或设计师可以作为国王、大臣和主教的“私人顾问”，在权力和财富的护佑下展示成功者的风采。工业革命后，自由资本主义为私有财产的扩张提供了保障，也为技术开发和大型工程的建设提供了组织和资金条件。但是，土地开发混乱无序，资源利用和财富分配极不合理，导致了空间的两极分化和环境卫生的恶化。这为现代城市规划从传统的城市设计中分离出来提供了条件，规划成为治理创新的手段。作为公共权力对于人居实践的干预，规划不再局限于某个环节，而是对整个人居实践的统领。规划不仅表现为对物质空间环境形态的直接设计，同时也渗透到制度设计和政策制定的过程之中，深刻地影响各种资源利用的方式，以及人们的社会生产和日常生活。

规划的主导作用离不开空间安排。

在中文里，规划、建设、管理经常作为城乡建设的三个阶段，实际上这是不够严谨的。从人居实践角度讨论规划，建设成为规划的实施，管理成为规划的监督。然而，建设有狭义和广义之分。狭义的建设指各项建筑活动，包括住宅、工业厂房和生产性设施，学校、商店、医院，车站、码头、机场，图书馆、文化馆、体育馆等各类公共建筑，以及道路桥梁、供水排水、电力电信、垃圾处理等各项基础设施的建设与维护。广义的建设包括社会发展的各项活动，是政治建设、经济建设、社会建设、文化建设、环境建设等国是的统称。对前者而言，规划是建设的"龙头"；对后者而言，规划是实现更宏伟目标的工具。可见，即使从人居实践角度讨论的规划，也并非人类规划的全部内容。需要注意的是，不论是哪种规划，本来就是公共权力的作用范围。区别在于，是否需要利用职业主义的人才来做。

我们将讨论的规划，聚焦于城市和乡村。人们在观察城乡变迁的时候，通常较多地关注物质环境外观的变化，例如建筑物、街道、绿化、基础设施的集中和分散等。与工业化强调产业发展、城市化强调社会转型有所不同，人居实践的核心目标必须是人类居住需要的满足，其他的内容处理成它的背景和工具。居住需要的满足不能脱离空间场所的创造、使用和维护，人居实践中的城乡规划离不开空间安排。随着技术进步和社会发展，人居环境演化为村庄、集镇、城市、区域等不同形态。对人居环境的干预，不论是法律法规、政策文件、体制机制、人才队伍等制度建设，还是土地、资金、人才等资源利用，或是技术标准、图纸模型等直接的形式构成，最终都是要通过空间安排才能真正发挥作用。不同层次的规划内容十分丰富，但是必须通过空间安排得到落实。城乡规划的专业特性最终体现为空间安排的能力。

必须看到，人类的各种需要在地表空间上进行"叠加"，空间安排必定面临众多的选择，充满了尖锐的矛盾，绝不是凭专业人员的主观想象，或者某个社会组织的权力干预就能解决。社会综合改善及其物化过程，其目的都是协调空间需要的矛盾，为更好地满足人的空间需要创造条件。人居实践是居住权的争取和博弈，涉及巨大的利益。人的组织管理、资源的选择利用、物质要素的布局，技术路线的确定、施工建设和质量监督，以及建成环境的分配使用和日常维护等主要环节，都会影响到居者的利益。解决矛盾、平息争议，需要权威性。由于城市的人口、产业等要素在空间上高度集中，使得问题更加明显，矛盾更易爆发，最终导致政府更多的干预。通过政治决策、立法等获得授权，成立机构、雇佣人员、建章立制，城市规划逐步成为专业技能、政府行为和社会运动的综合体。乡村规划是这项干预的延伸，针对的是乡村地区的非农化、城市化、现代化过程。

1.2 乡村变迁的维度

1.2.1 文明进程与城市化

乡村变迁是全方位的文明进程。

乡村变迁，包括经济、社会、文化、生态、环境等方面动态的变化过程，但我们将讨论聚焦于乡村人居，其他处理成影响因素。与变迁有关的内容，包括正面意义的发展、改善，负面意义的衰退、破坏，中性意义的维持、保护等。乡村人居实践较好地整合了相关内容，它既不限定在物质建设范畴，也不扩展到乡村发展的所有方面，而是与乡村人居改善有关的各项活动。

虽然中国是文明古国，有自身独特的乡土文化传统，但是，面对西方先进的科技和城市文化主导的世界，落后还是挨打了。1840年后，帝国主义用坚船利炮，打开了中国的国门，传统乡土社会逐步解体，城乡物质环境出现前所未有的快速衰退。内外交困中，中国沦落为一个基本上没有什么工业、农业十分落后的赤贫的农业国。面临乡村衰落，有识之士从民国时期就一直试图振兴乡村，但效果平平。农村落后、农民贫困成为革命的主要动力。新中国成立之时，我国仍是一个农业大国，工业基础十分薄弱，城市化水平只有10%。在社会主义建设中，农村经受了多次政治运动的冲击和改革开放的洗礼，面貌已发生了翻天覆地的变化。经过几代人持续不断的努力，中国已经从一个赤贫的农业国，发展成为世界上第二大经济体。工业化、城镇化、现代化、全球化、信息化快速改变着城乡关系。

一百多年来，中国共产党领导中国人民创造了一系列伟大的成就，“党和人民百年奋斗，书写了中华民族几千年历史上最恢宏的史诗。”[①] 在每一个阶段，无论是新民主主义革命、社会主义革命和建设，还是改革开放和社会主义现代化建设、新时代中国特色社会主义建设，中国农村变革都起到了基础性的作用。甚至可以说，农村问题能否妥善处理，决定了中国的国家命运。众所周知，20 世纪我国发生的两次最伟大的变革都是最先从农村开始的。

然而，中国农村有其特殊性，农村始终是一个发展的瓶颈。农村问题与农业和农民问题联系在一起，构成复杂的“三农问题”。所谓“三农问题”，其实是同一个问题的三个不同侧面，分别体现了传统农业文明在现代化过程中涉及的农民从业、定居和身份问题，反映的是传统意义上的农民群体生活的经济来源、居住环境和人际关系。“三农问题”之所以会长期存在，是因为我国的传统农业文明十分发达、持续时间很长、影响极为深远，改变过程复杂艰难。

“三农问题”中，与城乡规划最为密切的是农村问题，即与土地、建筑物、村庄和集镇等乡村人居环境有关的乡村人居实践。但是，影响农民居住地最重要的社会因素是经济来源。为了能生存下去并且生活得更好，农民可以放弃原先熟悉的居住环境，到城市或者其他陌生地方去挣钱。从业问题又涉及农民的身份问题。这三者的关系促使我们思考城市与乡村、人居实践与社会变革的整体关系。因此，乡村变迁涉及众多层面，是全方位的文明进程。

乡村变迁追寻着城市化主线。

在我国，农村与乡村两者经常相互通用或者混用。例如《中国农业百科全书》中将农村解释为“以从事农业生产为主的农业人口居住的地区，具有特定的自然景观和社会经济条件，也叫乡村”。[②] 在《现代汉语词典》中，乡村指的是“主要从事农业、人口分布较城镇分散的地方”。可见，传统意义的农村，指以从事农业生产为主的人聚居的地方。乡村，是与城市相对应的概念。虽然乡村指城市以外的地区，但是，海洋、高山、沙漠、森林、湿地等无人居住的地方不能算作乡村，乡村

① 中国共产党十九届六中全会决议。

② 中国农业百科全书总编辑委员会农业经济卷编辑委员会，中国农业百科全书编辑部．中国农业百科全书：农业经济卷 [M]. 北京：农业出版社，1991.

的前提是有人居住。另外，还有两个条件，一是这些人从事农业，二是人口比较分散，涉及产业和从业人口的分类以及人口的空间分布。因此，在日常用语中，乡村就是农村。实际上，乡村与农村是有一定区别的。

虽然乡村变迁的表现形式多种多样，但是集中体现为城市化过程。城市化，在我国称为城镇化，展示了人类生产和生活方式由乡村型向城市型转化的过程。城市化实质的含义是，“人类进入工业社会时代，社会经济的发展开始了农业活动的比重逐渐下降、非农业活动的比重逐步上升的过程。与这种经济结构的变动相适应，出现了乡村人口的比重逐渐降低，城镇人口的比重稳步上升，居民点的物质面貌和人们的生活方式逐渐向城镇性状转化或强化的过程”。[①] 城市化是全世界发展的大趋势，具有一定的客观规律性。

城市化促使人才、资金、产业等资源向城市集中，提高了生产效率和生活质量，但是，在城市扩张的同时，产生了居住拥挤、交通拥堵、环境污染等“城市病”，也导致了农村的衰退。于是，传统农村地区的发展提上议程。随着经济技术发展和社会文化进步，传统农村地区的内部同步发生着生产和生活方式的变化，例如，耕种方式机械化、养殖规模化、家庭小型化、设施现代化等。更重要的是，农村非农化、工业化引起农村城市化，传统农村逐步变迁为现代乡村，甚至培育了新的城镇。

随着农村非农化、工业化、城市化和现代化的推进，一些传统的农村地区居民已经不再以从事农业生产为主，但是其居住和生活方式仍达不到城镇的标准，在这种情况下，用乡村一词，似乎更加符合实际。[②] 乡村与农村的区别在我国农村改革开放后变得更加明显。随着乡镇企业的发展，农民的身份与是否从事农业已经没有必然的关系。更进一步，随着小城镇发展战略的推行，城市化在中国变为城镇化。因此，从逻辑上讲，乡村应该包括农村，但是农村还不是乡村的全部含义。城市中也是有农业的，而乡村也是有工业的。

---

① 周一星．城市地理学[M]．北京：商务印书馆，1995：64-65.

② 胡序威，序，见郑弘毅，等．农村城市化研究[M]．南京：南京大学出版社，1998.

1.2.2 城乡划分与城镇村的理解

城乡划分是个大难题。

因为劳动分工、社会管理和研究工作的需要，人们逐步将人类社会分为城市和乡村两大部分。但是，在具体操作中，如何划分城市和乡村，可以说是一个世界性的大难题。事实上，要找到一个与当代世界实际相符合的、令人信服的城市或城镇的定义是不容易的，更难找到一个可以应用于不同时代的解释。反过来看，城市定义的困难也就是乡村定义的困难。因为两者经常互相界定，形成逻辑循环。

我国的《乡村振兴促进法》中明确，“本法所称乡村，是指城市建成区以外具有自然、社会、经济特征和生产、生活、生态、文化等多重功能的地域综合体，包括乡镇和村庄等”，其前提是需要对城市建成区进行识别。《城乡规划学名词》从规划专业的角度给城市与乡村下了定义，将城市表述为，“以非农产业和一定规模的非农人口集聚为主要特征的聚落”，把乡村描述为“具有大面积农业或林业土地使用或有大量的各种未开垦土地的地区，其中包含着以农业生产为主，人口规模小、密度低的人类聚落”。[①]

城市与乡村的区别，本质上反映的是人类生活和生产方式的不同。但是，这样的不同是渐进的，并无一条明确的界线。一般来讲，城市与乡村相比，人口规模更大、居住更为集中、从事非农业为主的活动，有更加完善的公共服务和基础设施，通常是一定区域范围内政治、经济、文化的中心。即使如此，在不同的时间阶段和空间范围，城市的理解也有很大的差异。在全球范围很难形成统一的城市定义和界定标准。

但是，城乡划分又是十分重要的。这不仅涉及一个地域空间单元内居民的身份、居民点的性质，同时关系到一个社会的治理、经济活动和统计分类等。更为重要的是，城乡划分是衡量城市化水平的前提条件。城市化，表现为乡村人口向城市人口转化，以及城市不断发展和完善的过程，从一个侧面反映了一个国家或地区所处的

① 城乡规划学名词审定委员会．城乡规划学名词 [M]. 北京：科学出版社，2020.

发展阶段和基本状态。城市化水平的计算，一般用一定区域内城市人口占总人口的比例来表示，这就需要明确的城市人口计算口径。就本书而言，城乡划分也是讨论规划下乡的前提条件。

中国城乡划分的特殊性。

城市和乡村原本是客观存在，绝大多数国家都有所区分。但是，我国的情况与其他国家有所不同。我国的城市概念，除了作为以非农产业和一定规模的非农人口集聚为主要特征的居民点，通常也指按国家行政建制设立的市，或其所辖的市区。由于将城市和乡村行政管辖范围等同于城乡地域的划分，混淆了城市与乡村的空间范围。人居环境角度的城乡划分同样面临问题。中华人民共和国成立后户口制度的建立，在城市与乡村地区逐步实行了完全不同的经济社会政策。生活在城市还是乡村，不是可以由居民自己选择的，而是由政策规定的。户籍制度下，城市户口拥有者与农村户口拥有者实际生活在两个不同的社会，所居住的住宅及其周围环境形态也是完全不同的，构成了二元的人居环境。①

二元人居环境，不仅指居民点意义上的城乡划分，同时指政府政策所规定的城市和乡村居住环境。在这个二元的居住环境框架内，城市人居不能单纯理解成城市辖区的居住环境，同样，乡村人居也不能简单理解为乡村地区的居住环境。谈论城市与乡村变迁，需要更全面系统地认识这个问题，需要建立人本的理念并引入动态过程的思维。严格地说，当谈论“人”的概念时，城市与乡村变迁分别指城市户口拥有者和农村户口拥有者相关活动范围的变化；当谈论“物”的概念时，分别指国有土地和集体土地上物质要素的变化；当城市或乡村与人居变为一个组合用词的时候，即成为城市人居、乡村人居时，还需要进行更加详细的界定。

需要注意的是，与城市和村庄相比，“镇”的情况更为复杂，具有城乡两重性。在我国，镇包括设立行政建制的镇和作为居民点的集镇。建制镇又包括县城（县人民政府驻地镇）和一般的建制镇，集镇也包括了乡政府所在地和一些历史上形成的

---

① 何兴华．中国人居环境的二元特性 [J]．城市规划，1998（2）：38-41.

集市所在地。按照城乡二元划分，前者属于城市范畴，后者为乡村范畴，客观上它处于城乡过渡的中间状态。因为镇与周围的村庄关系密切，所以人们常把建制镇、集镇、村庄放在一起讨论，简称“村镇”。又因为建制镇属于城市性质，人们称之为“小城镇”，将它作为“城市之尾、乡村之首”。这个问题与所有城市化、城镇化的统计数据有关，所以非常重要。进一步，由于行政管理体制的改革创新，上述概念变得更为复杂。一些大中城市实行“市带县”“市带市”的管理体制，不少县级市属于“改县设市”，市中又有乡镇；大量的建制镇属于“撤乡建镇”，镇中又带村庄。因此，全面理解城、镇、村，就成了理解中国式城镇化、深入讨论乡村变迁和乡村规划的基础。

城镇村的全面理解。

城市、集镇、村庄，简称城、镇、村，并经常以城镇、村镇等组合概念出现。在我国的城市规划专业中，城市被视作居民点的类型，并与管理单元混用。根据1989年版的《城市规划法》，城市居民点包括“设立城市建制的和设立镇建制的两种类型，即直辖市、市、镇”。实际上指的是市区和镇区。1998年发布的《城市规划基本术语标准》GB/T 50280—1998中仍将城市（城镇）定义为“以非农产业和非农业人口聚集为主要特征的居民点。包括按国家行政建制设立的市和镇”（第2.0.2条）。

市区和镇区以外的地区一般称为乡村，设立乡和村的建制。乡村居民点又有集镇和村庄之分。集镇通常是乡人民政府所在地，也泛指一定范围内的农村商业贸易、行政服务中心。村庄功能相对单一、规模通常小于集镇。研究者根据居住在城乡居民点中的人口比例和非农就业人口比例，分析城镇化水平。城市、集镇、村庄，有时又称都市、乡镇、村落，虽然在南北方和不同民族、地理环境的地区，有许多不同的名称，但是，大多分为类似的三个层级。因此，城乡两分的困难同样体现在居民点的识别方面。

事实上，单纯从居民点的角度认识城乡划分和人居环境还不够。无论是城、镇，还是村，都需要作为居民点、作为管理单元、作为政策对象来分别认识。《城市规划基本术语标准》GB/T 50280—1998中将居民点定义为“人类按照其生产和生活需要而形成的集聚定居地点”（第 2.0.1 条）。作为居民点的城镇村，它们是客观存在，也无所谓起个什么名称。它们既不可能消失，也不可能承担太多的功能。因为居民点体系是由众多的自然、社会和人文因素逐渐促成的。管理单元则不同，它们是权力部门根据经济社会发展和治理需要划分的辖区范围，包括空间范围及相关的人群，具有更多政治的考虑和人为的因素。城市的概念，古今已有了很大不同。古代的城，是守卫场所；市，是交易场所。今天，城，是区别于乡的居民点；市，是行政管理单元。市内既有城市居民点，也有一些乡村居住点，或者说难以区分城乡的居住环境。例如，城市近郊的“城乡接合部”，城市居民点所包围的“城中村”，进城谋生的农民集中租赁和临时搭建的居住区等。作为行政管理单元的镇，同样包括集镇和村庄两类居民点。村庄也需要区分自然村和行政村两个概念，自然村是居民点，由若干农户聚居一地逐步形成，为便于管理，把一两个较大的自然村或几个较小的自然村划作一个管理单元，称为行政村。行政村又被分为村民小组，村民小组与自然村有密切关系，但也不是完全对应。而且各地的情况差异很大。一般北方平原地区村庄规模较大，南方丘陵地区村庄规模较小。

在各级管理单元中，有一种特殊状态，就是某项具体政策适用的范围和人群，称为政策对象。虽然政策对象也是治理的手段，但是时效往往更短，具有更多的公共权力动态干预的特征。例如计划单列市、经济开发区、自由贸易区，特色小镇、历史名镇、重点镇，旅游村、传统村落、田园综合体等。作为居民点的城、镇、村，始终在发挥作用并动态变迁，必须放到整个居民点体系或者城镇体系、村镇体系中才能更好地认识。作为管理单元的市、镇、乡，是某一级别政府的行政辖区，村是自治的单元。管理单元的调整可能会产生争议，例如“拆县建区”“撤乡并镇”“移民建镇”等。政策对象的界定，由于大多会涉及权力结构和利益关系，必定会有不同的看法。我们常说的城镇、村镇也必须这样理解，才能明确具体指的是什么。例如村镇，作为自然村和集镇的简称时，指乡村居民点；作为行政村、乡镇时，是县级以下的管理单元；作为政策对象时，指特殊政策适用范围。

1.3 规划下乡的路径

1.3.1 城市规划的政策属性

规划类型与政府规划的特点。

规划，指人们在开始做某事之前仔细考虑如何去做，与计划、打算、谋略近意。规划，是人们对未来发展的期望和预测，伴随着人类文明进程。规划，既是过程（planning），也是结果（plan）。

现代规划理论发生在西方，一般认为始于“二战”后美国的管理研究，目的是扩大目标对象的利益，其思想基础是理性主义，即相信理性的人在特定的条件下可以做出“最佳选择”。要衡量这一点，必须明确谁是目标对象、什么是利益，即规划是为什么人和他们的哪些方面提供服务的。规划理论在世界范围内扩展面临适应性的矛盾。因为不同国家的文化、政治和经济制度不同，对未来的看法不同。从规划的本质看，规划的目的是要为其服务的对象谋取未来可能条件下的最大利益。因此，不同社会组织，甚至个人，都可以编制规划，选取对象和衡量利益是规划的两个关键。①

规划可以有多种分类方法。从主体分，有政府规划、企业规划、社区规划等；从内容分，有经济规划、社会规划、环境规划等；从深度分，有总体规划、详细规划、项目规划等；从时间阶段分，有长远规划、中期规划、近期规划等；从空间范围分，有全国规划、地方规划、流域规划等。坦率讲，目前的规划研究大多也只是针对政府的或者公共部门的规划而言的，属于公共政策的分支，并不能完整反映规划的一般性特征。

由政府组织编制和实施的规划都可以称为政府规划。政府规划指政府确定的发展目标，以及为实现发展目标提出的措施，也指确定目标和提出措施的过程。规划是政府推动工作的方式，因此产生了大量的政府规划。虽然从理论上讲，规划是多

---

① 详细了解西方规划理论的传播，可以参阅琼·希利尔，帕齐·希利．规划理论传统的国际化释读 [M]. 曹康，等译．南京：东南大学出版社，2017.

主体的，但是由于各级政府组织编制和实施的规划涉及公共权力的应用，往往受到更多的关注。政府规划与其他规划的不同点是只关心公众利益。所谓公众利益是规划范围内大多数人的利益。但是，公众利益是有层次的，如何衡量公众利益是个难题。局部范围的公众利益可能与更大范围的公众利益发生矛盾，因而，从更大范围讲，它不再是公众利益，而是少数人的利益。

一般来讲，中央政府维护全国的公众利益，各级地方政府在服从高一层次利益的前提下维护政府管辖范围的公众利益，否则就难以长期安定。在不同的社会制度下，政府自身利益与公众利益的关系是不同的。政府编制的规划，名目繁多，我国也有数以千计的政府规划。经过长期的演化，逐步形成具有中国特色的规划体系。包括三个大类，即经济社会发展规划、物质空间规划、各部门规划或专项规划。

作为政府行为的城市规划。

城市规划可以从多个层面理解，在世界上并没有大家公认的城市规划定义。不同时期、不同地区、不同学科、不同专家对城市规划的定义差距很大，这显然与城市规划实践远早于城市规划学术研究有关。城市规划，从字面上理解，是针对城市进行的规划，从发展过程看，并非如此。作为一项社会实践的城市规划，历史悠久，伴随着整个人类文明的进程。从农业文明的定居点，到工业文明的大城市，其形成过程都有规划工具的运用。

由于实践中面临的问题始终处于动态变化状态，城市规划实践的内涵和外延也随之扩展。众所周知，现代城市规划从传统的城市设计中分化出来正是因为工业化和城市化过程中城市出现了新的问题。从全球意义上讲，具体时空范围的城市问题是特殊的、复杂的、多元的。针对不同方面的问题，可以产生不同的城市规划。城市环境卫生事件促成政府对城市进行的环境美化，“城市病”向周围区域的扩展使得人们认识到不能就城市论城市，城市规划扩展为城市与区域规划。进一步地，城市化过程中的乡村问题也是必须面对的，需要重视城乡关系，于是城市规划扩展为城乡规划。城乡规划的范围逐步从城市发展需要控制的地区拓展到整个行政辖区，实现了“一级政府一级规划”。城市之间的竞争与合作需要推动跨行政区的合作，区域规划的内涵不断拓展。最终，城市规划逐步演化为地表空间规划。

从政府干预城市发展的方式看，这些不同的城市规划大体上可以概括为三个方面：一是社会运动，二是政府职能，三是专业技能。[①] 其中的社会运动，实质上强调的是城市规划的公共政策特点，是政府决策民主化的体现形式，推动了广泛的公众参与；而专业技能，就是职业主义实践，其实也是官方认定的一种制度，并不是由城市规划师自主决定的。关于城市规划专业范畴的争议都与强调其中之一，或与三者的组合方式有关。例如，社会运动形式与政府职能的履行方式有关，而专业技术同样受到政府投资政策方向的影响。因此，现代城市规划存在的前提首先是作为政府的职能，这是专业上与传统建筑学和风景园林或景观建筑学最大的不同点。

尽管城市规划的理解存在巨大的时空差异，但是也有明显的共同特点。“现代城市规划是建立在以城市土地和空间使用为主要内容的基础之上的，城市的土地和空间使用以及广泛的‘城市环境’就构成了城市规划研究和实践的主要对象”。[②] 编制城市规划首先要确定规划多大范围、多长时间，前者称为规划区，后者称为规划期限。虽然围绕城市环境的规划实践同样是丰富多彩的，但不同规划的共同点最终是要为人们的各种活动提供合适的空间“场所”或地方，其本质是对地表空间的分割安排，仍然以政府的规划和土地政策作为前提条件。

城市规划专业的发展。

从 1909 年英国利物浦大学创设的现代城市规划专业开始算起，国际上的城市规划学科至今也只有 110 多年的历史。从规划的空间对象看，城市规划的发展表现为空间范围的不断扩大。联合国甚至在社区、城市、大都市地区和国家规划的基础上，将跨国规划也作为空间规划的推荐范围。城市规划职业的膨胀使得业内将城市规划简称为“规划”，然而，这个简称带来了专业发展方向的新问题。将没有附加定语的“规划”作为一个专业，容易导致城市规划的从业者将自己看作唯一的规划专业人员，从观念上与其他政府部门和专业的规划人员形成争权。例如，费里德曼（John Friedmann）将规划分为国家、区域、城市三级和经济、社会、环境三类。

① 参阅简明不列颠百科全书，“城市规划与改建”条。

② 孙施文．现代城市规划理论 [M]. 北京：中国建筑工业出版社，2007：15.

这样一来，对于城市规划的认识，就被对于国家规划体系的认识所替代，很可能无论是作为一项社会实践，还是作为一门独立学科，都难以取得社会的共识。如果城市规划的定语没有了，似乎什么规划都能做，必然与决策、策划、计划趋同，城市规划的专业特性也就失去了。

受建筑学职业化的影响，城市规划专业试图职业化。但是由于城市与区域的巨大尺度，以及与之伴随着的治理内容和政府职能的不稳定性，注册城市规划师制度很难真正发挥作用。城市政府根据上级政府要求和自身的任期目标，组织编制并实施城市规划。学校根据社会对人才的需要或学术研究工作分工，设置城市规划学科或专业。与传统的建筑学和风景园林学最大的区别是，城市规划试图摆脱专业技艺的工具地位，服务于公众利益，这使得城市规划的专业教育与政府职能关系密切。由于国家根据治理的需要对地表空间进行分割，纯粹意义的空间合理性受到权力结构和利益关系的影响。城市规划的政治性和在地性使得不同国家的城市规划实践和理论不可能相同，但是其科学性使得两者的努力可以互相借鉴。

城市规划作为职业活动时，大多情况下指规划编制，与建筑设计、景观设计对应；作为学术研究时，与建筑研究、景观研究对应；作为学科或者专业名称时，城市规划或城乡规划，与建筑学、风景园林或景观建筑学对应。作为一级学科名称，我国的城乡规划同样是从城市规划学科发展而来的。专业名称从城市规划扩展到城乡规划，都没有离开人的活动，因此，城乡与地表空间概念不能画等号。由于技术的进步，人们对地表空间的开发范围不断扩展，不少人将整个地表空间作为人类的生存环境，因而将城乡规划扩展为地表空间规划。从专业意义上，这混淆了地理学与城乡规划的差异。城乡是人居环境，不是无人居住的空间。

从城市规划演化为城乡规划，只不过是空间范围的扩展，并不是规划方式的变迁。城乡规划作为专业指的是以城乡居民点及其相互关系为规划对象的规划，并不是指覆盖全部国土空间的全要素、全过程的规划。值得关注的是，作为学术研究的城市规划已经在很大程度上被肢解为城市研究和规划研究，本体论上出现了分歧。①

① 何兴华．城市规划中实证科学的困境及其解困之道 [M]. 北京：中国建筑工业出版社，2007.

1.3.2 政府推动的规划下乡

规划的合法化过程。

中国古代的城市规划独具特色，其相关知识分布在礼制、堪舆、治理、营城制度等方面，由匠人代代相传，在西方城市规划传入之前，并无系统的归纳总结。新中国初期的城市规划借鉴了苏联的理论与方法。城市规划作为国民经济计划的延伸和落实，主要依据经济计划，确定建设项目的空间安排，并对“非生产性的”城市基础设施、公共服务设施、住宅等配套建设的内容进行布局，重点局限在国家投资建设集中的地区。通过编制城市总体规划和详细规划，有效地保证了 156 项重点工程的建设，促进了一批重点城市的快速发展。虽然计划与规划都是针对未来的安排，但是其矛盾是显而易见的。与编制经济五年计划和年度计划相比，城市规划作为城市发展的蓝图，考虑的问题相对长远。[①] 计划的指导作用是针对项目的或者只是编制近期规划。由于国家政治经济社会发展的阶段特点，人们对城市规划缺乏正确认识，将基本建设中出现的“四过”现象，即规模过大、标准过高、占地过多、求新过急的问题，归罪于城市规划，主管领导要求“三年不搞城市规划”，城市规划实践一度停止。

改革开放后，国家以经济建设为中心，从实行有计划的商品经济，到逐步发展社会主义市场经济，城市规划工作得以恢复并繁荣。国民经济五年计划改名为经济社会发展五年规划，希望在对未来经济社会进行相对整体、长期和基本研究思考的基础上，提出未来五年的行动方案。在计划改为规划的同时，城市规划也从物质性的规划转化为物质环境营造与社会生活引导的结合体。经济体制改革和土地制度改革推动了城市规划的发展。对经济、社会问题的综合研究受到重视，为确定城市性质和规模提供了更多的依据。在城市总体规划和详细规划的基础上，提出了控制性详细规划的概念，采用各种定性定量的技术指标，加强了项目开发建设的指导，以

---

① 中文中的规划，又作“规画”。规者，谋划、筹划之意。城市规划中的“规划”英语是 planning，planning 也可译作“计划”。在我国台湾地区，城市规划就沿用日本人翻译的都市计划。规划与计划的含义类似，只不过是由于政府部门工作分工的原因，两者在中文中出现了差别。比较而言，规划考虑的问题比计划更具有长远性、全局性、战略性、方向性、概括性。严格讲，规划只是计划的一个类型。

及与周边空间相互关系的控制。这一时期，大量引进了西方发达国家的城市规划理论和实践经验，同时对中国的城市问题和发展方向进行了深入讨论，逐步认识到城市规划是特定政治经济和社会文化背景下的国家和城市治理的具体形式。

为保证城市规划政府职能的行使和专业实践的规范，相关的立法工作受到重视。1984 年国务院颁布《城市规划条例》，1989 年全国人大通过《城市规划法》，并于 1990 年开始实施。与此同时，城市规划区之外的各种规划类型不断发展。1985 年国务院颁布了《风景名胜区暂行管理条例》，1993 年颁布了《村庄和集镇规划建设管理条例》。由于这些部门规章中都有规划的内容，因此，在城市规划之外形成了风景名胜区规划、村镇规划等实践类型，规划被人为地分割成两个部分。从 1989 年《城市规划法》公布，经过了 18 年的努力，2007 年全国人大讨论通过了《城乡规划法》，[①] 才将两者从法律上整合成为"城乡规划"，终于实现村镇规划与城市规划的对接。[②] 伴随着这些法律和部门规章，一大批城市规划与村镇规划的编制办法和技术标准或规范出台。城乡规划专业实践有了明确的法律地位和保障。

规划专业地位的确立。

在我国，作为专业名称，大部分学校招生时、专业刊物命名时用"城市规划"，但是国家学科分类、20 世纪 50 年代编的教科书称"城乡规划"。作为编制单位规划院和城市政府机构规划局的名称，既有"城市规划"，也有"城乡规划"，还有简称"规划"的，实际上并无本质的区别。中国传统的城市规划虽然有丰富的实践和本土的文化背景，但是，作为专业教育受到了西学东渐的影响，相对晚些。

西方现代城市规划于 20 世纪上半叶伴随着土木工程、城市管理等内容传入中国。早在 20 世纪 30 年代，中国就有大学在土木工程或市政工程专业内开设城市规划课程。1952 年，全国高校院系调整时，同济大学首先创办"都市计划与经营专业"。1956 年分为城市规划和城市建设工程两个专业。清华大学等在建筑学专

① 1989 年 12 月 26 日，第七届全国人民代表大会常务委员会第十一次会议通过《中华人民共和国城市规划法》，1990 年 4 月 1 日起施行。2007 年 10 月 28 日，第十届全国人民代表大会常务委员会第三十次会通过《中华人民共和国城乡规划法》，2008 年 1 月 1 日起施行。

② 何兴华．从建设部优秀设计评比看村镇规划设计与城市规划设计的异同 [J]．建筑学报，1989（12）：20–22.

业内设立城市规划学组。从国家对教育专业管理的角度，城市规划长期属于工学门类，是一级学科建筑学的二级学科，主要是为城市的建设特别是工业项目服务的。[①]

2009年，受国务院学位办公室委托，住房和城乡建设部组织对调整建筑学、增设城乡规划学和风景园林学一级学科进行了论证。2011年，国务院学位委员会和教育部下发通知公布了新的《学位授予和人才培养学科目录（2011年）》，增加城乡规划学一级学科，隶属于工学。[②] 城乡规划学科的独立，为中国城市规划适应国情，从传统建筑工程模式，迈向社会主义市场经济综合发展模式，奠定了重要基础。

值得重视的是，主管部门提出的论证报告虽然对单独设立城乡规划一级学科的必要性和从建筑学中独立出来的可行性进行了详细的说明，却并没有对乡村规划实践内容进行归纳。业界普遍对将城市规划修改为城乡规划（不是独立于建筑学）的可行性和艰巨性缺乏必要的认识，甚至为后来城乡规划专业地位的争议打下了伏笔。

2016年底，在《关于深入推进农业供给侧结构性改革加快培育农业农村发展新动能的若干意见》中，中共中央、国务院进一步提出要求，鼓励高等学校、职业院校开设乡村规划建设、乡村住宅设计等相关专业和课程，培养一批专业人才，扶持一批乡村工匠，充分体现了对乡村规划的重视。

经过近百年的发展，城市规划专业不再满足于处理城市的环境卫生、项目布局，关注的空间尺度增大、功能类型增多，研究内容也从物质空间走向经济、社会和环境的综合发展。在我国，城市规划紧跟国家的发展战略，先是以学习苏联为主，后来转向学习英美和日本、德国等其他国家。但这些国家都是高度城市化的经济发达国家。我国面临的问题主要是二元分割条件下的工业化、城市化和农民的现代化。因此，规划下乡的任务十分重要、独特和繁重。

区域规划的开拓。

实践中，中国的城市规划师很快认识到，从地理学角度认识城市，城市就是一

---

① 中国城市规划学会．中国城乡规划学学科史 [M]. 北京：中国科学技术出版社，2018.

② 专业代码0833，虽仍旧属于工学，但不再归属于建筑学一级学科，而是平行的独立设置。后来又重新归入建筑大类。

种特殊的地理区域，好的城市规划必定是区域规划。只不过是在具体空间层次上，两者才有了区别。与城市规划相比，区域规划是为了实现比城市更大的一定地区范围的开发和建设目标而进行的总体部署，可以为城市规划提供有关城市发展方向和生产力布局的重要依据。广义的区域规划指对地区社会经济发展和建设进行的总体部署，包括区际规划和区内规划。前者主要是为了解决区域之间的发展不平衡或区际分工协作问题，后者是对一定区域内的社会经济发展和建设布局进行的全面规划。狭义的区域规划则是指一定区域内与国土开发整治有关的建设布局总体规划。于是，在城乡规划专业术语中，区域规划笼统地定义为“对一定时期内特定区域的社会、经济、环境发展、空间布局所作的整体战略部署与政策指引”。在具体的区域规划编制实践中，早期的区域规划是相对于项目规划而言的，后来的区域规划是相对于单个城镇而言的。

事实上，我国的区域规划实践伴随着城市规划全过程。早在 1956 年，国家建委就设立了区域规划与城市规划管理局，拟订了《区域规划编制与审批暂行办法》，但随着整个城市规划工作废弛。1980 年，中共中央印发文件，要求开展区域规划，对区域规划的目的定位于“为了搞好工业的合理布局，落实国民经济的长远计划，使城市规划有充分的依据”。1985 年，国务院发文要求编制全国和各省、市、区的国土总体规划，以综合开发整治为特征的多层次区域规划在全国范围内全面展开。1990 年，国家计委在总结全国各地经验及借鉴国外经验的基础上，组织编制了全国国土总体规划纲要（草案）。此后，跨行政区或江河流域沿线的区域规划得到新的发展。

1990 年开始实施的《城市规划法》，将城镇体系规划写入了法律。城镇体系规划成为有法律依据的区域规划类型。城镇体系规划以一定区域范围内的城镇群体为对象，研究其演变过程和现状特征，预测城镇化发展水平，明确城乡统筹发展、资源利用目标、规模控制以及空间管制等要求，统筹城镇及其所在区域重大基础设施和公共服务设施的空间布局。根据 2007 年的《城乡规划法》，城镇体系规划分为全国城镇体系规划、省（自治区）域城镇体系规划、市域城镇体系规划、县域城镇体系规划。城镇体系规划形成了自身的体系。

2007 年，党的十七大报告提出了建立主体功能区布局的战略构想。“十一五”

规划提出，将国土空间划分为优化开发、重点开发、限制开发和禁止开发四类主体功能区，按照主体功能定位调整完善区域政策和绩效评价，规范空间开发秩序，形成合理的空间开发结构。但是，区域规划一直为没有实施的手段而处于决策咨询的状态。城镇体系形式的区域规划强调的是人的活动情况，主体功能区突出区域的功能作用。总的来讲，区域规划由于内容过于宽泛、缺乏实施的手段受到批评。

村镇规划的兴起。

在工业化初期，农村居住环境改善则主要靠农民的自我积累来实现，只在少数地区开展了人民公社所在地的集镇规划和作为社会主义新农村试点的村庄规划。户籍制度的实施适应并强化了二元经济和社会结构。1978 年十一届三中全会后，农村改革取得成功，农村建房增加，耕地保护问题提上议事日程。根据国务院的要求，逐步在全国范围开展了村镇规划，提出节地和改善居住环境的要求，也为乡镇企业发展的空间布局提供技术服务。

城镇体系规划法定化，希望成为城市和村镇规划的依据，但是，乡村居民点比较分散，点多面广，只编制城镇体系规划，其分辨率还不够。于是，在同样思路指导下，在乡村地区编制乡镇域村镇体系规划，用以指导镇区规划、村庄规划。由于城市规模原因，为提高城市规划的可操作性，逐步探索出分区规划，控制性详细规划、修建性详细规划，以及各种专项规划等规划类型。但是，乡村居民点规模小，功能单一，根本没有必要进行规划阶段划分，也很难与设计进行区分。加上乡村地区的技术人员严重缺乏，如果用城市规划的做法，通过一次规划无法达到直接指导建设的深度。于是，村镇规划提出编制乡镇总体规划和村镇建设规划的“二阶段论”。

实际上，村镇规划不是针对发生在村镇上各种事项的规划，也不是指各类主体所做的与村镇有关的全部规划，甚至不大可能为村镇上的所有人和所有组织谋取各种利益的最大化。村镇规划首先必须理解为一种政府规划和政府行为。即使把规划作广义的理解，村镇规划的核心仍是环境建设规划。虽然有时也泛指经济和社会发展规划中相关的部分，但其主要任务仍是如何安排地表空间的使用，是以土地和地面物体为核心的规划。

村镇中的镇不完全属于乡村。因此，镇的规划跨越城乡。从概念上讲，村镇规划与城市规划在建制镇的部分是有重叠的。村镇规划，从地理空间单元上包括村庄规划，含自然村和行政村两个层次；镇规划，含镇区（集镇）建设规划和镇（乡）行政辖区总体规划两个层次。由于镇包括县政府驻地，因此村镇规划在后来扩展为县域规划。更进一步，因为县级市不少都由原先的县改为市，村镇规划又扩展到县级市的市域规划，包括市域城镇体系规划和村镇体系规划。

规划分工的演变。

从规划管理分工看，早在1953年，中央就明确城市规划工作由建筑工程部负责。但是当时建筑工程部的内设机构中还没有城市规划局。1955年，国务院决定成立城市建设总局，城市规划局成为其内设的5个专业局之一。国家建委时设立的区域规划与城市规划管理局，简称规划局。[①] 后来，虽然有短暂的取消，或与其他部门双重管理，但大部分时间是由建设部门负责，直到2018年将城乡规划管理工作调整到自然资源部。

从建设部门内部看，也有城市规划与村镇规划分工的问题。1982年机构改革中组建的城乡建设环境保护部，内设机构包括乡村建设管理局，并在局内设置了规划设计处，从此，乡村规划成了中央政府推动的工作。

1993年，《关于建立社会主义市场经济体制若干问题的决定》明确了经济体制改革的方向是建立社会主义市场经济体制。沿海城市进一步开放，各类开发区兴起，经济迅速增长，投资多元化，房地产发展带动旧城改造迅猛发展，城市规划建设、村镇规划建设都受到高度重视。从城市规划角度，不再“以城论城”，普遍开展了省域、市域城镇体系规划。从村镇规划角度，也不再“以村论村、就镇论镇”，开始探索县域城镇体系规划。大家都将小城镇规划放在突出的位置，特别是对试点镇、重点镇强化近期建设规划和控制性详细规划，强调规划的强制性内容。虽然城乡二元结构依然存在，但实践中的城乡规划体系逐步形成。

1998年建设部机构改革中，决定将村镇建设司与城市规划司合并，组建城乡

① 《住房和城乡建设部历史沿革和大事记》编委会．住房和城乡建设部历史沿革和大事记[M]．北京：中国城市出版社，2012.

规划司，在司内设置了城市规划处、村镇规划处、区域规划处、规划管理处等业务处。1999 年国务院召开了全国城乡规划工作会议，国务院领导到会讲话，要求“切实加强城乡规划工作，推进现代化建设健康发展”，会上讨论了建设部代拟的《关于加强和改进城乡规划的通知（征求意见稿）》，后以文件印发。

我国的城市规划和村镇规划，作为城乡规划所包含的两项工作，是根据法律法规和政府的要求由各级政府的城乡规划行政主管部门（国家和省以及部分小城市与县政府在建设部门内设）具体组织开展的，区别在于建设部门内部的职能分工。城市规划包括城镇体系规划；城市总体规划，即设市城市和县城建制镇的总体规划、特大城市增加的分区规划；城市详细规划，分为控制性详细规划和修建性详细规划。村镇规划包括县城以外的乡建制改为镇建制的政府驻地规划、村庄和集镇规划（分总体规划和建设规划）。此外，还有风景名胜区等规划的特殊类型。

经过几十年的实践，城市规划已从工业项目的布局扩展为城市、集镇和村庄居民点及其体系的规划。在此基础上，逐步发展为众多地域空间层次，形成了地域空间规划体系。但是，由于就业等影响，许多机构和绝大多数业内人士选择将自己所学的专业继续称为城市规划，或简称规划，不愿意更名为城乡规划。在实际工作中不难体会到，将城市规划简称为规划，已经带来大量理论上和实践中的问题。如果城市规划包括所有规划，等于是将政府各部门的规划作为分支，其规划机构作为城市规划的从属机构。法律框架和权力结构根本不支持这样的实践。在城市规划部际联席会议等实践形式失效后，终于开始了“多规合一”的探索。

1.4 作为外力干预的规划

1.4.1 乡村人居与乡村规划

乡村人居的两种理解。

规划下乡，首先涉及对城市与乡村的理解，在此基础上讨论城乡、规划等概念的含义，以及规划下乡的意义，才有清晰的思路。从人居实践视野看，城市与乡村，以及其他有人类活动的区域共同构成人居环境。人居环境是人类聚居生活的地方，是与人类生活密切相关的地表空间，是人类在大自然中赖以生存的基地，是人类利用自然、改造自然的主要场所。[①] 乡村人居环境，包括村庄、集镇等乡村居民点及其周围环境。

城市化使得乡村概念变得复杂，用乡村人居环境作为讨论的对象，也同样会产生不同的理解。更令人遗憾的是，在实际工作中，人们对乡村人居环境产生了广泛的误解。乡村人居环境改善被狭隘地理解为搞好村容镇貌和乡村环境卫生，例如打扫宅前院后、处理农村垃圾、改造厕所、清洁河道、美化公路沿线农村房屋的外观等。另外，即使将乡村人居环境理解为区别于城市的乡村居民点，如果将设立行政建制的镇归入城市，只余下村庄和集镇，这也不是我们想要的乡村人居环境概念。乡村人居环境改善，必须理解为全社会针对城市以外地区人居环境所采取的一切干预行动，我们将它称为乡村人居实践。

这样一来，乡村人居的概念就有了两个不同层面的含义，一是指乡村人居环境，二是指乡村人居实践。排除对乡村人居环境的误解，必须回到乡村人居实践中去寻找答案。对人居实践过程的分析，不同于对人居环境外观的评价，而是包括对实践目的、主体、行动、结果、绩效等方面的综合观察。

当把乡村人居实践建立在人本基础之上，强调以人为本的理念和人民中心地位的思想，讨论重点就会从物质性的乡村人居环境、与城市的划分等，转移到乡村人居是谁的、为了谁、怎么干预、如何评价等问题。由于居民的概念在当今中国通常与农民的概念相对，特指城市居民，我们在本书中用乡村居者指传统的农民，以及实际在乡村居住的人。由于传统的农民已经转变为不同的身份，其居住的问题已经不是单纯的农房建设。因此，乡村人居实践并不局限于村庄和集镇建设，甚至也不完全是乡村人居环境的改善问题了。

必须说明的是，我们讨论的乡村变迁，在早期属于农村变革，基本上都是由外力的干预而引发的。所谓外力，是指农村自身变化以外影响其变迁的力量。外力干预，即这类力量对乡村变迁的干预。近百年来，对中国农村比较大的外力干

① 吴良镛．人居环境科学导论．北京：中国建筑工业出版社，2001：38.

预有帝国主义的战争、资本主义的商业、教育领域的思想传播、社会革命，以及相关的制度变迁和政策改革等多个方面。人居变迁中的外力干预，有一部分是希望通过改善环境振兴乡村，这些针对乡村的主观愿望向好的建设性举措也称为乡村建设。从政府作用角度看，有些对乡村的干预很难说是真正起到了复兴和发展乡村的作用，甚至可以说是破坏。另外，乡村建设在不同的历史时期指的内容是不同的。例如，民国时期的乡村建设运动和改革开放后的乡村建设管理，就不在同一个层面。

需要注意的是，将乡村看作人居的一种形态，这并不意味着乡村范围内发生的一切内容都属于人居实践范畴。换言之，人居实践不是乡村变迁的全部。用人居实践方式观察乡村是一种区别于单纯强调物质环境的认识论和方法论，它包括人本的和进步的观点，以及整体的、动态的和统筹的思想。乡村变迁的驱动力可以分为自然的和人为的两个大的方面。人为干预是为了应对变化，干预的主体可以人为划分，干预的方式多种多样，但都是为了具体的人。为什么人的问题是根本的问题。城与乡本是一个空间连续的整体，与其他有人类活动的地表空间共同构成人居环境。人居环境是客观存在，区分城、镇、村，市区、镇区，或者行政区、规划区、建成区，“城乡接合部”“城中村”、政府所在地等都是为政府管理和科学研究服务的，需要认真界定和识别。这些不同的空间单元并不是稳定不变的，而是一个不断变化的过程。

乡村规划的两个范畴。

乡村规划，可以有多种理解。在城市以外地区可以有很多的规划类型，而且不断发生着变化。其中，乡村规划可以理解为与乡村事务有关的各种规划。例如，乡村振兴战略规划、农业发展远景规划、乡村义务教育规划等，都属于乡村规划。有的有空间性质，有的没有。即使是针对有空间性质的规划，也无法将所有的乡村地域范围的规划都纳入城乡规划的专业范畴。因此，需要将乡村规划分为乡村地域范围的各种规划，以及作为城乡规划专业的乡村规划两种情况（表 1-1）。

乡村规划的两个范畴 表 1-1

不同阶段	乡村地域范围的规划实践示例	城乡规划中的乡村规划示例
人居传统	传统聚落规划，农业水利规划	—
社会革命	乡村建设运动中的改良、革命根据地的建设、土地改革探索	—
新中国建设	全国土地改革、五年计划中的农村内容、农业水利规划、公社规划、县联社规划	城市规划阶段的公社建设规划、大寨式新村规划
农村改革开放	农业区划、村镇规划、基本农田保护规划、乡镇土地利用规划	城市规划加村镇规划阶段的村镇总体规划、村镇建设规划
城乡统筹发展	城镇体系规划、小城镇规划、县域规划、城乡一体化规划	城乡规划阶段的镇规划、乡规划、村规划
新农村建设	乡村建设规划、乡村人居环境改善规划、农业产业规划、乡村旅游规划	—
乡村振兴	乡村振兴战略规划、国土空间规划体系中的乡村内容、乡镇规划、村庄规划	—

早在新中国建设初期，国民经济五年计划中就有农村的内容，后来还有公社规划、新村规划等。农村改革开放后，政府开始组织编制农业区划、村镇规划、基本农田保护区规划、乡镇土地利用规划等。强调城乡统筹发展时，又出现了小城镇规划、县域规划、城乡一体化规划等。在新农村建设阶段，有乡村建设规划、乡村人居环境改善规划、田园综合体规划、乡村旅游规划等。乡村振兴战略实施以来，中央要求“多规合一”，建立国土空间规划体系，在此框架内编制乡镇规划、村庄规划。① 这些规划形式从动力源头讲，都不是由农村的自治组织提出的。因此，与城市规划不同，不论是哪一种乡村规划，大多是由外来的力量操作的。

对于城乡规划专业人员比较熟悉的乡村规划，社会上普遍认为是乡村建设规划。然而，此“建设”非彼“建设”，仅仅与房屋、道路等基础设施建设有关，还不是新农村建设所指的全面建设。尽管我们始终强调物质环境建设要与社会生活改善同步考虑，但是，由于部门主义和学科偏见的影响，没有“落地”内容的规划，通常

① 何兴华．城市规划下乡六十年的反思与启示 [J]. 城市发展研究，2019（10）：1-11.

不认为属于城乡规划专业的规划。即使从城乡规划专业内部看，专业也处于发展变化之中。当学科专业名称为城市规划，城市规划下乡开展公社建设规划、大寨式新村建设规划。当法律规定为城市规划，建设部门规章和技术立法提出村镇规划，村镇规划分为村镇总体规划与村镇建设规划两个阶段，后上升为法规。当法律规定城市规划修改为城乡规划，学科专业扩展为城乡规划，涉及乡村的部分为镇规划、乡规划、村规划。《城乡规划学名词》中并没有就乡村规划做专门解释，相关条目有镇规划、镇村体系规划、镇区规划，乡规划、乡域规划、集镇规划，村庄规划，历史文化名城、名镇、名村保护规划，城乡统筹规划。① 这些由城市规划专业人员编制的乡村规划都可以看作是外力干预乡村的方式。

外力干预是因为人们相信有更好的未来，并可以通过政策、规划、设计等措施而实现。但是，物质环境形态是资源和要素分配调动的结果，由谁说了算才是关键，而决策体制机制受到社会历史文化的深刻影响。我们处于快速的城市化过程中，城镇化、郊区化，“乡改镇”“县改市”，使得镇和乡、县与市之间有一定的逻辑联系，需要重视乡村变迁的影响因素和干预的实际效果。

研究中国政治构架中的乡村规划是理解中国城市规划扩展为城乡规划的关键，同时可以对认清城乡规划学科发展方向有所启发。另外，关于学科的名称需要稳定性。虽然可以根据学生就业情况和政府工作需要对规划专业进行调整，但是那样并不是长远的考虑。城市规划的核心价值是其在众多学科中立足之根本，从科学上讲，体现在对人在地球表面活动所需要空间的客观性有一定的认识；从伦理上讲，体现在有能力根据科学性对主观需要的不合理性进行纠正。

1.4.2 从变迁中定位乡村规划

乡村规划事关国家命运。

从清末开始，由于人口激增、帝国主义的入侵和商品经济的冲击，长期处于超稳定状态的中国传统乡村被迫改变。加上统治阶级的掠夺和天灾人祸的打击，到

---

① 城乡规划学名词审定委员会 . 城乡规划学名词 [M]. 北京：科学出版社，2021.

20 世纪初，中国的乡村已处于赤贫状态。自从乡土中国衰落后，一代又一代的民族精英找寻着乡村复兴的道路。乡村规划始终与国家的重大政策相结合，乡村地域范围的规划特别是土地政策问题处于中国变迁的风口浪尖上。近百年来中国乡村变迁的过程实际是曲折浓缩的国家现代化探索之路，如何对具有成熟稳定结构的乡土社会和农民进行改造才是真正的关键。

民国以来，围绕乡村振兴的一系列探索，从改良到革命，到全国土地改革取得成功达到高潮。互助组、初级合作社的方式较好地处理了国家和农民的关系，受到农民的欢迎，极大促进了乡村社会的改善。但是，高级社的快速推进、人民公社的大范围实践，把更大范围的居民作为一个大家庭进行管理，超出了当时生产力发展水平。从新中国成立初期到文化大革命结束，国家的主要目标是谋独立，排除外界干扰，建立国家工业体系是重中之重。将农民组织起来用计划的方式生产粮食，统购统销获得启动资金，是乡村工作的关键。这个阶段的乡村规划主要是为政治需要服务的，与城乡规划专业的规划其实关系不大。

改革开放后的国家政策以经济建设为中心，引导人民谋富裕，农村改革率先突破并取得成功，乡村工业化与乡村城镇化势不可挡，大量的建设需要安排，生态环境受到威胁。这个阶段的乡村规划除了农村土地承包、乡镇企业发展等重大政策问题，有了更多地为乡村房屋和基础设施建设服务，以及保护基本农田的内容。作为城乡规划专业的乡村规划以村镇规划的形式出现，发挥了重要作用。进入新世纪后，经济社会都面临转型升级的压力，中央政府工作重点转向谋强盛，城乡统筹区域协调发展成为关键，国家先后提出小城镇大战略，社会主义新农村建设，美丽乡村、特色小镇、田园综合体建设，一直到乡村振兴战略。乡村规划是城乡融合发展的必然要求。

规划下乡已有六十多年的实践历程，城市规划已经发展为城乡规划。从 1958 年开始，以规划师、建筑师和工程师为主体的广大专业人员响应政府号召，下乡从事乡村规划与设计，为落实乡村地域范围的规划做出了贡献。经过长期的努力，城乡规划已经形成了比较完整、务实的行政和技术法规体系，乡村规划的内容写进了《城乡规划法》，并出台了相关的国家标准。规划下乡虽然不是一个新现象，但是，政府的规划干预源于城市问题，乡村规划一直是城市规划专业实践的“支流”。乡村规划实践不可能脱离时代大潮而单独存在，规划任务必定是艰巨、复杂和长期的。

新时代需要新认识。城市问题与乡村问题互为因果，城市发展与乡村振兴其实是同一个目标任务的两个方面，其长久动力源自城镇化过程中城乡关系的改善。城乡规划管理的政府职能正在进行调整和重组，乡村规划不能独善其身。但是，从居民点变迁角度看乡村居民点，并不是由哪个部门管的问题，而是规划本来应该怎么做的问题。否则，专业只能成为权力的延伸，无法获得独立的学术地位。专业研究需要摆脱部门主义和学科偏见，从更宽泛的人居实践视野观察实情，用人居科学理念和复杂适应系统理论指导解决乡村发展中不断出现的新问题。

乡村规划服务乡村居者。

中国传统的乡村人居所展示的人与自然的和谐关系，特别是就地取材、减少排放、适应变化等营造智慧，都是值得继承和发展的。但是，现存的传统乡村人居，有的是士人、商人、地主、富农等封建大家庭的宅院，有的是因为贫穷没有进行更新改造的普通农民家庭的民居，在整体上，它们是与农业文明、乡土文化、宗法治理的模式相适应的。在公有制和平均主义思想影响下，前者作为剥削者家庭的遗产已经被充公，作为管理用房，或者分配给无房户、缺房户使用，部分贫困农民的居住条件因此得到了改善。但是，限于经济条件和认识水平，这些代表乡村建筑技术和艺术“精华”的传统建筑，出现了使用多于保养的问题，大量建筑因缺乏维修而损坏。在“描绘共产主义蓝图”指导下编制的人民公社规划，为“军事化生产”而建设的集体宿舍、公共食堂、幼儿园和敬老院等，因为管理不善，毫无群众基础，基本上成了“空中楼阁”。在“文化大革命”期间，作为“四旧”的乡村传统人居更是受到了空前严重的破坏。改革开放促进了经济的恢复，部分农户，特别是家庭劳动力多的、勤劳的农户有了改善住宅的条件，迫切需要不同于传统材料和技术的新的建造方式。

中国的市场经济改革起源于农村，经历了由计划的商品经济到社会主义市场经济的渐进式道路。相关产品市场、劳动力市场、资本市场，以及土地市场，都是逐步形成的。例如，运用市场配置劳动力资源的运作机制正是因为大量农民工进城需要建立劳动力市场。最初，市场的构成、进入机制和价格机制都是不规范的。[①] 如今，作为 WTO 成员方，全球经济受到新的挑战，表现为双循环等阶段特征。然而，乡村地域范围的规划与城乡规划中的乡村规划缺乏有机结合，乡村建设规划习惯于在物质环境上大做文章。有限的财力被用于物质环境的改善，农民却在城乡市场上谋生存，良性循环机制难以建立。一方面，乡村环境在物质改善后空置，另一方面，城市中农民工居住环境极其恶劣。

乡村的快速变化需要我们做出敏捷应对，然而在操作层面，城市规划与村镇规划的期限通常是 10 到 20 年，即使近期规划也有 5 年，政府还在强调规划的严肃性。事实上，在上述进程中，没有任何规划师有能力预测规划期内发生的事情。因为最为基础的人口规模预测都是很困难的。从用地政策看，一些学者认为，如果不能还权于土地所有者，即农民自治体中的农民，赋予集体组织一定的管理能力，明确农民及其村集体对集体所有的土地收益的分配，乡村就不可能有可持续发展的动力。[②] 然而，乡村人才外流，新时代的“乡贤”还没有形成，技术力量和管理能力十分薄弱，自治体健康发展前景不明。乡村规划建设普遍缺乏文化滋养，许多农民住宅大而失当、老旧村庄“空心化”、传统村落保护困难、小城镇发展乏力。另外，一些城中村和城乡接合部违法建设严重，公共服务产品分配不均、基础设施建设不足、区域环境污染扩散。

综上所述，乡村变迁与国家命运高度相关，涉及农村非农化和工业化、城市化和现代化等诸多方面。我们更多关注的是乡村人居实践与乡村变迁的关系。人类生存和活动需要场所，相对固定的场所就是定居的地方，人口流动对居住方式影响巨大。中国的城市化被看作是与美国的高科技相提并论的影响 21 世纪的重大事件，[③] 但是，我国农村的工业化以乡镇企业的形式发展，与此相关联的城市化以城镇化的形式展开。以这种推进方式形成的未来乡村，除了必须满足人们衣食住行等多方面的要求外，还应当满足人们对高品质精神生活的追求。乡村人居实践的主体必须定

① 李强．中国城市农民工劳动力市场研究 [J]．学海，2001（1）：110-115.

② 田莉．城乡统筹规划实施的二元土地困境：基于产权创新的破解之道 [J]．城市规划学刊，2013（1）：18-22.

③ 诺贝尔经济获得者斯蒂格利茨的预言。

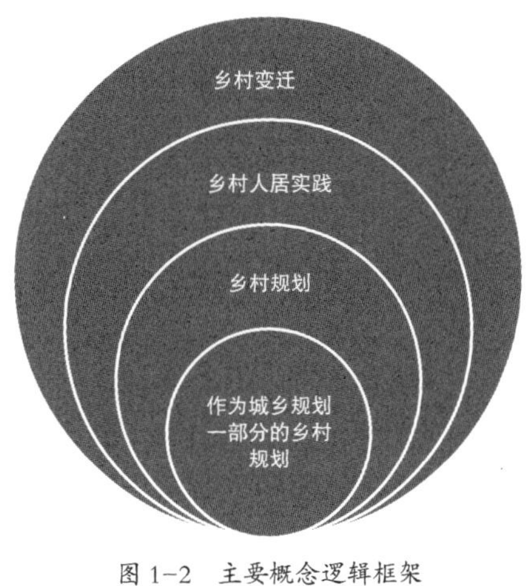

图 1-2　主要概念逻辑框架

位于农民及其未来的乡村居者，而影响居住的最重要的社会因素是从业问题，从业问题与身份问题有关。需要将乡村规划放到解决“三农问题”过程中观察，才能提高对其现实意义和特殊作用的认识。在这样的背景下，规划下乡就不仅涉及合理布局和节约用地的问题，而是由谁来决策、为谁规划的问题，是执政党如何坚守初心，全心全意为人民服务的问题。从人居实践视野对乡村变迁大潮和乡村规划作用进行系统观察，有利于城乡规划专业的进一步完善（图 1-2）。

2 文脉传承中的乡村规划

从传统文化的角度，对现代城市规划产生之前传统规划观的形成、“无规划师的规划”进行简要回望。通过梳理农业文明进程中乡土文化稳定与变化的情况，观察现有的乡村物质遗存，从自然与社会两方面归纳乡村人居传统的基本特征。事实上，单纯依靠物质遗产保护传承乡土文脉是相当困难的，需要与社会层面同步进行改善。

2.1 农业文明与乡土文化

2.1.1 古代文明的连续性

中国文化中的中心观念。

作为中国人，我们经常自豪地谈到世界几大古代文明，其中，只有中华文明经历数千年没有中断，一直保持着连续性并绵延至今。中华文明起源于多个区域，到公元前三千纪中叶龙山时期，数个考古学文化形成初期的邦国型的文明社会在中原地区融会凝聚，再影响辐射至其他地区。因此，中原是中华文明的发祥地，发挥着核心作用。有学者将中华文明的模式概括为“多元起源、中原核心、一体结构”。[1]

文明由相关的文化体现。文化概念，狭义的理解是精神文化，广义的可以包括物质文化、制度文化和精神文化等人类的一切创造。它们通过具体的社会、民族、地域范围的经济形态、组织形式、意识形态、价值规范、社会制度、行为规则等构成整个社会文化体系。作为社会科学研究的基本范畴，同一文化具有共同的价值系统和相应的模式，通过不断的积累和变迁形成传统，代代相传。

历史研究成果表明，中华民族创造的中国文化确实与西方文化具有某些本质的不同点。自秦汉到明清，中华文化从未因战争受到其他文化的挑战。1840 年之前，中国文化就是在这样一种相对封闭、自足和以自我为中心的心态下发展的。[2] 文化的灵魂是其深层心理结构，通常表现为由各种思想组成的精神文化。在很长的历史时间里，我们在文化上有一种极高的自尊和自信。自尊和自信首先体现在我们的地理中心观念及其与之相关的文化中心观念。古代中国人一直认为自己身处世界的中央，直到欧洲传教士带来了世界地图，说明中国的地理位置不处于中央，甚至在世界上根本没有中央，还是不愿意承认事实。

从制度层面看，将中国古代历史上任何一个朝代与前一个朝代比较，都能看出某种沿革的关系，因此，连续性成为中国古代历史发展最显著的特点之一。由于中华文明自身有能力进行不断调节和更新代谢，同时保持着国家以集中统一为主的趋势，虽然不断在吸纳外来的文明因素作补充，但是，中华文明的核心内容始终保持独立不改的地位。有学者将中国古代思想的智慧归纳为血缘根基、实用理性、乐感文化、天人合一等方面。[3] 在民国建立之前的几千年里，我们一直为中华文明而骄傲。

农业文明是古代文明的根基。

精神文明立足于物质基础，各种思想都可以找到与其相关的社会物质生活的根

① 全国干部培训教材编审指导委员会. 从文明起源到现代化——中国历史 25 讲 [M]. 北京：人民出版社，2002.

② 何新. 中国文化史新论——关于文化传统与中国现代化 [M]. 哈尔滨：黑龙江人民出版社，1987.

③ 李泽厚. 中国古代思想史论 [M]. 北京：人民出版社，1986.

源。农业和畜牧业，是人类文明得以发生和发展的基本条件，是人类主动改造大自然以满足自身需要的重大实践成果，绝大多数最重要的农作物和家畜都起源于人类文明的发源地。与世界其他农业地区古代社会的城乡关系有一定的类似特点，中国古代的城市一直扮演着为统治者服务的角色。更重要的是，中国古代的城市规划一直从属于国家治理体系，是保障国家治理能力的关键。

城的出现是阶级社会的需要，城是一种防御功能为主的设施，是为了政治和军事的目的而建造的。所谓“筑城以卫君，造廓以守民”。随着手工业和商业的产生和发展，城市形成，到春秋战国时代，开始大量建设。城市的发展大多是在历代王城、都城、郡州府城基础上，由政权力量自上而下推动而成。与今天的城市相比较，古代社会的城市属于封建地主和其他社会精英集中的都城、首邑，完全是帝王权力的物质化展示。

值得注意的是相对较小的聚居地“镇”。镇的出现晚一些，大约始于北魏，“镇而守之”，同样是为了御敌，所谓“设官将禁防者谓之镇”。但是后来，逐步发展为“凡地有税课者亦谓之镇”，实现了从军事用途向社会管理的转变。而镇大多是在一定区域范围内由经济力量自下而上自发形成，很多是由村而市、由市而集、由集而镇，逐步形成。在经济相对发达的地区，步行一天范围内通常有一个为周围农村服务的集镇。以农业为主的生产方式和以村庄为主的居住形式为中华农业文明和中国传统文化的发育生长提供了土壤。

在现代科学技术手段和现代商业经营方式引入之前，中国的农业都属于传统农业。传统农业形成的前提条件是定居生活，定居从事农耕是农业文明的开始，加上畜牧业和手工业的补充，一家一户、男耕女织、自给自足形成小农经济。以农业为基础，努力实现百业兴旺，是乡土中国社会及其封建制度长期存在的经济基础。城镇居民的基本物质生活离不开农村的养育，古代士人的思想智慧由农业文明滋养。中国文化与西方的区别是，中国知识精英似乎有更加强烈的追求与自然结合的离群独处的动机。这样一来，聚居与隐居共同构成诗意栖居的形式。理性的“聚居者”和感性的“隐居者”本质上反映了内心的矛盾。

从文化角度认识传统农村，基于一种假定，即与近代以来发生的快速变迁相比，此前的中国农村相对稳定，存在着某种“一以贯之的特点”，这个假定，中国的乡村学者和外国的汉学家普遍采纳。城市繁荣的基础仍是农村社会的稳定，而农村社会的稳定取决于传统农业的发展状态和集镇作为其服务中心的作用。可以认为，中国古代文明的根基是农业文明。

农业文明的基本特征。

中国古代的城邦实为“族邦”，同一族人聚于一地，农为邦本。定居、务农，日出而作、日落而息，使乡土社会获得了超稳定的生活环境，形成了与之相对应的循规蹈矩和封闭保守的传统文化，实质是农业文化。在农业文化中，土地占有及土地相关利益的分配是最为主要的问题，构成农村一切问题的焦点。这种文化体现了农业文明的本质特征，即耕作居于支配地位，社会分工极不发达，生产过程周而复始。所谓精神文化问题，都是附带产生的。

中国农业文明具有几个基本特点：一是求实精神，我们日常会话中常说“这能当饭吃吗”就是一例；二是不断循环，乡土精英们的精神世界中往往都具有“18年后又是一条好汉”的内容，这是“义”的基础条件；三是中庸之道，普遍比较保守，相信“枪打出头鸟”，不愿尝试新的东西；四是集权主义，迷信个人权威，决策参与意愿不足，口语中常说的“你不要老三老四”就是等级观念很强的表现；五是安土重迁，高度重视自己家的“一亩三分地”；六是乐天，相信“车到山前必有路”等。有学者认为，个体的乏力感、平均主义思想、保守和集体主义等构成农民文化的最基本特征。[①]

必须指出，把农民的习惯和思维说成是“劣根性”，并将之与民族性挂钩的种族文化、基因文化是没有事实根据的。农民社会和农业文化都有共同的特点，文化是社会现象而不是种族现象。[②] 农民的特征与国家和种族并没有多大关系。问题在于，与其他的地区和居民相比较，中国的农业文明持续时间更长，具有超稳定的结构，而且对于工商业没有那么重视，甚至采取排斥的态度。农民从事农业，农业耕作需要土地，因而农民离不开土地，农民社会成为乡土社会。费孝通说：“从基层

---

① 陈吉元，陈家骥，杨勋．中国农村社会经济变迁 1949–1989[M]. 太原：山西经济出版社，1993：20–22.

② 秦晖．耕耘者言 [M]. 济南：山东教育出版社，1999：48–60.

上看去，中国社会是乡土性的”。“我们说乡下人土气，虽则似乎带着几分藐视的意味，但这个土字却用得很好。”[①] 这正是中国传统乡村农民社会立足之根本，以及农业与游牧和工业的本质不同之处。

2.1.2 农民对共同体的依附

农民的理解和传统农民的特征。

在前工业时代，不管处于世界上的哪个地区，农民都是主要的居民，是“人的一般存在形式”。农民社会是各种现代社会的“共祖”，“农民性”是人类个体的个性发展史中的一个阶段。[②] 农民，既可以指任何时代和地点的个体农业生产者，也可以指农业社会的居民，或宗法社会的共同体成员。农业社会居民和宗法社会的共同体成员，包括农业生产者和非农业生产者，但是不包括非农业社会的农民，例如美国农场的农民。此外，农民还可以作为一个特定生产关系中的阶级，例如封建社会的农民。

关于农民的特征，已有很多学者进行了深入研究，其中以社会学的研究最为引人注目。一般认为，传统农民与现代农民的本质区别是前者“受到外部势力的支配”，“被整合到更大的社会”[③]。现代农民是因为社会分工和个人选择的不同而产生的职业，并不一定代表公民身份等级和居民社会地位的不同。而农民社会的主要特征体现在农民个体对于共同体的依附关系。研究和解决农民问题的基本点是，如何能使得传统农民对于“身份性共同体”的依附，过渡到公民社会现代农民具有独立人格、自由个性和公民权利的“完成的个人”。

中华民族是在传统的精耕细作农业基础上发展起来的、以农民为主体的民族，中华民族的历史始终是一部农民史。[④] 放在全球视野观察，正是因为农业文明延续的时间很长、稳定的程度极高，使得中国的现代化进程更为艰难。虽

① 费孝通．乡土中国 [M]. 北京：三联书店，1985：1.

② 秦晖．农民、农民学与农民社会的现代化 [J]. 中国经济史研究，1994（1）.

③ 参阅《不列颠百科全书》peasantry 条．

④ 孙达人．中国农民变迁论 [M]. 北京：中央编译出版社，1996.

然我国各地的气候、地理条件各异，但是，传统的农民都以农业维持生存。因此，研究中国问题必须研究农民问题，甚至可以说，农民问题始终是中国研究的中心问题。

依附的体现形式。

对于农民社会的社会关系，学者们的共识是血缘关系起着决定性作用。乡土社会的主要构成单元是家庭，若干同姓氏的家庭形成一个家族。家族是中国古代社会的基本结构单位。聚落内部的社会分工，以及贫富分化，往往是以家族为单位进行的。小农经济以家庭内部的自然分工作基础，以家族共同体内部的社会分工为补充，形成与外部世界联系的利益共同体。因此，中国农民的依附关系，首先体现在对以血缘关系为纽带的大家庭，其次才是对以地缘关系为特征的邻居同乡。

然而，更强大的依附关系是小农对于土地所有者地主的依附。在封建地主制的框架内，农民及其从事的小农经济只能通过血缘和地缘关系才能与上一层次的组织发生正式的联系，否则更加脆弱。反过来，个体农民重视家庭和邻居，择地种植定居，又为维持更牢固的依附关系进一步打下基础。在传统的乡土中国，同居、共财、合炊、敬祖是家庭构成的主要活动要素。[①] 乡村最主要的权力维持者并不是国家机构，而是乡村绅士。乡村绅士大多数是当地的地主。与普通农民相比，地主的经济实力较为雄厚，有较多可以利用的社会关系，有接受更好教育的机会，有一定的文化知识和管理能力，更加重要的是，有更多的时间和精力从事社区事务。[②] 可以认为，地主是农民从地缘上依附的首选代表。从某种意义上讲，乡村绅士的道德水平、经济实力和管理才能，决定了当地农村社区的社会地位。

交通方式和通信能力决定了社会联系的强度。古代社会技术进步缓慢，使得安土重迁的观念固化。坐井观天式的农耕生活中，知识大多来自长者的生活经验，信

① 周晓虹．传统与变迁[M]．北京：三联书店，1998：49–53.

② 陈吉元，陈家骥，杨勋．中国农村社会经济变迁 1949–1989[M]．太原：山西经济出版社，1993：12–15.

息来自有机会接触外界的乡绅。因此，依附不是个人的行为选择，而是一种社会文化。今天，我们已经建立了强大的中华人民共和国，形成了中华民族大家庭的基本概念。每个中国人都被赋予了国籍和民族归属，于是，国家和民族成为当代中国人最大的依附。

需要注意的是，随着时间的推移，中国在历史上的疆域范围并不一致，人们通常以当今中国的实际空间范围来简化这个问题，事实上，历史上的中国是一个边界不断移动的中国。[①] 我们不可能花时间，也没有能力和必要讨论一个复杂的历史学问题，只能明确使用一些概念和相关数据的基本前提条件。作为农业文明、乡土文化的讨论，“中国”主要指文化共同体，因此，不同朝代的统计数据，虽然冠以中国之名，很可能并不属于同一个空间范围，只能为说明特定的问题提供参考，很难进行历时的相互比较。在讨论不同地区或者民族的习俗时，同样如此。

2.2 影响乡村稳定的力量

2.2.1 人口变化及其矛盾冲突

人口的大起大落与农民战争。

影响乡村稳定的因素很多，可以有不同的归纳方式。从人居实践而言，人口变化是首要因素，其次是治理之道。关于中国各个历史时期的人口情况缺乏精确的统计，当然，我们也没有足够的精力关心人口变迁史的学术研究，这里，我们关心的只是历史上人口变化的态势对乡村人居传统的冲击。

总体而言，中国的人口呈现缓慢增长的大趋势，但是，中国历史大盛大衰，治乱循环，人口随之大起大落，增长速度与下降速度都非常快。表面上看，在 1700

① 有兴趣的读者可以参阅葛兆光．宅兹中国：重建有关“中国”的历史论述 [M]. 北京：中华书局，2011.

年间，中国的人口维持相对“稳定”。中国古代第一个全国性的人口统计可能是公元 2 年（即西汉元始二年）的记录，近 6000 万。人口第一次翻番用了 1200 年。从南宋的 1 亿人口，到 17 世纪中叶的 1.5 亿人口，也用了 450 年的时间。但是实际上，中国历史人口变化幅度之巨大，远超常人所能想象，也超出许多缺乏历史知识学者的观点。秦统一中国时人口估计有 2000 万～ 3000 万，西汉初只剩下一半。西汉末增加到 6000 万，王莽时到东汉初再次减半。东汉后期重新突破 6000 万，三国时期仅存约 800 万。西晋人口增加，隋统一后恢复到 6000 万，但隋末战乱，唐统一时只有 1000 万左右。唐百余年恢复到 5000 万以上，唐后期和五代战乱导致人口不到 2000 万。北宋时期人口持续增长，可能超过 1 亿，两宋之际的战乱又使人口大幅度下降。13 世纪初，宋、金、西夏、大理等人口合计超过 1.2 亿，元朝时再次锐减。17 世纪，全国人口突破 2 亿，但明末的天灾人祸和清初的战争，又使人口降至 1.2 亿。[①]

人口下降的主要原因是农民战争。封建专制主义的政权，通过地主经济对小农经济进行严格管理而维持，中央集权国家，通过保障地主阶级对于农民阶级的剥削而繁荣。一方面，国家通过地主剥削小农，另一方面，通过重农轻商政策扶持小农，以维持更为长久的剥削与被剥削关系。当这种关系的平衡被打破时，往往就会爆发大规模的农民战争，造成大量人力资源和社会财富的损失。同时，原有的依附关系也被打破，封建生产关系得到改进。然而，农民战争并没有能够改变长期的文脉延续，也没能改变农民的身份。

农民，政治上毫无地位，经济上依附于土地，人身上依附于家族共同体，思想上形成了根深蒂固的平均主义、皇权主义。纵观历史，被压迫、被剥削、被奴役、被歧视而又不断的抗争，构成农民问题核心。[②] 因此，秦晖认为，简单地把农民战争归因于地主阶级通过租佃关系对小农进行的残酷剥削，并以此为由，提出要“消灭小农”、实行“一大二公”的立论是难以成立的。历史研

---

① 中国人口史有一批研究成果，其中的数据并不相同。网络上也有大量根据各朝代现存资料记录进行整理或估算的历代人口。例如，秦晖在“明清书话”公众号于 2021-03-21 发表的文稿中涉及大量数据，“国学朗读”公众号于 2022-10-12 发表的内容则更加丰富，还包括各朝代人口的出处。虽然具体的数据不同，但是其走势大体上是一致的。

② 齐涛．中国通史教程（古代卷）[M]. 济南：山东大学出版社，1999：461-478.

究表明，农民战争是由于集权制官僚帝国专制制度下长期的、难解的官民矛盾积压而引发，是真正的“官逼民反”，而不是民间社会的内部矛盾。同时，对农民战争史的研究表明，传统中国农村“皇权不下县”、通过乡绅以儒家学说治理，就能够建立温情脉脉的农民社会“大家庭”的推论也是不可信的。因此，中国传统社会不是和谐内聚的小共同体，而是大共同体本位的“伪个人主义”社会。如果放在国际层面进行比较，中国的农民社会既不是特别和谐的，也不是两极分化的典型。[①] 这使得从社会文化角度归纳传统的中国农村具有的独特性同样面临一定的困难。

人口快速增长引发巨大的矛盾冲突。

人口快速增长发生在清代以后，但也并不是直线上升。从 18 世纪前期到 19 世纪前期的 100 年间，中国人口从 1.5 亿增加到 4 亿，增加了近 170%，这种情况在中国的历史上是从未出现过的。[②] 清代早期，人口增长缓慢，对于战后社会生产的恢复起到了促进作用，到康熙时期人地矛盾并不十分严重。康熙采取的休养生息政策，特别是“滋生人丁、永不加赋”和“摊丁入亩”，起到了促进人口增长的作用。真正快速的人口增加，开始于乾隆中叶以后。从乾隆六年（1741 年）到道光二十一年（1841 年）的 100 年内，全国人丁数从 1.434 亿增加到 4.1 亿，大约每 30 年增加 1 亿。[③] 咸丰元年（1851 年）达到 43216 万。令人不可思议的是，到太平天国灭亡时，人口又近乎减半，只有 2.3 亿。但是，后来又快速恢复，一直维持在 4 亿～ 5 亿。到 1949 年，中国人口已达到 5.417 亿。[④]

虽然不同的数据来源略有区别，但总体上看，这个时间段的人口增长是“指数级”的，百余年间人口超过了 4 亿。人口增长对乡村的影响是显而易见的。最直接的体现是，人与地的矛盾日益尖锐。人口增长速度超过了封建农业发展速度，必然导致可耕地资源紧缺。再者，人口增长过快，人口压力不断加大，直接引发了全国

① 秦晖．农民中国：历史反思与现实选择 [M]. 郑州：河南人民出版社，2003.

② 张岂之．中国历史（元明清卷）[M]. 北京：高等教育出版社，2001：351-353.

③ 史仲文，胡晓林．中国清代经济史 [M]. 北京：人民出版社，1994：98-99.

④ 数据来源于秦晖演讲稿。秦晖．中国历史上，何来如此深仇大恨 [Z]. 明清书话公众号，2021-03-21.

范围大规模的人口流迁，这与定居初衷和农业文明的特点相背离，成为严重的社会问题。在经济相对发达的人口稠密地区，劳动力过多，被迫背井离乡，迁往他乡定居生活。长时间大规模的人口迁移严重冲击封建社会原有的统治和制度，引发的矛盾更为尖锐，社会变得动荡不安。

2.2.2 中央地方关系调整与乡村自治

县的由来及其基础作用。

在中国历史上，县，一直起着重要的治理作用。早在春秋时期，秦、楚等国，把新兼并的地方设置为县，不再分封，君主直接统治。因此，县，最初设置在边疆之地。春秋后期，各国逐步把县制作为一级地方政权，推广到内地，在边疆之地设郡。由于郡的面积比县大，地广人稀，所以实际作用比县还小。战国时期，边疆逐渐繁荣起来，于是在郡下设县，逐渐产生了郡、县两级制。秦王朝建立后，确立全国实行郡、县两级制，分为 36 郡，郡下设县。此后，汉朝郡县制和分封制并行，郡国之下就是县。东汉末年和魏晋南北朝实行州、郡、县。唐朝设道，道下设府、州，府州领县。宋朝设路、府州、县。元代之后，基本实行行省制，即省、府州、县。从现有的数据看，县这个行政单位一直是相对稳定的，秦大约 1000 个、汉 1587 ~ 1180 个、三国大约 1190 个、西晋 1232 个、隋 1253 个、唐 1573 个、宋 1234 个、元 1127 个、明 1138 个、清 1455 个。可见，在 2000 年时间内疆域已经大为扩展的情况下，县的数量只增加了 50%。①

虽然历史上每一次朝代更迭，都意味着行政区划的调整，但是县的基础作用使得它得以延续，成为中华文化脉络的传承。很多学者将中国的封建统治描述为具有“超稳定的结构”，县确实是非常重要的一个环节。县是直接治理老百姓的基层政权形式，可以认为，县级单元的稳定就是封建统治的稳定，封建帝国的基层统治是由县级政府和县官来完成的。县以下的治理单元变化要大得多。以镇为例。在宋朝

① 数据来源于周振鹤．中国历代行政区划的变迁 [M]．北京：商务印书馆：1998：第 4 章 2“百里之县”的相对稳定．

高承编撰的类书《事物纪原》“库务职局”中，有“民聚不成县而有税课者，则为镇”的说法。镇，虽然也是治理制度的设计，一直是封建社会农村的中心，拥有各种为农村服务的功能，但是在从“城”向“城市”转化，或从集市发展成市镇过程中，有的形成县治，有的降为镇。因此，镇的数量变化很大。明清时期约有 37500 个，平均每镇 7000 ~ 8000 人。

县的相对稳定，主要原因在于它是比较完整的最低一级的地方政权。关于古代乡村治理，有“皇权不下县”的说法。州、郡、府等只负责监督、管理县级政府和县官，并不需要直接面对乡民。尽管中国古代乡村也曾有过中央王朝的基层行政单位，例如乡、亭、里、什等，但是实际上只是半官方的、社区性质的自治组织，并不是完整的政府机构。因为乡村组织不得力，除了秦汉魏晋时期，多数基层行政组织的作用并没有得到很好的发挥。所以，以当地大姓豪族为基础，以传统的习惯法为准则、以乡绅为权威中心的乡绅自治，在乡村治理中的作用凸显。[①] 中唐以后实行了职役制，乡里制度开始向半官式的乡绅治理转化。北宋中期，王安石变法，更加淡化了乡官的政治地位，全国推行了保甲、里甲和乡约制度。保甲长不是正式官员，只是替国家征收钱粮、维持地方治安，政府并不支付俸禄，他们的身份主要还是当地农民。由于不领取薪水，工作基本是义务性质的，他们的利益关注往往更倾向社区而不是国家。

县的治理问题，实质是中央与地方关系的调整，是权力结构中集权与分权的矛盾处理。均田制作为土地制度、租庸调制作为税赋制度、府兵制作为兵役制度，构成治理乡村的三大基本政策框架，有助于保持、促进农村、农业、农民的稳定。作为历史理论基础，对当代的城乡统筹兼顾、协调发展仍有一定的启示作用。

从半官式的乡绅治理到乡村自治。

从总体趋势上看，封建社会的农村管理体制经历了从严管到自治的演变过程。虽然县的数量一直相对稳定，县内乡镇的情况和人口数量却有很大变化。最初，周王朝建立的邻、里、族、党、州、乡，乡处于很高的位置。到秦朝，乡建制的地位

① 孙华．传统村落的保护与发展 [Z]. 乡村规划与建设公众号，2016-06-03.

和作用逐渐降低。魏晋、隋唐时期，乡的规模仅为 500 户左右，乡官的隶属关系逐步复杂，各自为政。自中唐（766—835 年）开始，随着均田制的废弛、两税法的实行，地主阶级内部结构发生了变动，乡里制度开始向半官式的乡绅治理转化。严格讲，“乡官”不再是官了。自此以后千余年间，我国乡里社会实际是半官式的绅治。

北宋中期推行保甲制度，进一步淡化了乡官制的政治色彩。但是清代采取明朝的里甲制，作为赋役征收的机构；采取宋朝的保甲制，以维护地方治安，大大增加了吏胥人数，加重了百姓的负担。在康乾盛世时期（1684—1795 年），在县级以下的农村社区设置了乡、都、保、庄。由于各地自然人文条件不一，同时乡村行政区划存在征发徭役、赋税、杂泛，以及治安民防和社会教化等目的，因此，名称各异。基层的村庄，不一定是自然村，往往是一个大的村庄带领几个小村，形成管理单元。虽然各地乡村行政区划十分驳杂，但是乡村法定社区内部的行政组织是基本的，通常由官方出面下命令编组，推丁粮多者为长。所谓丁粮多者，指家庭成员多、劳动力多、田地多、粮食生产多的家庭长者。[①]

在传统农村社会，最主要的权力维持者其实不是国家机构。无论什么情况，总体而言，传统乡村社会的精英一直保持在农村，并从事管理工作。政府的主要职责是征收赋税和断案。直接的“乡村自治”概念出现在清朝晚期。光绪三十四年（1908 年），清政府制定并发布了中国有史以来第一部《城镇乡地方自治章程》。首次分城镇乡，规定城镇乡为地方自治单位，分别成立自治公所、设议事会和董事会等机构。章程规定，凡府厅州县官府所在地为“城”，其余市镇村屯集等地人口满 5 万以上者为“镇”，不满 5 万者为“乡”。乡设立“议事会”和“乡董”，实行议事与行政分立。乡议事会在本乡选民中选举产生，为议事机构。乡的地方自治执行机关很简单，只有乡董、乡佐各 1 名。自治范围以学务、卫生、道路、农工商务、善举、公共营业及自治经费为主。但除董事会的成员外，议员属于名誉职务，不支付薪水。因此，可以认为，乡村绅士决定了所在村落人居环境的质量和品位。

① 张岂之．中国历史（元明清卷）[M]．北京：高等教育出版社，2001：294-301.

2.3 乡村人居传统

2.3.1 “天下人居”模式

民居调查进展情况。

对于人居传统的认识，物质遗存是最为直接和坚实的证据。我们可以从日常生活的用具，建筑物的材料与构件、建筑物本身、建筑群或村落、街道，以及村庄和集镇构成的村镇体系等多个不同的空间层次进行观察。在物质遗存基础上，我们才能归纳某个地区建筑的风格与派别，例如，徽派民居、生土建筑风格等。寻找物质遗存的努力开始于建筑学者的民居研究。1930 年代，刘敦桢著有《中国住宅概说》，把当时能够获得的民居资料编著成册，虽然并不全面，但却开了先河。

新中国成立后，地区性的民居研究得到深化，对各地典型的民居模式进行了整理和发掘。1960 年代，原建筑工程部要求各地的建筑设计院就当地民居开展调查研究。不少地方建筑设计院组织技术骨干参与了这项工作。例如，云南省建筑工程厅设计院成立了少数民族建筑调查小组，分赴滇西等地进行了三次实地调查。历时一年半，编写了白族、傣族和景颇族的民居报告，并绘制了民居图册。西南地区的云南、贵州、四川、广西三省一区的设计院还组织了西南少数民族民居编委会。与 1930 年代的住宅个案不同，这些民居研究的内容已经广泛涉及乡村物质环境。“文革”十年中，工作被迫停滞。

1979 年后，中国建筑学会和中国建筑工业出版社合作，邀请各有关地方的设计院整理已有成果，开展新的调查研究，出版了一批比较有影响的地方民居专著。例如《浙江民居》，其成就主要体现在，与以往的民居研究不同，研究者不仅“求同”，归纳基本特点，还在此基础上“寻异”，揭示民居建筑与自然和人文结合的多样性特征。1980 年代初，原城乡建设环境保护部乡村建设管理局委托中国建筑学会对重点地区的民居情况进行实地调查，并资助开展了南北方农业区村镇的研究。

2013 年，住房城乡建设部首次组织传统民居调查，历时 9 个月，全国所有的省级单元住房城乡建设系统都对行政辖区内的传统民居进行了调查。成果包括

1692种民居、3118栋代表建筑和1109名传统建筑工匠。共归纳出564种民居类型（图2-1）。更加可贵的是，港澳台地区也参与了这次调查，并归纳出35种民居类型。[①]

图2-1　传统民居调查成果

对民居的认知。

观察民居中体现的人居传统，必须有总体把握的能力。普遍性的认识或者共性的把握，与特殊的个性的分析不可分离，这需要用方法论意义上的人居实践原理来指导。人居研究，不仅要归纳“传统的”中国乡村人居的物质形态特征，还要说明它们形成过程中的资源利用和决策情况，以及所蕴含的精神文化意义。“不研究事物矛盾的特殊性，就无从确定事物的特殊本质，无从发现事物变化的特殊原因，无从把握事物发展的特殊规律，也就无法正确地认识事物、合理地改造事物。”[②] 基于大量个案阅读基础的总体成因解释，在归纳宏观尺度的特征时，不能忘记每一个具体民居，不论主人穷富，都与建造者面临的具体矛盾，特别是主要矛盾方面有关。

博物学式的谱系分析提供了实用方法，通过分门别类，寻根访源，归纳共同特征。值得注意的是，乡村人居传统的研究不能热衷于“求同”，草率归纳出各种“模式”，也不能纠缠于“求异”，发现一个案例，就否定共同特征。受到地学因素和功能的影响，大规模的村落也可能布局形态各异，建筑风格类同。受到社会和经济的影响，基本上是哪里文化水平高、收入高，那里的人居形式就形成“高地”，受到模仿，甚至“抄袭”，不断流向人才所到之处。同样道理，在同一个村落，虽然可使用同样的材料和技术，由于户主经济条件、受教育程度、可以请到的工匠的水平和技术能力，家庭人口结构、生活习惯和历史认识等影响，住宅

① 住房和城乡建设部．中国传统民居类型全集（上中下）[M]．北京：中国建筑工业出版社，2014.

② 中共中央宣传部理论局．马克思主义哲学十讲 [M]．北京：学习出版社，党建读物出版社，2013：95.

形式就会不同。

自然与社会的影响，通过户主和工匠共同作用于具体的乡村人居环境。但在不同情况下的主要矛盾是不相同的，它们会因为从业状态不同和经济条件好坏产生很大的变化。每一种情况都应当放到当地农村居民居住需要的满足程度和方式来认识。一般来说，一个经济条件较好的地方，其民居受到自然因素的影响会小于经济条件不好的地方。在同一个自然区域内，由于人口分布情况和密度，产业情况与经济条件等不同，在解决主要自然资源应用问题时，村落之间仍会有所不同。农业种植、养殖的品种，工商业发展水平都会对民居形成产生影响。当然，这个不同也不能否定整个区域的共性特征。这对于专业人员下乡调查研究，非常重要。

需要特别指出的是，分析在农民社会基础上形成的传统乡村民居，不宜单独以民族作为参照系，强调某个传统属于特定的民族。事实上，不同民族的乡村民居特点并不单纯与所谓的“民族性”有关，而与这个民族的政治、经济、宗教、社会发展状态有更大的关联。社会和地区的因素远远大于民族本身的因素，因此，只能以社会发展的阶段和状态作为基点。1983 年，城乡建设环境保护部乡村建设管理局曾对西南少数民族农区住宅进行调查，西南有 30 多个少数民族，其中云南省就有 22 个之多。这些民族大多与汉族混杂居住，民族之间也是交错居住。因此，民族之间、民族地区之间在经济、文化、生活习惯上相互影响，存在不可分割的联系。但是，由于社会、经济、文化诸方面发展的不平衡性，使得各自之间又有民族特点，反映到住房上出现了一定的差异性，形成了鲜明的地方特色、民族风格。但是，地区特点远大于民族风格。

传统村落调查进展情况。

政府对传统村落的关注始于 20 世纪 90 年代初，与集镇结合在一起。例如国家自然科学基金资助对“传统村镇聚落形态形成和当代生活空间创造”进行研究。1997 年，建设部发出《关于历史名镇（村）申报工作的通知》（建村〔1997〕87 号），组织各地建设部门调查研究，开始在全国范围内征集历史文化村庄、集镇。这是最早的全国性调查，当时的认识还局限于传统建筑，对村落整体环境的保护还没有提上日程。文件一开始写道，“我国村镇现有大量历史传统建筑，这是我国灿烂传统文化的重要组成部分，其中不少具有很高的历史文化价值，必须切实注意加强保护”。通知明确，命名历史名镇（村）的条件共有三个：一是辖区内有总建筑面积 5000 平方米以上成片的历史传统建筑群，二是建筑是明清之前建造，三是建筑水平较高、保存较完好。文件发出一年后，收到来自 19 个省和 2 个计划单列市的项目 98 个，其中村庄 38 个，镇乡所在地 60 个。

2003 年，建设部、国家文物局发布了《中国历史文化名镇（村）评选办法》。2008 年，中华人民共和国以国务院令第 524 号发布了《历史文化名城名镇名村保护条例》。历史文化名镇名村的概念与历史文化名城并列。2012 年，建设部发布《历史文化名城名镇名村保护规划编制要求（试行）》（建规〔2012〕195 号），提出了规划编制的技术规范。与此同时，各地结合形象宣传、旅游开发等工作对当地的历史文化名村名镇和“古村落”等传统的乡村人居环境进行了调查，提出了地方性的保护要求。例如，2012 年，江苏省建设厅组织 13 所大学和规划院的 300 多位专家对省内 13 个市的 283 个典型村庄开展了系统的乡村调查，形成了系列化成果。

2012 年，住房和城乡建设部、文化部、国家文物局、财政部联合启动了中国传统村落的调查。客观上对“古村落”“老村”“旧村”等进行了名称上的规范。古、老、旧，只表达了时间性；“传统村落”则明确指出这类村落富有珍贵的历史文化遗产与传统，有着重要的价值，必须保护。半年后，通过逐级组织的专家调研审评，全国汇总传统村落近 12000 个。随后，由建筑学、民俗学、规划学、艺术学、遗产学、人类学等专家组成专家委员会，评审《中国传统村落名录》，进入名录的传统村落将成为国家保护的重点（图 2-2）。

图 2-2　传统村落调查成果

传统村落评定的条件为历史建筑、选址与格局，以及非遗三个方面，除了专业性，还要兼顾整体性和全面性。例如，在乡土建筑与村落景观方面，不但要看其自身价值，还要注重地域的个性与代表性，争取不漏掉任何一种有鲜明地域个性的村落，以确保中华文化多样性。再如，如果某个传统村落以“非遗”内容为主，其成果必须列入国家非物质文化遗产名录。2020 年，住房和城乡建设部对传统村落进行了挂牌保护活动。通过多批次不断优选，列入全国传统村落保护名录的村庄逐步增加，至 2022 年已达 8155 个。

阅读写在大地上的历史书。

毫无疑问，传统的概念与时间有关，表达的方式与内容有关。原始社会早期，人类过着自然的采集生活，基本上居无定所，这时的人居，属于发生学的范畴，难以用传统进行表述。随着农业与畜牧业的分工，人们开始在适合种植的地带定居，才逐步出现村落。村落为人们提供了日常生活和生产的基地。在此基础上，逐步演化形成村庄、集镇和城市等共同构成的居民点体系，并根据生活生产的需要，不断完善。人居传统关注人类定居后的居住实践成果。与改朝换代的战争和偶发的自然灾害所造成的破坏不同，工业化为基础的城市化和现代化对这些传统的、主要依靠种植业和手工业的人居环境构成了本质性的冲击。

中国人居传统的形成与封建社会的发展高度相关。虽然关于封建的含义在学术界有不同的看法，但那不是本书所要关注的。我们只是使用这样一个历史阶段概念作为讨论的框架。问题在于，中国封建社会是指从战国时代开始到鸦片战争结束的时期，而此后，仍旧有大量的人居环境建设，其实物遗存甚至是今天保护的重点。这样，就产生了封建社会受到冲击的过程中产生的人居现象，例如殖民地式的租界建筑及其影响。因此，必须明确，我们讨论的是农业文明、乡土文化比较发达成熟时的人居状态。遗憾的是，这样的状态已经无法与历史人口变迁进行比较研究，因为现存最早的村落和建筑，除早已无人居住的考古成果外，只有明清以后的资料。

当我们谈论中国人居传统时，需要认识到中国是一个复杂的组合概念，只有与别的国家作区分时，才有必要进行整体归纳。虽然中国封建社会的政治大多是以统一为主的，但是，从空间上来看，每个朝代都有不同的管辖范围，还有统治者所属的不同民族以及相应的人口问题。因此，中国人居传统是文化现象，指发生在中国范围内的不同阶段、不同民族的共同特征。幸运的是，人居传统更多地关注的是建立在物质环境基础之上的物与人的互动，这是阅读写在大地上的历史书，不用像研究传统农民社会和心理那样作太多的推测。

古代中国居民点的形成与发展形成了一些独特的传统表达方式，生动地反映了中国农业文明和乡土社会文化的特点。中国人居的起源可用聚、邑、都揭示聚居规模、功能和结构的发展。中国最初的定居点用“聚”来表示。聚，多人的意思，指一个原始氏族居住的地方，类似于今天在姓氏基础上形成的自然村落。聚，作为乡民居住的地方，自战国以来经秦汉，其含义大致相去不远，如乡聚、聚邑、邑聚、聚落、屯聚等。如今，狭义的聚落仍然是指有别于城市的农村居民点。邑，规模大得多，指发展到几个氏族后按照母系社会血缘组织居住的地方，相当于治理村落的政治中心。规模再进一步扩大后，就成为“城邑”。在原始社会向奴隶社会转化时，由于内部和外部财富安全管理的需要，开始筑城，即把一个空间围起来。都，作为城堡式聚落，产生于父系社会。农业文明的中国聚落规模逐步扩大，中心功能不断得到加强，经历了“由聚而邑而都”的发展阶段，形成了一个有机的整体结构，一个协调的系统。

中国传统的人居结构最大的特点是“家—国—天下”的大格局，在此基础上，发展为与不同的地理环境相互适应，又具有丰富文化内涵的“天下人居”空间模式，将规划、造园、建筑和工艺美术等技艺融会成一体，形成了一脉相承而又不断发展变化的传统，这个传统一直延续到近现代。尽管几千年的变化，中国古代的人居实践普遍重视人与自然环境的关系，追求社会秩序在人居环境中的体现，强调“立意、相地、布局、营建、造景”人居环境建设的全过程，以及可操作的实用主义治理模式和天地人协调统一的“大美生活”的审美追求。中国人居，始终是在一个宏大的地面上展开，在一个具有鲜明的文化价值追求的背景下发展成熟，始终是在农业经济基础上解决一个大规模人口的人居需求。从始至终，一气呵成。[①]

① 吴良镛．中国人居史[M]．北京：中国建筑工业出版社，2014.

2.3.2 乡村人居传统中的智慧

地理的和文化的脉络。

有了明确的物质材料支撑和观察的角度，我们试图归纳一些乡村人居传统的基本特点。尽管大量的村落已经在城镇化和现代化建设的过程中消失，在当今中国仍旧有不少实例可以作为人居物质环境形态的研究对象。然而，面对全国各地的乡村住宅和村落调查成果，思考什么是乡村传统人居的特点这个问题，仍旧很费周折。乡村人居变迁的影响因素必定是综合的又是有主次的，在不同的时空间范围，主次关系又有所不同。我们需要一种乡村人居发展阶段和“区划”结合的时空表达方式。

由于乡村资料的局限，发展阶段的讨论会落空。以大家熟悉的行政区、功能区、地貌区三种区域进行分析，各有利弊。中国这么大的国土面积，以行政管理单元组织材料比较方便，但是以省级单元作为人居传统表述对象，其实是有问题的。即使是个别的少数民族自治单元，亦是如此。一方面，就乡村人居传统的形成与特点看，封建社会全国大一统的政治生态没有逐一进行分省观察的意义。另一方面，从功能角度的分析，在宏观层面，需要更多农业区划的知识作为基础；在微观层次，需要综合考虑与城市地区的关系。事实上，地表的空间形态本来就是人居环境的构成要素，这一点不会有争议。

更进一步看，人居环境的形成和发展，与其面临的气候地学材料条件、居民的生产生活方式、文化教育水平、宗教信仰习俗等都有关。因此，我们谈论的乡村人居传统，会将时间因素相对淡化。凡是在封建时期形成的、相对稳定成熟的都是人居传统的范畴，不再像建筑历史学者区分不同朝代的特点。在面对中国这个空间概念时，不纠缠行政辖区的范围，不以省份作为讨论的分界线，而以地理的和文化的脉络作为主要的考虑因素。

定居环境的选择。

从国土空间尺度看，乡村人居传统的智慧首先体现在定居环境的选择方面。众所周知，我国是大陆性季风气候，夏季的东南季风和西南季风共同形成高温与多雨相互配合的季节，为农业生产和定居生活带来极为有利的条件。与此同时，冬季源自蒙古和青藏高原的冷高压，可使冬季风一直南下到岭南，对农作物和人构成一定的危害。中国人口分布明显受到气候和地理条件的影响。长期选择的结果表明，宜居地的分布基本上与人口的分布状态成正相关。这一点，可以通过中国的气候区划得到验证。我国的综合自然区划将全国分为东部季风区、西北干旱区和青藏高寒区。其中，东部季风区占全国总面积的 47.6%，占全国总耕地的 92%，占全国总人口的 92.7%。①

与之相关的光能资源、热能资源和水分资源，以及灾害性天气的分布给农业生产和乡村人居带来重大影响。20 世纪 80 年代，在编制全国农业区划时，根据积温等指标，将中国从北到南划分为 9 个气候带和青藏高原气候区，与 1964 年原建工部编制的全国建筑气候分区草案提出的 7 个建筑气候区，可以说是高度符合的。

由于中国幅员辽阔，将地学参数引入后，情况更加复杂，可以得到进一步的验证。我国地形的总体轮廓是西高东低，构成三大阶梯。大量人口主要集中在最低的一级阶梯，即东部宽广的平原和丘陵地区。这是我国重要的农业区，自北向南有东北平原、华北平原和长江中下游平原。我国还是一个多山的国家，海拔 500 米以上的地区占全国总面积的 75%。我国的地质条件也十分复杂，地貌类型丰富多彩，不仅有普通的山区、高原、丘陵、盆地、平原，还有黄土地貌、冻土地貌、风沙地貌等情况。传统乡村人居在不同的自然环境和地理条件下，针对所要面临的困难和可利用的资源，特别是材料特点，创造了大量精彩的成功案例，留下了宝贵的遗产。在不同自然区划之间，住宅的外观、村落的形态等物质层次的形象差别很大。

对自然环境的适应。

从单个村落看，乡村人居传统的智慧更多地体现在人工环境对自然环境的适

① 全国农业区划委员会中国农业资源与区划要览编委会．中国农业资源与区划要览 [M]. 北京：测绘出版社，工商出版社，1987：15-16.

应，或者说两者的交融。由于农业文明发展阶段的特点，传统乡村人居更多依赖于自然环境。宏观上，由于自然环境条件不可能在很小的区域范围内有很大的变化，所以在同一个气候区域和地貌类型范围内，乡土建筑表现出某些共同的或者类似的特征。彭一刚将这些特征分为平地村镇、水乡村镇、山地村镇、背山面水村镇和背山临田村镇，以及南方低洼谷地村镇、沿海渔村和黄土高原窑洞村落进行了简明的归纳。[①]

由于自然地形、地貌不同，村落的平面布局、空间结构丰富多彩，并无固定形态。高原村落则较多地利用了土地厚实的特点，草地上则更多考虑经常迁移的可能性，水乡人居环境利用河道的便利，海边的受到潮汐和台风影响。由于局部的自然条件差异，不同地区乡村人居环境的平面布局、空间结构更加显得丰富多彩，强化了建筑的乡土味道和村镇的个性特点。

在微观尺度，传统乡村的人居环境与自然环境结合更加紧密，存在大量的“灰空间”，即半开敞的日常活动场所。这不仅是古代农业社会生产发展水平和技术落后导致的对自然的依赖，同时也是乡村人居在理念上存在与自然不悖的思想。中国农民普遍认为，人类及其创造物要取之于自然又回归自然。这个行为倾向与西方城市规划建筑理念有较大差别。

与城市相比，乡村居民点最明显的外观特征就是规模小而分散，自然村的规模大小差异很大，既有数百户甚至上千户的大村庄，也有三家村、五家庄。一般来讲，平原地区村落相对规模较大，华北平原上的自然村往往比西南山区的镇都要大得多。普通农村住宅多为单层建筑，少数情况下建了多层或者阁楼。由于建筑体量较小，与自然环境更加容易亲近。所以在建筑层面，往往是“绿荫丛中藏红楼”，整个村庄经常是“远看一片林，近看才有村”。

对资源的合理利用。

人是自然界的一种生物，这是观察人居的开端。人要呼吸，不能生活在真空中。就人居环境而言，空气是一个前提，因为整个地球都被空气包围，可以不作讨论，

① 彭一刚．传统村镇聚落景观分析 [M]. 北京：中国建筑工业出版社，1992：52-62.

关于空气质量的议题是工业化之后才有的。再者，要有一定的人均水量才能满足日常生活生产之需要，还要一定的温度、湿度作保障。因此，气候条件，包括风向和风力、降水量和分布、日照时间、四季温度和湿度等，既构成选择定居环境的基本条件，也是日常生活中需要珍惜的自然资源。合理利用、节约利用这些资源，才能充分体现人与自然关系的和谐。

一是水资源。在自然因素中，定居必定受到水源条件和饮水安全的影响。水不仅为人畜饮用之需，也是农作物浇灌不可或缺的，还要为生活和生产过程使用，以及作为灾害防范的备用资源。我国的水资源分布大致是从东南沿海向西北内陆逐步递减。东南水网地区的村镇布局与建筑风格体现出亲水、用水、防水的特点，甚至家家都有水源。这种情况下，保护好水源的水质成为重要方面。“三叠泉”就是很好的案例。从高向低将对泉水的使用分为饮用、洗菜洗衣、打扫卫生等几个方面。不仅合理、节约，而且形成了独特的居住景观。西北干旱地区缺水，则视水源为生命，乡村规划中形成了大量积水、节水建筑物和工程设施。例如，有些地方出现用于输送用水的地下暗渠。缺少水源的地方，水井成为全村居民的物质“刚需”，同时也是精神支柱，通常设在村口，受到全体村民的保护。

二是热量资源。我国热量资源大致是由北向南逐渐增加，一般是纬度越高处，供热需求越大。另一个是高度，海拔越高处，气温越低。因此，南方乡村住宅的通风降温和北方乡村住宅的防风保温，在群体布局和单体设计中都十分重要。由此产生了大量优秀的案例，例如南方的干栏建筑、北方的窑洞等，特别是北方地区的取暖需要促使乡村人居形成阳光利用与饮食炊事结合的供暖设施。

三是光能资源。我国的光能资源从东向西大致呈逐渐增大趋势，至青藏高原最大，长江中下游最小。因此，东部地区的民居建筑采光十分重要，窗户的形态和建筑的间距必须考虑日照需要，而西部高原防晒就成了要点。另外，还有一种特殊的情况，在不太大的范围内，包括多种不同气候的现象，例如山区的“立体气候”。这种情况下的传统乡村聚落，虽然同处在一个乡镇行政辖区范围，却表现出很大的差异。

对社会有机体的滋养。

至今保存完好的传统民居和村落及其相关的乡土文化景观，反映的是建设者在所处时代创造的空间环境综合体。只有把它们放在文化脉络之中，才能从社会意义上深入理解其旨意。由于传统的农民社会持续时间长，且十分封闭，中国乡村人居传统形成了不同于城市的特点。早在聚落时代，就萌生了家庭和家族。家族是中国古代社会的基本结构单位，相关的家庭以血缘关系为纽带，按照一定的社会组织形式，居住在一个地理空间范围，获得互相的照顾，构成共同的家园。①

与游牧和经商不同，定居者以土地为生存的最基本依附。作为人类定居的最基本形式，农民住宅、乡村聚落与土地的关系十分密切，甚至可以说是一种环境友好的土地利用方式。在传统框架内，村落构成乡村人居的基本单位，村落居民多为农民，农民社会的图景事实上就是村落形成的人文依据，是乡村人居形成的社会和文化背景。因此，传统村落多聚族而居，血缘关系和宗族制度便成为维持村落社会的纽带。

反映在物质空间形态上，常常是以宗祠为核心而形成一种公共活动的中心节点。村落中的祠堂是礼制中心和宗法制度的物质象征，寄托着所有宗族成员的归属感，同时限制着各个成员的社会行为。即使一些看似自由布局的村落，实际上，仍是以一种由血缘宗族关系连接形成的潜在的社会有机体。在村落建筑中，宗祠最能表现宗族力量，农民家庭对住宅建设也提出了明确的要求。在传统乡村民居中，规模越大，居住的家庭成员越多，对家庭成员关系的维护则越加复杂，礼制在代际之间的要求更加严格，家庭更加接近农民社会的上层。

2.4 “无规划师的规划”

2.4.1 自发建设及其“规划观”

规划主体的特征。

物质环境意义上的人居环境是写在大地上的历史书，过去的民居建筑首先都是

① 吴良镛 . 中国人居史 [M]. 北京：中国建筑工业出版社，2014：31.

实物存在，只要被发现，就可以进行测绘和记录，随着资料积累，逐步形成不同地区和民族的民居谱系。乡村居民点是城市的萌芽状态，城市形成后，又影响乡村居民点的变迁，村庄、集镇和城市互相分工，共同承载着古代居民的生产生活。与城市相比，乡村人居环境的形成更具自发的性质，绝大多数乡村民居都是自发建设的，除了极少数边境地区或交通要道为了防御而建设的村庄和集镇，乡村居民点总体上也是自发形成的。因此，传统乡村人居环境属于职业主义产生之前的“无规划师的规划作品”。

“无规划师的规划作品”有自身的特点。一方面，不论历史上哪个朝代，乡村人居环境的形成都较少受到皇权的直接干预，是一种可以由较少的组织投入就可以实现的营造方式。另一方面，乡村人居环境由量大面广、分散的小型居民点组成，接受新生事物较慢，比城市具有更多的地方和民族特点。就今天我们能够看到的实物遗存而论，这些传统乡村人居环境大多地处穷乡僻壤，否则难以完整保存下来。

传统乡村人居环境的营造与维护过程，由实际住户与当地工匠协作，通过长期努力共同达成，并没有政府与专家的参与。住宅与村落的使用者实际上多数是农民，少数是乡村绅士。在乡村自治的背景下，农民们受到乡村绅士的引导，把传统的世俗生活和法天敬祖等更高的精神追求结合起来，营造了大量充满特色的民居和具有地区特征的村庄和集镇。因此，绅士与农民性影响了乡村人居传统的形成。

人居物质环境变迁因涉及自然、社会、文化等众多因素，本来就如同一辆“超级坦克”，转弯过程非常艰难。由于农民保守的特点，乡村人居的变迁更加缓慢。晏阳初曾指出，农民做事有两大特点，一是模仿，即看别人家是如何做的，尽量不做第一次；二是听“自己人”的话，不听“外人”的话。这两条，同样适用乡村人居环境的营建。在农村，我们经常看到一定区域范围内的住宅形式几乎一样，或者说大同小异，就是这个道理。

近现代以来，乡村出现了一些新的人居形式，同样是因为乡村居者和乡贤自身的变化。例如从海外回乡光宗耀祖的华侨，为了在动荡社会环境中保障财产安全或增强安全感而建设的碉楼等。因此，观察乡村民居、村落和集镇需要树立内外的观念，以及长期的、渐变的、活着的心态。

乡村人居实践主体的特征导致传统乡村人居研究的困难，主要体现在历史的资料不足。当我们考察具体的民居、村庄、集镇时就会发现，实物遗存一般都是明清以后的，只有个别的有更早的传说，即便如此，也很难从记录资料中确定营造的具体时间，只能根据建筑材料和建造者生活的年代做出推论。它们中的大多数没法查找出明确的起点，更不会有完成之日。除极少数住在乡村的文化人，一般也没有规划设计的图纸和文字的记载可供研究参考。

本土文化的影响。

为了应对自然环境中的不利因素，人类择地而居，营建人工环境。不论哪个国家地区和文化类型的人居环境，均与地球表面上局部土地相关的地理、地形、地貌、地质等情况相关。土地与人居实践的关系可以通过两个方面理解。一是如果没有良好的土地，不利于农业生产，定居不可能长久。二是人类只能用自然可以提供的条件营建人工环境。其中的土地不仅作为农业用地，也作为建设基地，还提供可资利用的土、木、石等原材料。农业生产的基本条件是土地肥沃、气候适宜，农作物种植、家禽养殖与人类宜居，或者说，动植物的分布与人口分布，实际上是同一个问题。

从文化层面分析乡村人居传统，源头上是人们对自然与人关系的思考。中国是世界古代文明的发源地之一，我们的祖先通过对自然现象的观察，很早就认识到“天人合一”的道理。例如，通过观察太阳的起落及其给人们日常生活带来的影响，开始崇拜太阳神。在此基础上，演化出月亮神，以及多个不同理解的神，及其代表人物，逐步形成了与希腊不同的中国神话。中国的神“充满一种内向的忧患意识和理性的反省思考”，对自然和人生做着深沉、平静而有力的抗争。[①] 自盘古开天辟地，到有巢氏树上架屋、燧人氏钻木取火、伏羲氏畜养画卦、女娲补天、神农尝百草，再到大禹治水、后羿射日等，无不体现环境的恶劣和生存的艰辛。神的性格就是人的性格，我们常说中国人相对早熟、勤奋、忍耐，至今仍然可以明显体会到，尤其是乡下人，更是如此。

① 何新．诸神的起源 [M]. 北京：三联书店，1986：239-240.

从空间观念形成的角度讲，可以看到我们的祖先同样务实、重切身体验。例如，对太阳和月亮等自然现象的观察，逐步形成并强化了空间方位的观念，最终建立了东方和西方以及上面和下面的空间观念。与此同时，对男女之事的体验，逐步产生了生殖崇拜的模型，导致阴阳二元观念的确立。对生殖器的崇拜形成了核心与外围空间层次的观念，同时建立了中央的观念。在中国儒、道的思想中，有一种对于天地（阴阳）和合与宇宙（社会）秩序的向往与追求，这种思想使得传统中国建筑，特别是建筑群，能够展示出一种宇宙图案式的和谐与秩序感。[1] 对天地和合与宇宙秩序理想状态的追求同样体现在传统乡村人居实践之中，宗祠表达的族群凝聚力正源于此。

这些民族性格的特征和理想空间秩序的观念长期地、普遍地影响着没有规划师的规划。中国乡村人居传统建筑在农业经济基础之上，受到农业文明和本土文化的滋养，表现为人工与自然环境的高度和谐，以及对社会秩序的追求。可以认为，中国人讲求的宜居场所，实际是自然基础之上的人文。中国人将村落选址，称为“相地”、看“风水”；将大型的建筑活动，称为大兴“土木”；换了一个地方不适应，称为“水土”不服。中国传统乡村人居实践中，对待环境和物产的态度普遍强调各种资源的轮回和循环利用，村落形态和布局普遍受到“风水”观念、民俗信仰、宗族礼制的影响，强调人与环境的和谐统一。

从社会秩序角度讲，长期的农业文明，特别是相对稳定的封建社会，使中国人对于人居环境的追求逐步形成了与中国古代哲学思想一脉相承的“礼制规划”的系统思想。规划中对自然的认识体现在以传统“山水文化”为特征的“相土”组合，对社会的认识形成了以礼制等级秩序为要求的组合，两者在同一个空间范围内合二为一。[2] 值得注意的是，与皇城不同，“反礼制”的思想也同样存在，主要体现在中国南方一些聚落的布局相对灵活自由，更多地反映自然地理条件和工程技术的要求，与政治、文化的要求形成互补。理性与诗意的结合，是中国乡村人居明显特征。既追求秩序，又灵活变化，共同构成理想居住地的观念。这一点对城市规划中的“理

① 王贵祥．东西方的建筑空间 [M]. 北京：中国建筑工业出版社，1999：552，

② 汪德华．中国城市规划史纲 [M]. 南京：东南大学出版社，2005：88-94.

性”组合思想，起到了补充作用。

事实上，中国传统的城市与乡村，共同组成城乡人居，在辽阔的大地展开，形成了一个物质环境与精神文化追求的统一体，表现出来的意境是自然的、连续的、融合的、和谐的。这与西方以希腊、罗马为代表的文化有所不同，它们更加重视城市、重视人造工程、重视人的力量，试图表现壮丽、坚固、永久的人工物质环境形象。中国古人的“规划观”根在农村，通过农业经济和举荐制度把城市与乡村紧密结合起来。

2.4.2 乡愁的超时代内容

亲近自然的恒常需求。

历史地、全面地观察不同时期和地区的人居实践内容，有一部分是变化的，有一部分却是恒常的。变化的内容主要与作为社会的人的增补需要有关，恒常的内容主要与作为生物的人的基本需要有关，影响两者关系最主要的因素是人类使用工具的技术能力。针对技术快速发展的机器时代，芒福德曾深刻指出，当我们观察宇宙进化的过程不再单纯局限于时空概念，而是同时考虑智能精神和意识形态，并且把人类放在衡量问题、诠释宇宙过程的主体位置上，那么，宇宙进化的全部故事就会完全不一样了。[①] 在人与自然关系上，将自然作为征服对象与将自然作为生命摇篮是人的两种共存的心态。在工业化、城市化、现代化的背景下，人们能从传统中学习的内容一定是超时代的、恒常的内容。乡村人居传统的魅力体现在它所包含的满足人类恒常需求的内容。

早期人类居民点的建设与中国乡村人居环境理念是一致的。一开始，人们对空间的要求只不过是为了躲避风雨和获取更多的食物。人类最早的住所是自然的洞穴或者简易的篷子。人们的“规划”随着生存与发展的需要和环境条件而变化。例如，为生产食品而开辟田地，为抵御灾害和动物侵袭而建设住处，为贮存食品而建造贮藏室。但是，早期的人们普遍接受着现实，没有更多的奢望，缺乏对于外部世界的

① 宋俊岭译介。

探索欲望，把努力放在对于实际生活和世界状态的确认，而不是未来的安排。与自然的“零距离”接触，使人更加能够体会到日出日落、春夏秋冬周而复始的循环感，这种感受是城市文明所缺乏的。

与普世模式不同的是，因为中国农业文明延续存在时间更长，乡村人居传统中的自然观相对更加稳定。“以农业生产为根基建立起来的华夏民族，从一开始就具有一种安土重迁的乡土情结。他们耕耘撒播、辛勤劳作，在与天地万物的迎送往来中得到了身心归附和安顿，其眷恋的是和平安适的田园式生活，醉心于那浓情馨意的家园春梦。”清新、自然、和谐的农村风光、田园生活所要求的人居模式是中国人的人居理想，甚至是精神家园。[①] 在与自然紧密相连的环境中，甚至直接在自然环境中，专心致志地从事自主的单一劳动，追求与自然和谐相处的中国传统乡村人居，与西方对外扩张、谋求变革的海洋文明有很大的不同。

然而，单纯从“外力”认识乡村人居与自然的关系是不够的。中国乡村人居传统中人与自然的和谐关系，不能仅仅理解为文人雅士的爱好对农民的影响，也不能单纯地认为是农业生产发展水平和技术落后所导致的乡村居住环境更多地依赖于自然。事实上，传统中国农民普遍存在着人类及其创造物要取之于自然又回归自然的行为倾向。例如，种植与养殖的紧密结合、人的食品和排泄物与植物施肥和动物饲养的统一考虑，显然都是经过长期探索和精心安排的。关于这一点，无论是在山区、水乡，还是在其他地形环境条件下的村落，都是普遍的现象，至今仍然可以看到很多生动的实例。

简单而稳定的社会关系。

人类进化为群居，不仅是物质生产的需要，也是心理安定的需要。早期宗教研究表明，从心理学角度看，神话和宗教的作用在于“获得生活的稳定感”。在早期社会中，人们相遇、共同生活，被认为是一种“可能性”，群体的基本关怀是“反对混乱、无意义和破坏团结”。早期宗教的结构是循环式的，每年人们通过某种仪

① 吴良镛. 中国人居史 [M]. 北京：中国建筑工业出版社，2014：31，142.

式回到生活的原点，使生活保持在原来的“相同的熟悉的地方”。[①] 人们以不同的方式受苦享乐，但是基本上不批判否定现实生活。长期农业文明形成的以家庭、家族为主的简单的人际关系，以亲情为基础、同乡情为补充的熟人社会，带来了日常生活的相互保护和安全感。

不同文明的区别在于对待这种生活的态度。与西方城市文明征服世界的想法不同，中国传统乡村居民认为，背井离乡是一件不得已而为之的事情。在中国古人的眼里，自己居住的村落可以构成一个自我循环的“社区”，这个“社区”就是整个世界。即使是与相邻的异姓村落，也可以做到“鸡犬虽相闻，老死不往来”。另外，中国文化并不追求“永恒不变的”人工环境，甚至有很多进入城市生活多年的社会精英继续保持着对乡村人居的追求。陶渊明的“采菊东篱下，悠然见南山”，隐士、诗意、桃花园，一直是很多中国人特别是中老年人精神生活的一个层面。产生这些现象的主要原因在于，乡村生活的人际关系相对简单，可以带来心理上的稳定感。

然而，由于近现代世界全球化速度加快，帝国主义和市场经济侵入，国内推行强权政治，封建社会早已被社会革命推翻了，中国乡村人居传统的社会基础已不复存在。城市化大潮中，“背井离乡”的生存方式成为常态，多元的文化互相交流碰撞，熟人社会演化为陌生人社会，利益的、法律的合作关系替代了血缘的、地缘的感情关系，导致巨大的社会心理压力，逐步催生了对简单人际关系的怀念和幻想。

人们逐步认识到，不论在什么时代、什么社会，人人都梦想自己心目中的“家”，能够化为现实中的“住处”，希望自己心目中的“家园”，化作生活中的“故乡”。“乡愁”，成为人类精神生活的重要方面；村落，成为“乡愁”的重要载体。简单平静的乡村生活是丰富多彩的城市生活的补充。不少有经济条件的人已经在城市拥有单元住宅的同时，在乡村建设了所谓的“别墅”，试图通过同时异地占有两种不同类型的居住空间，实现“显与隐”“聚与散”“入世与出世”两种生活模式的转换，试图在“实在与虚构”“现状与理想”之间架起桥梁。人们期望有一个社会环

① 希克．宗教之解释 [M]. 王志成，译．成都：四川人民出版社，1998：26-27.

境是淳朴无知、简单祥和的。即使现代城市生活有些让人感到不安，也能在简单关系中得到较好的缓解。

在不确定中追求确定性。

总体而言，人类未来生活的一部分基本上是确定的，如日出日落、春夏秋冬等周而复始的自然环境，相对于人生的时间尺度，是可以预测的。还有一日三餐、朝起暮息等相对稳定的社会生活，对于绝大部分人也是可以确定的。随着科学技术的进步，尽管人们对于未来的预测能力在某些方面确实是提高了，例如天气预报，但是本质上，我们生活的大千世界仍是不确定的，如偶然发生的地震等自然灾害，或新生疾病的流行等社会事件，仍旧无法预测。这使得普通人对可控的日常生活十分向往。

确定性和不确定性是相对的，这取决于事物本身的性质和人类的认识水平。研究者可以针对具体问题按照相关因素从确定性到不确定性列出位序。[①] 可是，小概率事件的负面影响带来的不安定，不断刺激着人的心理，使得一部分人离开熟悉的精神视野，开始了寻求更加稳定的努力。从个人而言，对于家乡的感情，与对于生活稳定感的心理追求，以及通过简单人际关系对竞争的排斥，演化为对确定性的追求。从民族而言，对乡愁的怀念源于传统乡村生活具有更加确定的心理预期。可以认为，确定性是幸福体验的重要来源。

规划未来，可以看作这种努力的表现方式之一。“凡事预则立，不预则废”，实际上讲的就是规划的重要性。但是，规划可能提高了人们对确定性的预期，受挫后将会感到更加失望。因此，在面对不确定性时，人往往处于自在与规范的张力之中。所谓“谋事在人，成事在天”；既要有严肃性，也要有灵活性；有所为，有所不为等，体现了对不确定性的关注和消除心理不安的努力。

由于农业的规律性，乡村生活比城市生活有相对稳定的预期。在国际化和城市化过程中，“故乡”的作用突显。“那故乡的风和故乡的云，为我抚平创伤。”以

---

① 例如，H. Courtney 提出了确定性的四个层次：一是前景清晰明显、二是有几种可能的前景、三是前景有一定的变化范围、四是前景不明确。

农业文明为核心的乡村人居传统打破后，人们迫切地希望建立一个共同认可的心灵家园。按照道、佛、儒理念构筑的生活图景，对于本来就没有多少宗教观念又有点喜欢诗意的中国人太有吸引力了。从这个意义看，乡村人居传统为现代人提供了宗教的规划替代品。[①]

① 例如，《易经》所传授的入世方法和《孙子兵法》所教导的军事运作，本质就是“规划指南”，前者被用到了“风水”实践，后者甚至引伸到了现代企业竞争，可以认为是对付不确定性的积极态度。而《道德经》以退为进的态度和《心经》一切本来无、放下即可的观念，教授人们通过“观心”，荡涤累积的“污垢”，切断对未来的“妄想”，回归本源，找到心灵自由的方法，关注未来才生出担忧，无需要规划，同样实现理想。两者道路不同，都是为了“生活更美好”。

3 社会革命中的乡村规划

从政治斗争的角度，分析乡村人居传统衰落的原因，关注从民国开始到“文化大革命”结束这段时间社会精英面对传统断裂所作的努力，以及相关规划的作用。多方面实践证明，改良的措施无法拯救乡村，乡村物质规划的作用有限，运动式的规划“欲速则不达”。事实上，只有将乡村规划放到社会革命的洪流中进行观察才能认识其本质。

3.1 传统的衰落

3.1.1 衰落的原因

外部掠夺。

关于中国传统的农业文明被彻底改变的原因，学者们已经有了比较系统的讨论，产生了基本趋同的认识。一般认为，中国内部人口的急剧增长和外部帝国主义的野蛮扩张两个主要方面的原因，共同改变了周而复始循环的中国农业文明。近代以来，帝国主义的入侵，商品经济的冲击，以及与此伴随的西方文化的扩张，使中华文明、中国乡土文化与乡村人居传统从整体上遇到了来自外部的前所未有的挑战。乡村人居传统的衰落是乡村经济社会全面退化的具体体现。

面对日益增长的人口和土地问题，中国传统的自然经济还是有一定的调整改进可能的。第一次世界大战期间，中国的民族工业，例如纺织、卷烟、面粉生产等开始筹建，并进口了一批设备，战后形成生产能力。但是，这种可能和生产前景很快被帝国主义的经济侵略彻底打灭了。帝国主义在华设立银行，向北洋军阀政府提供贷款，投资铁路矿山，控制金融财政命脉。1924 年，外国资本占中国煤矿总投资的 24.4%。1917 年至 1927 年间，日本在华独资企业增加了 214%，合资企业中的日方资本增加了 655%。[①]

帝国主义入侵后，强行霸占农民土地，用于建设军用设施，如飞机场、军火库等。日本占领中国时，还强占大量耕地，用于移民种植，并清除原有房屋建筑，建设移民新村。仅在东北地区 1929 年之前，日本人就以私人和财团名义购买土地 225.9 万亩。美国的农业合资公司 1925 年就在哈尔滨附近经营了一个 10 万亩的农场。[②] 入侵者抢劫破坏农民财物，抓走青年劳力作苦力和伪军，农村的田地日渐荒芜，不少村庄整体被烧毁。

与此同时，帝国主义向中国大量倾销廉价商品，特别是农产品，给中国农村自给自足的小农经济造成极大破坏。商品化促进了社会分工，一开始带来的是物质的丰富和短暂的经济繁荣，但是，它加快了家庭手工业与农业的分离，将无知而脆弱的中国农民推向市场经济的洪流。农民们逐步发现，自己生产加工的产品越来越不值钱，而大量白银像农村的膏血向外流出，农村日益贫困。例如，原本耕织结合是传统农业生产重要的互补手段，外国纺织品的进入将这个互补的纽带割断。至 1890 年代，江南的土布市场已经基本上被洋布占领，传统的手工棉纺织业几乎没有了市场。到 1930 年代，相关的中国传统丝业也开始衰退。1934 年，由于日本倾销，中国蚕丝出口锐减到 1930 年的 1/5。[③]

内部盘剥。

传统乡村衰落的原因是多方面的，既有外部的，也有内部的。但是，外因通过内因而起作用。其实，真正导致乡村衰落的是中国对于变化的应对不主动、不及时。腐败的基层政权，及其合作者土豪劣绅的所作所为，加重了人口与土地的紧张关系，

---

① 齐涛．中国通史教程（现代卷）[M]. 济南：山东大学出版社，1999：37.

② 陈吉元，陈家骥，杨勋．中国农村社会经济变迁 1949–1989[M]. 太原：山西经济出版社，1993：25.

③ 周晓虹．传统与变迁 [M]. 北京：三联书店，1998：91.

彻底打乱了原有农村家族和社会依附体的秩序，传统小农经济受到了比历史上任何时期都更为严重的剥削和掠夺。

土地是农村中最主要的生产资料，是农民赖以生存的命根子。人口问题往往是各种社会环境最综合的反映，一方面人口快速增长推动了社会发展，同时也会带来多方面的社会危机。人口增长的直接后果是人地矛盾日益突出。清代人口的快速增长使乡村社会人地关系的紧张趋势不断发展。清政府为了稳定社会，采取了一系列扶持自耕农的政策，使土地权分散化。但是，随着自给自足的自然经济解体和商品经济的发展，土地分配不均问题日趋严重，而且比较好的土地由地主占有，向农民出租，分成很小的地块。

20 世纪上半叶，国家的行政权力开始从县一级下沉到乡村社会，形成了党政权力高度一体化和政治、经济、行政与社会权力高度集中的金字塔式权力结构。特别是 1928 年后，国民党政府制定法律政策，力图使所有乡村社会与政府之间都保持明确的隶属关系。在抗日战争爆发前，国民党政府曾经规定，百户以上村者设乡，百户以下村者集为一乡，设保甲。保甲长须由县区长委任，实际是充当政治警察，防止异党之活动。1939 年又规定，乡（镇）公所下设民政、警卫、经济、文化等四股，各股配备主任、干事。基层管理力量增加加重了农民的负担。

农业税是历代统治者财政收入的重要来源。到民国时期，税额明显增加，尤其南京政府之后，增速更快。除正税外，田赋还设了附加税，有的省多达 100 多种，总额甚至超过正税。到了 1930 年代，不少地方军阀和统治当局还搞所谓“预征”，有的提前预收 10 多年田赋。“办党”要收钱、“办自治”要收钱，修路修衙门要收钱，甚至搞“农村复兴”也要收钱，而且，大多是先向老实的农民要钱。加上苛捐杂税，农民生活贫苦加剧。正如梁漱溟指出，原来中国社会是以乡村为基础，并以乡村为主体的，所有文化，多半是从乡村而来的，又为乡村而设的，法制、礼俗、工商业等，莫不如是。在近百年中，帝国主义的侵略，固然直接、间接在破坏乡村，但是中国人的所作所为，一切维新革命、民族自救，也无非是破坏乡村。所以，中国近百年史，也可以说是“一部乡村破坏史”。[①]

① 梁漱溟，乡村建设理论，见梁漱溟全集（第四卷）[M]. 济南：山东人民出版社，1989：150.

更为严重的是，地主阶级用高额地租直接剥削佃农。到了1930年代时，实物地租一般为收成的一半，高的达到70% ~ 80%；货币地租也达到30% ~ 40%，最高的达到70%，而且当时的购买年平均只有约9年。地租还逐年不断上涨，除“正租”外，地主还想方设法用其他手段进一步提高地租率，例如，让佃农交一笔保证金，称为“押租”；有的地方要求提前几个月甚至一年交“预租”；逢年过节，还要送礼，地主家办事还要出劳役等。由于农民入不敷出者众，而农村金融由于国家白银大量外流而日益枯竭，促使农村经济最终崩溃的“高利贷”日益猖獗，不少农家因此家破人亡，有的成了土匪强盗。[①]

3.1.2 衰落的表现

土地集中和人才流失。

政权下沉的结果是，土地向少数的地主和有背景的官僚手中集中、优秀的人才大量流失，贫民生存十分困难。乡土社会根本无力维系基本的物质生活条件，导致村庄和集镇普遍衰退，大量传统民居受到不同程度的破坏。与此同时，中国乡村连续多年遭受天灾，政府应对无方，传统乡村的美好生活几乎彻底摧毁。

进入20世纪，中国农村的土地集中现象日益突出，农民无地化趋势加剧。各地出现了一批拥有千亩以上甚至万亩土地的特大地主。中华民国全国土地委员会曾于1932年1月对江苏等11个省89个县1545个大地主进行统计调查，每户占有土地面积最多的达30000亩，最少的也有300亩。土地高度集中是农村经济衰落的首个突出表现。[②] 一些拥有土地的地主实际大多与官职有关联。江苏省这样商品经济相对发达的省份情况更加突出。1928年至1934年间，江苏省拥有1000亩土地以上的大地主374个，其中的77个是国民党的官吏。1931年，在江苏无锡被调查的104个村长中，95个是大地主，8个为富农。根据南京政府中央研究院社会科学研究所1929年在江苏无锡所做的调查，20个村1035户土地占有的情况分化是十分严重的。

---

① 郑大华．民国乡村建设运动[M]．北京：社会科学文献出版社，2000：第一章．

② 郑大华．民国乡村建设运动[M]．北京：社会科学文献出版社，2000：1-5.

占总户数 5.7% 的地主占有土地总量的 47.3%，占总户数 5.6% 的富农占有土地总量的 17.7%，而占总户数 88.7% 的中农、贫农和雇农只占有土地总量的 35%。[①]

人口急增使得不断有大的村庄分解出新的自然村，但其行政归属仍是大的村庄。传统的乡村社会，无论什么情况，总体而言，精英一直保持在农村，并从事管理。土地平均，人居条件一定也比较平均，邻里关系和谐，管理起来相对容易。由于帝国主义和商品经济的进入，在传统农村，形成了新的土地占有关系。土地就是财富，是不动产的基础，土地分化往往就是贫富的分化。土地分配的两极分化，导致地主和农民之间的租赁关系趋向复杂，对于乡村人居环境的变迁影响巨大。仍以江苏为例，一方面，土地增加后管理方式变更，地主被分化为"在地地主"和"不在地主"；另一方面，农民被分化为佃户、承租者、雇工，以及中农或自耕农。[②] 在地地主拥有土地的所有权和使用权，平时就生活在乡村，一般也不具备移居城镇的条件。不在地主管理的土地较多，往往有成百上千亩，他们只有土地所有权，使用权归农户，平时他们并不在农村生活，而是居住在城镇，兼营工商业，只行使土地管理职能。主要原因是这样对保持地主与租户的关系更加有利。

大量土地向少数几个大地主手里集中，乡村的生存空间受到很大挤压，迫使一部分乡村精英走出传统农村的土地。一些富裕士绅到城市从事工商业，或者将自己的下一代送到城市接受新式的教育。这种现象导致了传统乡村士绅的分化，部分乡绅变为城市的专门职业者和社会底层的谋生者。事实上，离开故土的乡村士绅，往往是相对比较有文化、有远见的。他们的离开，带走了大量资金，用于改善乡村人居环境的投入更少了。同时，他们在乡村的作用被没有文化的"土豪劣绅"所取代，乡村社会环境更加恶劣，导致出现更多破产农民去城市做劳工。

农村壮劳力流失使得大量土地搁荒，耕地减少。普通农民住宅及其居住环境长久得不到改善，个别乡绅、地主的住宅及其居住环境变成了展示奢华的工具。最终，国民党基层政权的基础被瓦解，在与共产党决战时节节败退。

---

① 中共中央党史研究室．中国共产党历史：第一卷（1921–1949）上册 [M]. 北京：中共党史出版社，2011：227.

② 费孝通．江村经济 [M]. 南京：江苏人民出版社，1985：12.

家族弱化与自治能力退化。

随着传统农耕社会自给自足的小农经济退化，安土重迁的传统思想发生了变化。农村的土地和劳动力进入市场后，农民日常生活对于市场的依赖程度提高，一些家庭的收入中现金部分甚至超过了实物部分。商品经济比较发达的江浙一带还出现了“垦牧公司”。现代交通和通信工具的出现，打破了传统农村以村落为单元的与外界隔绝状态，加上农村的生活环境条件不断恶化，使得离家在外就业的人数大大增加。原有的封建大家庭难以维持了，“鸡犬桑麻喜消闲，灯前儿女呼唤”的日子一去不复返了。

现代教育以及相关的知识传播手段，让身在农村的人也能够了解到科学技术知识，为在农民中推广应用新的生产工具、新的农业品种和新的农艺提供了条件。加上在外学习工作的乡下人把城市的甚至国外的新思想、新文化、新技能和新生活方式带到乡村，乡村居民特别是青年人的择业、交往、男女关系、长幼关系都慢慢地发生了微弱的松动。[①]

不仅外来的资本主义和商品经济冲击着传统农村大家庭，国内的政治革命和社会变革也在影响着农民的思想。依靠血缘维系的封建式大家庭出现弱化的迹象，建立在同姓基础上的血缘共同体组织的利益关系开始发生变化，有的组织甚至不能发挥任何作用。一方面，对于祖先、长辈的态度发生了变化。另一方面，相关的维持家族沿革的活动，如修族谱、祭祖先，难以为继了。家族弱化使得乡村的自治能力随之退化，族长调解家族内部矛盾的能力也大为下降。被传统家族视为神圣的宗祠建筑，不再具有威严，有的甚至被改作他用，办起了学校。

与此同时，男女平等的思想在一些地区特别是中共领导的苏区开始传播。农村女青年到村办工厂或集镇上工作，有了自己的劳动收入，有的还接受了新式教育。这些妇女不可能再回到以前的封建家庭生活。原先不让进入宗祠的妇女的社会地位发生了变化，这正是封建式大家庭解体的重要前提条件，家庭小型化渐渐成为乡村社会细胞发展的必然趋势。这种变化对于乡村人居环境特别是住宅的影响是革命性的，只是还没有条件实现物质化。

---

① 周晓虹．传统与变迁 [M]. 北京：三联书店，1998：115-137.

综上所述，面对人口增长和帝国主义入侵的压力，统治阶级对农民的掠夺也达到空前，加上同期天灾人祸的打击，到了 20 世纪 20—30 年代，中国农村赤贫化。

3.2 复兴乡村的早期探索

3.2.1 乡村建设运动

乡村建设运动的提出。

在乡村建设运动提出之前，已有一些针对乡村和农民的早期探索。早在 1853 年，太平天国制定的《天朝田亩制度》涉及土地分配问题，内容包括废除封建土地所有制，采取以户为单位，不分男女，按人口和年龄平均分配的方式，提出了好坏搭配、丰荒相通、以丰赈荒的调剂方法，以及“凡天下田，天下人同耕”“无处不均匀，无人不饱暖”等原则，试图为农民提供理想社会的方案。此外，还有一些零散的实践，例如 1882 年社会主义新村性质的浙江瑞安“求志社”，1895 年的南通“模范社会”实验等。

作为民间的自发行动，最早的实践是河北省定县的米迪刚、米鉴三父子俩，他们提出了农村振兴动议，在家乡创办“模范村”。1904 年，米鉴三从日本留学归国后，在定县翟城村发起成立了“爱国宣讲会”，办了乡村的阅览室（阅报所）、图书室，次年，又成立了“改良风俗会”和“睦邻会”，办起了“勤俭储蓄会”。通过这些组织，为村民灌输知识，联络感情，目的是养成优美乡风，激发人们的爱国热情。与此同时，他们还组织开发农业，大力凿井，平整道路。虽然曾经引起社会各界的广泛关注，但是理解和追随者不多。批评者认为，米氏的试验趋于复古，他们的思想渊源是周易、理论根据是《大学》、理想人物是虞舜，与社会发展的方向不一致，根本不合时宜。在批评声中，“模范村”的探索不了了之。①

作为政界人物，阎锡山在其治下的山西也曾倡办过“村政”，希望通过建立健全基层的行政组织，加强对基层政权的控制，对于实际物质环境建设并没有多少影响。

① 袁镜身，冯华，张修志. 当代中国的乡村建设 [M]. 北京：中国社会科学出版社，1987：57-58.

全国范围的乡村建设运动肇始于乡村教育运动。1905 年，张之洞奏请废除科举之后，整个中国处于旧的已经打破、新的正在创立的阶段。“西学东渐”风更盛，新式学堂陆续在全国各地设立。但相对而言，设在乡村的却不多。知识界受到西方影响，同时希望不要完全放弃中国的文脉传承。改进乡村的探索就是在这样一个背景下进行的。受西方科学民主思想启发，认识到教育重要性的人士日益增加。由于美国等西方国家大力兴办“强制教育”（即“义务教育”），中国也试图模仿，无奈总数太少，乡村更是没有条件创办。

教育“下乡村”，成为中国知识分子关心国家前途的实践。但是，有识之士很快发现，乡村的根本问题是经济落后。特别是 1927 年之后，战争不断，大批农民挣扎在死亡线上。吃不上饭，谁来读书？于是，“救济乡村”“复兴乡村”的呼声日高。加上中共的农民运动和国际乡村改良思想的影响，乡村建设正式提出。郑大华从社会史的角度对民国的乡村建设运动进行了系统详尽的研究。最早用“乡村建设”一词是在 1931 年，由山东乡村建设研究院提出的。该院首任院长认为，解决中国问题要从最大多数人居住的乡村入手，欲谈建设，必谈乡村建设。从此，“乡村建设”一词的使用很快在全国各种机构、会议和项目上流行。

乡村建设运动的复杂性。

据南京国民政府实验部调查，20 世纪 20 年代末 30 年代初全国从事乡村建设工作的团体和机构共有 600 多个，先后设立的各种实验区达 1000 多处。从属性看，民国乡村建设团体的创办机构是多元的，既有大中专院校办的，也有学术机构与教育团体办的，还有教会组织和民众教育馆设立的，政府机构也有专门负责乡村建设的部门。资助团体活动的经费渠道也相当复杂，有国外的组织机构，有民国政府安排的经费，也有自筹的费用。出资的方面各有各的目的，也不一定都是为了中国乡村的复兴，可能也有一部分是学术研究，收集资料情报，甚至政治目的。

从机构负责人的政治态度分析，比较左派的是“中华教育改进社”，团体负责人是著名教育家陶行知，他拥护共产党，反对蒋介石，但是，办了没多久就被取缔了。明显右倾的是中央大学办的乡村教育，当时蒋介石兼任中央大学校长，其目的是巩固国民党在农村的统治，反对共产党的农民运动。绝大多数知识界人士不想卷入政治，保持着居中的态度。尽管出于不同的目的，但是都希望“改造乡村、改造中国”，实现“民族再造”“民族自救”，为乡村振兴做点事情。

乡村建设运动的模式也是多种多样的。从前面提到的兴办教育为主，到改良农业生产、流通金融，提倡合作，还有的办理地方自治和自卫、倡导公共卫生保健，移风易俗等。由于不同试验区的组织性质、政治态度、经费来源、人力资源和侧重点不同，各自有试验重点。其中，最有代表性、影响最大的是定县模式和邹平模式。

定县模式是对中华平民教育促进会在河北定县开展各项实验的概括，邹平模式是对山东乡村建设研究院在山东邹平实验经验的概括。两个模式分别由知名学者晏阳初、梁漱溟领导，前者是较多受到西式教育影响的“洋派”，后者是倾向于将自己归宗为儒家的“土派”。更有意思的是，双方其他主要领导人和部门负责人都与他俩有类似的教育背景和工作经历。所以，定县模式更加重视乡村调查研究，喜欢用西方的标准作为参照系，将中国农民的问题归纳为“愚、穷、弱、私”四个字，希望针对农民问题开展四个方面的教育；邹平模式认为，中国农民问题主要是被西方文化影响后乡村的“崩溃沉沦”，是中国传统文化的根本失调，因此，要吸取新知识，搞儒家文化的复兴。[①]

3.2.2 革命根据地的实践

推动土地革命。

能否实现“耕者有其田”的目标，可以说是中国共产党与国民党两党几十年较量的重要着力点，其核心要义是处理农村关系。国民党提出的民生主义，其基本内容就是“平均地权”“贫富均等”“不能以富者压迫贫者”，主张要核定土地价格，将地价上涨部分收归国有。所谓“平均地权”，即对“农民缺乏田地沦为佃户者，国家当给予土地，资其耕作，并为之整顿水利，移植荒缴，以均地利。”后来，此方针归纳为著名的口号，“耕者有其田”。但是，国民党领导人主张“不损害地主的利益”。

① 郑大华对民国乡村建设运动进行了系统的研究，并出版了专著《民国乡村建设运动》。关于这一方面的详细内容，有兴趣的读者可以参阅该书的第四章、第五章。

中国共产党历来高度重视农民和土地问题。中国共产党早期领导人在不同场合撰文发表过“耕地农有”的主张，认为应当解决农民的土地问题，农民为了获得土地而进行的革命是任何力量也阻挡不住的。早在民主革命阶段就认识到农民问题是国民革命的中心问题，农民是中国革命的主要力量，国民革命需要一个大的农村变动。1921 年出版的《共产党》月刊第 3 号发表了《告中国的农民》一文，指出“中国农民占全人口的大多数，无论在革命的预备时期，和革命的实行时期，他们都是占重要位置的”，要求革命者“要设法向田间去，促进他们的觉悟”，号召农民抢回你们被抢的田地。[①]

1927 年，中共五大就土地问题进行了激烈的争论，最终通过了“议决案”，明确“耕地农有”，以及建立农民政权、农民武装和最终实行土地公有制等问题，土地纲领初步确立。中共明确提出用农民暴动的方式推动土地革命。“八七”会议确定土地革命基本方针，11 月提出第一个土地问题党纲草案，主张没收一切土地，实行土地公有。1928 年，湘赣边界地区颁布了《井冈山土地法》，随后，海陆丰地区制定了《没收土地案》，土地改革的纲领进入了实践。1930 年，全国各苏维埃区域代表大会通过了《土地暂行法》。在这样的纲领指导下，先后在全国的多个省份通过武装暴动建立了农村革命根据地，开始了分配土地的初步实践。至 1931 年，共建立了 15 个根据地。基本做法是没收地主豪绅土地，按人口平均分配，所有权归苏维埃政府。土地革命与土地改革对农村各阶层产生了广泛的影响。

解决农村土地问题，可以使农民得解放、增加生产、保护革命、废除封建制、发展中国工业、提高文化，意义十分重大。中共主要领导人曾经深刻指出，中国共产党与国民党两党的争论，就其社会性质来说，实质是在农村关系问题上。土地制度改革是中国新民主主义革命的主要内容。“农民的绝大多数，就是说，除开那些带上了封建尾巴的富农之外，无不积极地要求‘耕者有其田’。”[②]“耕者有其田”，把土地从封建剥削者手里转移到农民的手里，把封建地主的私有财产变为农民的私有财产，使农民真正从封建的土地关系中获得解放，从而造成将农业国转为工业国

① 中共中央党史研究室. 中国共产党历史：第一卷（1921-1949）上册 [M]. 北京：中共党史出版社，2011：94-95.

② 中共中央文献研究室. 毛泽东著作专题摘编 [M]. 北京：中央文献出版社，2003：505-506.

的可能性。

虽然抗日战争时期关于小地主、富农等政策方面有所变化，做出应急的重大调整，但是，在不同的革命阶段，中共一直有比较明确的关于土地问题的方针政策。20 世纪 30 年代初，就从阶级路线角度，主张依靠雇农、贫农，联合中农，削弱富农，消灭地主。这些政策通过 1947 年的《中国土地法大纲》得到了更加明确的保障。解放战争时期也曾经多次强调，中国共产党在新民主主义革命时期，在土地改革中的总路线和总政策是，依靠贫农，团结中农，有步骤地、有分别地消灭封建剥削制度，发展农业生产。之所以反复强调依靠中农的重要性，是为了努力克服“左”的和“右”的倾向，实践中不仅存在损害中农利益的行为，还有地主不分田、富农分坏田的做法需要得到及时的纠正。

艰苦的建设。

新中国成立之前的农村，与整个国家一样，正受到战争的破坏而不断衰落。原先的封建的地主经济和自给自足的小农经济已经被包括在华外国资本经济、官僚资本经济、私人民族资本经济等多元的现代经济所替代。土地的自由买卖、农产品的商品化已经将小农经济逼到了每况愈下的境地。中国共产党建立的农村革命根据地开创的新民主主义经济就是在这样的背景下逐步成长，并向社会主义经济过渡。根据地开展的农村复兴方面的早期探索，形成了一道独特的风景。

国内革命战争时期，国民党反动派曾对根据地进行“围剿”和经济封锁，大革命失败后，中国革命得以坚持和发展，关键就在于依靠农民，打破了敌人的经济封锁。除了“打土豪、分田地”，根据地开展互助合作运动，同时垦荒、兴修水利，建设公营的工业企业，以满足军需和民用。据 1934 年 1 月的不完全统计，仅中央苏区的公营工厂就有 32 家，生产合作社从 1933 年 8 月至 1934 年 2 月由 76 家增加到 176 家。[①] 这时的乡村建设，完全是为了基本生存之需而开展的建设维修。在江西、福建、湖南、湖北、广东、广西等地都面临修复战争破坏的住宅建筑的艰巨任务，新建主要集中在极少数用于组织教育群众所需的学校、会堂等公共建筑。

① 齐涛．中国通史教程（现代卷）[M]. 济南：山东大学出版社，1999：326.

抗日战争时期，东北、华北等地的农村生活更为艰苦，居住环境条件严重恶化。在这个特殊的阶段，陕北革命根据地的建设使全中国人民看到了希望之光。陕甘宁边区政府成立后，采取一系列减轻农民负担的政策，同时开荒种地、纺线织布，组织大生产运动，并大力发展文化教育卫生事业。通过大量修建窑洞生土建筑，解决农民居住问题。1940 年至 1943 年的南泥湾大生产运动，以牺牲第一批勇士为代价，建设了“陕北好江南”，耕地面积翻了一倍，办了 10 个工厂，建设了 200 多间房屋和 1000 多个窑洞。[①] 各敌后抗日根据地的军民，劳动与武力结合、战斗与生产结合，在发展农业的同时发展工业生产，生产武器和生活用品。

根据地的建设为振兴乡村开创了革命道路，创造了局部地区的经济繁荣。例如在甄家湾、庆阳西华池等地建设了一批新型居民点，有的还形成了小集镇。当然，部队参与生产，实现自给自足，完全是一种战争背景条件下特殊的政策和行动，减轻了当地农民的负担。这时的乡村建设是人居基本需要的珍贵探索，可以看作是最低居住标准的试验，可惜没有留下任何研究资料。

3.3 改变农村的国家规划

3.3.1 全国土地改革

实现“耕者有其田”。

在中国革命中，土地改革与战争一样，是各党派和个人必须过的两大关口。新中国成立，使得这场与国民党的博弈到了“收官”阶段。从 1949 年到 1957 年，我国迅速恢复了被战争破坏的国民经济，大力推进并完成了社会主义改造，农村同步转入全面发展时期。对于农村影响最大的运动就是全国范围的土地改革。

新中国成立时，全国还有约 2/3 的地区存在着封建土地制度，约有 2.9 亿农业人口尚未进行土地改革。封建土地制度严重束缚生产力发展。加快进行土地改革，

① 袁镜身，冯华，张修志. 当代中国的乡村建设 [M]. 北京：中国社会科学出版社，1987：63-68.

解放农村生产力，发展农业生产，进而为工业化开辟道路，成了恢复国民经济、改善财政状况、巩固新生政权的必要条件。1950 年，中央人民政府通过了《中华人民共和国土地改革法》，其基本精神与解放区的《中国土地法大纲》一致，但是改变了对待富农的政策。主要原因是为了在政治上更加孤立地主，使富农保持中立，同时稳定与民族资产阶级的统一战线，因为民族资产阶级与土地问题联系很密切。在明确思想、制定法律的基础上开展土地改革是中国历史上甚至是人类历史上最为伟大的农村变革。首先需要发动群众、划分阶级，然后是没收、征收和分配土地财产，最后进行复查和生产动员。

土地改革优先在条件成熟的解放区实行，对农民进行反封建教育，清理土匪恶霸。土地改革最为复杂、同时又是一个前提性的工作是阶级的划分。划分阶级的依据应当以占有多少土地和剥削的程度作为标准，但是在实际过程中，这不仅是一个评估土地的过程，也是考量人际关系的过程。不少地方出现了扩大范围的错误以及自己要求划为地主的现象。中央对此进行了多次及时的纠正。在全国土地改革中，不再使用"平分土地"的口号，而是保护中农土地和财产，区分富裕中农和富农，不仅有效稳定了社会，也避免了对农村生产和生活资料的损坏浪费。

土地改革的完成，彻底废除了延续 2000 多年的封建土地所有制，"耕者有其田"的梦想成真。至 1952 年底，完成土地改革地区的农业人口已超过全国农业人口总数的 90%，整个过程没收征收土地 7 亿亩，分给了无地的或缺地的农民，免除了超过 3000 万吨的粮食地租。占农村总人口 92.1% 的贫农、中农，占有了全部耕地的 91.4%。①

1949 年至 1952 年间，由于土地改革取得巨大成功，农村生产力大解放，乡村手工业也随之获得较快的恢复和发展，广大农村特别是集镇逐步从战争创伤中苏醒并呈现初步繁荣。土地改革对于农村社会的革命性影响首先是经济意义的。获得土地以后的农民，特别是贫农和雇农，生产积极性大大提高，生活水平迅速改善。

当然，土地改革绝不仅仅是经济意义上的。土地改革彻底割断了传统的乡村社

① 中共中央党史研究室．中国共产党历史：第二卷（1949—1978）上册 [M]. 北京：中共党史出版社，2011：100.

会关系的纽带。贫农、雇农一夜之间成了乡村的主人，而地主、富农一夜之间跌落到社会的最底层。原有乡村社会的宗族血缘关系受到了前所未有的冲击，家族的经济基础被破坏，继而家族的群体领导地位失去，群体的职能被瓦解，群体的凝聚力让位于新的基层政府的组织力。①

接下来，“超宗族血缘关系的新型组织”普遍建立，阶级身份成为主要社会成员的识别符号，宗族的认同感、血缘群体的意识都受到了致命的打击。传统农民从不关心政治到关心政治，并学会参与基层政治。

有了土地后，有一部分农民家庭经济上达到了土地改革前中农生活水平，而且这一部分农户越来越多，这就是所谓的“中农化趋势”。值得注意的是，在此基础上有一小部分农户开始购买土地，雇工经营，甚至出现新的“两极分化现象”。由于部分富裕起来的农民希望单干，对旧式富农道路感兴趣，如何走集体化发展道路，成了共产党执政面临的重大而紧迫的新课题，引起了广泛的关注和争论。

对人居的影响。

就城市发展而言，土地改革中有两项新的政策值得注意。一是划出一部分土地收归国有，作为农事试验场或国营示范农场，保留了技术性强和使用进步设备的农地。这说明土地改革不仅考虑了革命问题，而且考虑了经济进一步发展和科技进步的问题，预留了发展空间。② 二是城市郊区的土地改革中，由于广泛涉及工商业等非农用途和城市居民的土地出租问题，政务院专门颁布了《城市郊区土地改革条例》，要求保护私营工商业者在郊区的用于经营工商业的土地财产，仅仅没收祠堂、庙宇、寺院、教堂、学校和团体的农业用地，并将没收得到的农业用地作为城市工业和其他事业发展的备用地，收归国家所有，由市政府管理。城市郊区农民对于这些国有土地有使用权但没有所有权。这些政策措施对于城乡协调发展是极具战略眼光的。另外，还制定了专门针对侨乡和少数民族地区的特殊政策。从表面上看，土地改革是针对农村生产关系的，实际上，这项改革与国家整体发展和社会各界的利益都有

---

① 周晓虹．传统与变迁 [M]. 北京：三联书店，1998：158–160.

② 陈吉元，陈家骥，杨勋．中国农村社会经济变迁 1949–1989[M]. 太原：山西经济出版社，1993：74–79.

千丝万缕的关系。

就乡村发展而言，土地改革的全面完成，意味着农民获得土地的梦想成真，广大贫苦的农民翻身做了主人，精神面貌焕然一新，生产积极性大大提高。新中国成立之初，百废待兴。虽然国家还没有足够的经济实力关注乡村人居环境建设，但是，土地改革基本消灭了两极分化的现象，整体上迅速遏制了乡村人居环境不断恶化的进程。与土地一样，整个乡村的物质环境同时换了主人。地主在农村的多余房屋，连同土地、耕畜、农具和多余的粮食，都被没收。据统计，全国共有3795万间房屋被没收并分配给了贫苦农民。[①] 因此，无家可归的现象在很短的时间内基本消除。在恢复生产的同时，农民们开始重建家园，有的结合兴修水利建设新的居民点，有的结合开展爱国卫生运动改善农村环境，还有一些逐步富裕起来的农民家庭和集体开始改善自己居住条件，取得了初步的成绩。

需要指出的是，由于当时的经济条件和认识水平，乡村物质文化遗产的概念尚未建立，保护古建筑的行动并没有延伸到农村。大批地主乡绅的宅院被充公作为办公场所，或分配给农民家庭共用后，受到了不同程度的损坏。由于农民们失去了对于地主乡绅的敬畏，失去了对于“各路神仙”的依附，传统乡村的精神性建筑也随之淡出人们的视野，许多村庄的宗祠、庙宇被急进勇敢的农民砸烂，因为它们不再是财富、地位、权力的象征，而是剥削阶级罪证的一部分。总体上，现在我们认为应该保护的传统乡村建筑缺乏日常的维护。

3.3.2 人民公社化

互助合作的成效与争论。

新中国成立之时，农村经济处于凋敝状态，江河堤坝常年失修导致洪涝灾害频繁发生。因此，中共中央将恢复农业生产当作恢复整个国民经济的基础，提倡将个体农民组织起来，走共同富裕的社会主义道路。在根据地和解放区领导农民建立和

---

① 中共中央党史研究室．中国共产党历史：第二卷（1949-1978）上册 [M]. 北京：中共党史出版社，2011：100.

发展各种劳动互助组织的基础上，引导个体农业走向社会化、集体化方向。土地制度改革取得成功之后，通过组织互助合作、兴修水利、发放农贷、城乡交流等措施，帮助农民改善生产条件。

在社会主义改造的过渡阶段，中共对于个体农业提出了自愿互利、典型示范和国家帮助的原则，采取了重点发展半社会主义性质的初级农业生产合作社，再发展到社会主义性质的高级农业合作社的做法，不搞强迫命令。所谓“初级社”，就是农民以土地入股，仍旧保留土地和其他生产手段的私有权，按入股土地和其他财产，分配一定的收获量和合理的代价，但是，实行计工取酬、按劳分红，并保留某些公共财产。这个做法充分考虑了小农经济私有的特点和社会主义的长远目标，取得了比较好的效果。

1951 年 9 月，中共中央印发《关于农业生产互助合作的决议（草案）》，要求根据生产发展需要和可能，大量发展劳动互助组，有条件的地区有重点地发展初级社。至 1953 年春，全国有初级社 1.5 万多个，参加农户 27.5 万户。1953 年 12 月，中共中央印发《关于发展农业生产合作社的决议》，强调对互助合作积极性的引导和初级社的优越性，认为可以引导农民过渡到土地公有的社会主义高级社的某种形式。到 1954 年底，初级社猛增到 48 万个，参加各种互助合作的农户超过 60%。[①]

在农业合作化的初期，中央允许办手工业、加工工业、运输业。全国有 1000 多万兼营手工业的农民和专业手工业者参加了农业社，成为农业社的事业。1957 年，这些企业产值有 23 亿元。[②] 随后，农业合作化运动迅速发展，四个月内翻了一番。中央要求全国大多数地方在 1958 年前，入社农户达到 70% ~ 80%，基本实现“半社会主义的”合作化。

在贫穷落后的中国探索社会主义建设，其过程十分艰难。当时主要面临两大问题：一是阶级斗争的考验，二是建设规模与速度的争论。正是由于将两者的不同性质混在一起，导致一再发生严重失误，甚至重大曲折。反右运动扩大化的过程中，有些人对党的工作和党的干部提出意见，成为反党反社会主义的右派分子。

---

① 中共中央党史研究室. 中国共产党的九十年：社会主义革命和建设时期 [M]. 北京：中共党史出版社，党建读物出版社，2016：425-429.

② 梁书升. 乡镇企业发展与农村小城镇建设 [Z]. 全国乡镇长小城镇建设学习班材料，1986.

农业合作化是关系中国亿万农民生产资料占有方式、生产方式和生活方式的社会大变革，本来就很复杂，有些担心和反对意见是很正常的。但是，“反冒进”在当时被看作发展社会主义还是发展资本主义的“两条道路的斗争”，失误就在所难免了。1956 年，《高级农业生产合作社示范章程》公布后，各地纷纷将成立不久的初级社转为高级社，或者直接让农民进入高级社。只用了一个年头，就完成了高级形式的合作化。同时，手工业合作化也基本完成。加入农业生产合作社的社员总户数达 96.3%，参加全国手工业合作社的社员达 91.7%。[①]

从高级社到人民公社。

高级社全部实行社一级所有、集中生产、统一经营和核算，与我国幅员辽阔、人口众多、农业资源和气象水文条件千差万别的国情不符，也不适合农业内部结构的多种经营的特点。高级社就如同当时农村社会的大家庭，每个原有的家庭相当于这个大家庭的成员，其生、老、病、死等都由大家庭管理。这些不切实际的做法，加上一些地方强迫命令、空许愿等，引起了农民的担忧，在一些地方出现了“退社风潮”，甚至“包产到户”。当时，对于什么是社会主义、怎样建设社会主义并不是很清楚。农民的行动，被“左倾”思想认为是富裕中农向党发起的攻击，是复辟资本主义。

更为严重的是，经过全党整风、开展反右派斗争，中央认为经济战线和政治思想战线都已“取得伟大胜利”，于是，开始制定社会主义建设总路线、发动“大跃进”和人民公社化运动，史称“三面红旗”。这使得原本需要纠正的“左”变成极“左”。

一开始，由于兴修水利和开展农田基本建设需要，一部分较小的高级社需要并成大社，这样有利于统一规划，解决劳力、资金和物资问题。可是在“大跃进”的背景下，这个合并变成了群众性运动。在得到中央领导认可和鼓励后，不少地方实现了“一乡一社”的高级社，接着又改变农村基层组织的结构，实行“乡社合一”，人民公社化运动迅速开展。

① 中共中央党史研究室．中国共产党历史：第二卷（1949-1978）上册 [M]. 北京：中共党史出版社，2011：336-369.

人民公社，不仅集体化程度高、规模大，而且政社合一、工农商学兵合一，当时错误地认为，这是“指导农民加速社会主义建设，提前建成社会主义并逐步过渡到共产主义所必须采取的基本方针”。人民公社的基本特点可以简称为“一大二公”，“一平二调”。“一大”，就是规模大，从原来初级社的“一村一社”，每社 100 ~ 200 农户，扩大到“一乡一社”，甚至“数乡一社”，每社有农户 4000 ~ 5000 个，甚至 1 万 ~ 2 万个。“二公”，就是生产资料归公，将几十个甚至上百个初级社合并，土地、耕畜、农具和财产全归公社；将社员自留地、自养牲畜、林木、生产工具都归集体所有。“一平二调”，即一切重要生产资料归全民所有，产品由国家统一调配使用，上缴利润，生产开支和社员消费都由国家统一确定。

在人民公社化运动中，我国首次提出“公社工业化、农村工业化”口号，为实现“两化”将农业社办工业“升级”为公社工业，同时把 30000 多个手工业社转为公社工业，还从社员中平调部分资财创办了部分工业，因此，1959 年统计的公社工业达到 100 亿元。[①] 另外，人民公社要求公社社员“组织军事化、行动战斗化、生活集体化”，按照军事指挥的方式搞经济建设。至此，我国农村社会革命经过土地改革、互助合作、人民公社，基本上已进入到当时认为的“理想状态”（表 3-1）。

影响乡村变迁的部分重要文献 **表 3-1**

年份	内容	等级
1928	井冈山土地法	湘赣边界地区特委颁布
1930	土地暂行法	全国各苏维埃区域代表大会通过
1950	土地改革法	中央人民政府委员会会议通过
1951	关于农业生活互助合作的决议（草案）	中共中央下发
1953	关于发展农业生产合作社的决议	中共中央下发
1958	关于在农村建立人民公社问题的决议	中共中央下发
1958	关于开展人民公社规划的通知	农业部发文
1959	关于人民公社的十八个问题	中共中央八届七中全会通过
1962	农村人民公社工作条例修正草案	中共中央八届十次全会通过

① 梁书升．乡镇企业发展与农村小城镇建设 [Z]. 全国乡镇长小城镇建设学习班材料，1986.

公社建设与早期的规划下乡。

人民公社化对乡村人居产生了巨大冲击。农业合作化的完成，使得农村土地由个体所有转变为集体所有，社会主义集体所有制基本实现。土地的集体所有制，为农田水利基本建设、实行机械化，以及山、水、田、林、路、村的统一规划建设提供了条件。从人居建设角度看，农村中出现了大批专业的或者兼职的手工业者，兴办了不少作坊和加工厂，农村居民点建设也提上日程，不少农户建设了新房。例如，四川省在合作化运动中建设了一批新村庄，每个村庄 30 ~ 50 户，有的村庄还设有公共会议室、俱乐部。由于合作社能够将各种工匠组织起来，所需要的砖瓦等建筑材料一般也能够生产，还可以利用旧房屋上的旧料，因此，建设周期只需要个把月的时间。集体主义的优越性得到发挥。省会成都附近的友谊农业社，1400 多户社员都陆续住上了新住宅，有的还盖起了二层楼。[1]

但是，人民公社的实践把这个良好的发展态势破坏了。1958 年春开始，人民公社新建改建了一批住宅，用作集体宿舍。建设了一批公社食堂，供集体用餐。由于这种做法对农民日常家庭生活干预过度，引起群众的强烈不满。总体而言，公社建设规划指导下的农村住宅和公共福利设施以及工业企业建设，造成了巨大的浪费。

1958 年 9 月，农业部要求在全国范围开展公社规划，规划的内容除农、林、牧、渔外，还包括平整土地、整修道路、建设新村。紧接着，建工部在山东召开城市规划工作座谈会，并形成《城市规划工作纲要三十条（草案）》。刘秀峰部长作了总结报告，内容涉及县镇规划建设和农村规划建设问题。这是新中国“规划下乡的最初号召”。当年 11 月，中共中央在《关于人民公社若干问题的决议》中要求“乡镇和村居民点住宅的建设规划，要经过群众的充分讨论。”“在住宅建筑方面，必须使房屋适宜于每个家庭男女老幼的团聚。”此后的住宅建设中允许保留家庭厨房。

1958 年后，随着人民公社化运动的全面开展，各地撤区并乡、政社合一，在大部分地区形成了一个公社一个集镇的体制。公社所在地集镇有所发展，但大批乡镇发展停滞。1959 年，人民公社管理体制开始调整为“三级所有、队为基础”，即公社、管理区、生产队所有，以生产队为基础。1962 年，《农村人民公社工作

① 袁镜身，冯华，张修志．当代中国的乡村建设 [M]. 北京：中国社会科学出版社，1987：83.

条例修正草案》对此进一步予以确认，并规定生产队范围内的土地归生产队所有，所有土地禁止出租和买卖。1963 年，发布《关于各地对社员宅基地问题作一些补充规定的通知》，规定宅基地含有建筑物和无建筑物的空白宅基地，都不得出租和买卖。与此同时，公社及其所辖的生产大队、生产小队的规模都进行了调整，公社数量调整到 55682 个，生产大队调整到 708912 个，生产小队调整到 4549474 个，分别增加 30478 个、225098 个、1561306 个。① 这个规模长期保持大体稳定，直到改革开放后的撤乡建镇并村。

三年经济困难后期，中央要求“各行各业支援农业”，建工部于 1962 年初号召全国建筑设计工作者到农村去调研。随后两年各地建筑设计师为农民设计了大量住宅方案，受到农民的大力欢迎。仅 1963 年，各设计科研单位就对 181 个农村居民点的住宅进行了调查，提交了 68 份调查报告，还进行了 191 项相关的试验研究，提交了 69 份研究报告，完成了 246 个设计项目，包括通用设计 62 套。②

1962 年后，一切“以粮为纲”，集镇上的手工业者和商人大多被下放务农，乡村集镇上的米市粮行衰落，乡镇建设进展缓慢。1966 年后，由于“文化大革命”期间推行的极“左”政策，农村供销合作社也被迫与国营商业合并，城乡形成国营商业独家经营的单一流通体制，集市禁止，镇上居民被赶下乡，一些名胜古迹被当作“四旧”受到破坏，集镇进一步衰落。

“县联社规划”。

值得一提的是，公社时期有个别的县编制了“县联社规划”，开始考虑多个公社之间的相互关系，可以算作跨行政区域规划的初步探索。1958 年，我国实施第二个五年计划，不仅城市规划工作的重点从城市转向农村，编制了大量公社规划，同时还搞了一大批并村定点、工业和交通建设、土地利用、资源开发，农业水利化、电器化、机械化、化肥化，即“四化”的规划，因此，需要一个更大范围的综合的规划提供指导。规划人员试图从这些规划中摸索出一些具有我国特点的社会主义农

① 陈吉元，陈家骥，杨勋．中国农村社会经济变迁 1949–1989[M]. 太原：山西经济出版社，1993：337.

② 袁镜身，冯华，张修志．当代中国的乡村建设 [M]. 北京：中国社会科学出版社，1987：95.

村建设的规划方法。“县联社规划”就是这样产生的。

“县联社规划”的目的是正确地指导“点的规划”和安排较大的建设项目，“点”即各级城镇。规划的内容包括矿藏资源开发和利用、工业和居民点布局、农林牧副渔业发展和土地利用、全县范围的交通运输、电力、水利建设，县区内天然建筑材料利用，规划期内修建能力等。可见，“县联社规划”是一个县的综合建设规划。

但是，由于“县联社规划”是建立在人民公社规划的基础之上，在指导思想上和规划目标上受到了高指标、瞎指挥、浮夸风和“共产风”的影响，多数规划是不切实际的。由于当时的经济能力，不仅不可能产生任何效果，而且很快就在“三年不搞规划”的错误决定下夭折了。但是，从全县角度考虑经济发展方向和城镇分布的规划方法是正确的。

3.3.3 城乡二元制度的形成

户籍管理的强化。

中国早在西周就开始了对人口的管理，秦以后方法逐步成熟，并根据统治需要略有不同。民国时期的管理也是延续了封建中国的主要做法，目的是掌握人口分布情况，便于经济统计、社会调查、兵役管理等。到了后期，因为战乱不断，户籍管理名存实亡了。

中华人民共和国成立之初，户籍管理的重点放在城市，主要是因为大量部队和管理人员进入，必须立即了解所在地情况。1951 年，公安部发布了《城市户口管理暂行条例》，使得管理规范化。随着新中国的成立和社会主义建设的需要，必须对全国人口有准确的数据。1953 年，政务院印发了《为准备普选进行全国人口调查登记的指示》，首次开展城市以外的人口调查。这个阶段，全国的人口是可以进行自由迁居的。

关于户籍管理的强化，起源于“统购统销”政策。1953 年春，随着国民经济的逐步恢复和大规模建设的开展，粮食生产落后与工业化建设需要的矛盾突显。国家大规模的经济建设导致用粮大增，粮食生产和收购量的增长赶不上销售量增长的速度，导致粮食供需关系出现紧张。1953 年，我国的城镇人口达到 7826 万，比 1949 年增加 2016 万，占全国人口的比重也从 10.6% 增加到 13.3%。而种植经济作物和因灾等缺粮人口也有 1 亿人左右。[①] 为了稳定粮食供应，1953 年，政务院颁布《关于实行粮食的计划收购和计划供应的命令》，并于 12 月开始正式实施。

国家决定对粮食实行计划收购和计划供应，打击了粮食投机，控制了粮食市场，缓和了粮食供需矛盾。为了加快改造个体农业，中共中央要求将农业合作化和统购统销紧密结合。与此同时，开展针对个体手工业和私营工商业的社会主义改造，提出“行业合作化”，“店组集体化”，少数个体手工业因缺乏原料和市场而被迫停产。1955 年，针对征粮工作中遇到的问题，中央对农业合作化采取了“停、缩、发”方针。这种区分不同情况的做法，很快稳定了农民情绪，粮食供应紧张局面缓解。

构筑城乡壁垒。

统购统销政策需要严格控制城镇人口和每人的口粮，为此，1955 年 6 月，国务院发布了《关于建立经常户口登记制度的指示》，规定人口的迁入和迁出要由县级政府办理。同年 8 月，国务院又发布了《市镇粮食定量供应暂行办法》。1955 年，国务院发布了《关于城乡划分标准的规定》。户口制度基础上的城乡二元经济社会制度逐步建立。这个做法很快延伸到食用油和棉花等方面。这些做法对于稳定粮食供应产生了很好的效果。

但是，紧接着的“大跃进”运动显然过高地估计了成绩。“大跃进”运动中，农民可以进入城镇工作，城镇人口比重猛增。这不仅导致经济崩溃，甚至出现了严重饥荒。1958 年，《中华人民共和国户口登记条例》实施后，开始严格限制农村人口进入城镇，并限制人口在城市间的流动。由于人民公社的彻底失败，加上自然灾害，粮食问题变得非常严重，导致了大量人口的非正常死亡。1964 年，国务院批转公安部《关于处理户口迁移的规定》，从农村进入城镇和从集镇进入城市都更加严格了（表 3-2）。

---

① 陈吉元，陈家骥，杨勋．中国农村社会经济变迁 1949-1989[M]．太原：山西经济出版社，1993：168.

影响城乡关系的部分重要文献 表 3-2

年份	内容	等级
1951	城市户口管理暂行条例	公安部发布
1953	为准备普选进行全国人口调查登记的指示	政务院下发
1953	关于实行粮食计划收购和计划供应的命令	政务院下发
1955	农村粮食统购统销暂行办法	国务院下发
1955	关于城乡划分标准的规定	国务院下发
1955	关于建立经常户口登记制度的指示	国务院下发
1955	市镇粮食定量供应暂行办法	国务院下发
1958	中华人民共和国户口登记条例	国家主席命令
1962	关于发展农村副业生产的决定	中共中央、国务院下发

从此，在城乡两种户口拥有者之间，或者说，在城市和乡村地区逐步实行了完全不同的经济社会政策。这些政策，不仅包括粮食、副食品、燃料与生产资料的供给，还包括住房、教育、就业、医疗、养老保险、劳动保护、人才、兵役、婚姻生育等一整套制度。① 同一个国家在城市户口拥有者与农村户口拥有者之间筑起了不可逾越的高墙。

3.3.4 农业学大寨

大寨新村规划建设的经验。

大寨是山西省昔阳县的一个山村，相传在宋元时期曾为兵家相争的重要关隘，为了派兵把守而在此安营扎寨，得名“大寨”。战乱平息后，一些难民来到“兵寨”栖身，日久逐渐成为一个村落。至解放时，大寨全村有 64 户，190 口人。这里的自然条件恶劣，耕地分散在“七沟、八梁、一面坡上”。全村 700 亩耕地，60% 归 4 户地主富农，48 户贫雇农只占有 144 亩劣等山地。早在 1946 年，大寨就开始搞互助组，1953 年成立初级社，1955 年已实现“一村一社”，并很快建立高级社。

① 关于这些制度的详细分析，可以参阅郭书田，刘纯彬，等. 失衡的中国 [M]. 石家庄：河北人民出版社，1990.

从 1953 年开始，大寨村制定了改造自然的规划，用五年时间改造了 7 条大沟和几十条小沟，筑坝垒堰，淤成良田。五年内，共筑坝 180 多条，累计 15 里长，同时修整地块，把 4700 多个分散地块修整成为 2900 多块，300 亩坡地修成了水平梯田。[①] 在浩大的治理工程中，大寨人累计投工 11000 个，没要国家一分钱。

1963 年，大寨遭受特大洪水灾害，冲垮了 100 多条石坝，梯田又成了大沟，140 孔窑洞塌了 113 孔，125 间房屋塌了 77 间。大寨人在困难面前不低头，坚持自力更生、艰苦奋斗的精神，按照“先治坡、后治窝”的原则，依靠群众，人人参与，自己采石烧砖，自己组织施工，重建家园。一年内就医治了天灾造成的创伤。接下来又用了三年的时间，规划建设了新村。新村依山就势，结合地形，共修建了 220 孔青石窑洞、530 间砖瓦房屋，铺设了水管，安装了电灯。全大队 83 户都住上了新窑或新房。新窑、新房均归大队集体所有，按照社员家庭人口多少进行分配。社员需要交房屋维修费用，居住条件得到显著改善（图 3-1）。

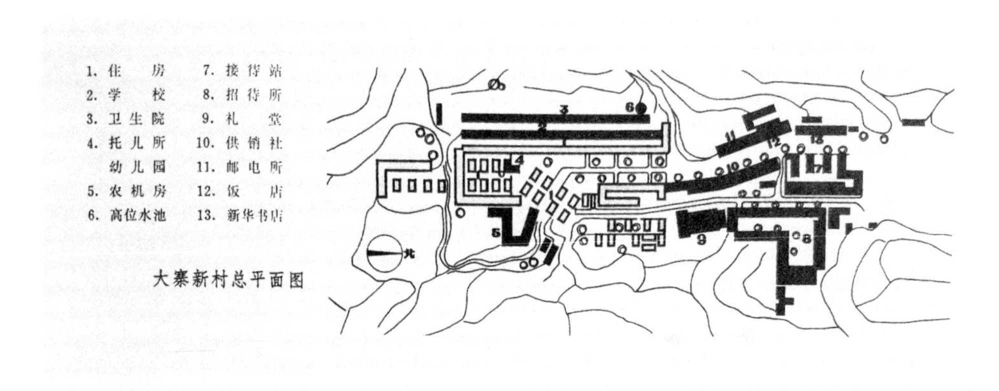

图 3-1　大寨新村总平面图

大寨新村规划建设的经验可以归纳为五个方面：一是通过修筑梯田，改善耕地的质量；二是通过治理沟滩，增加土地的数量；三是变水害为水利；四是通过与相邻村调换土地，方便耕作；五是修建道路，改善交通。1962 年，在全国大灾和严

① 不同来源的数据有出入，可能是根据当时的报道摘抄的。比较可信的是，解放初为 64 户，1963 年为 83 户。不同的梯田数字，用了中共党史的数据。

重困难的情况下，大寨粮食亩产达到 774 斤。[①]

大寨的经验得到中央领导的肯定。1964 年，政府工作报告包括号召农业学大寨的内容，大寨成为全国农业战线树立的一面“红旗”。大寨精神概括为，“政治挂帅、思想领先的原则，自力更生、艰苦奋斗的精神，爱国家爱集体的共产主义风格。”[②]

“大寨式”新村的规划。

伴随着农业学大寨运动的开展，大寨式新村规划在全国不同地区农村得到了快速推广。从 1964 年到 1974 年的 10 年中，不少地方建设了集体新村（图 3-2）。

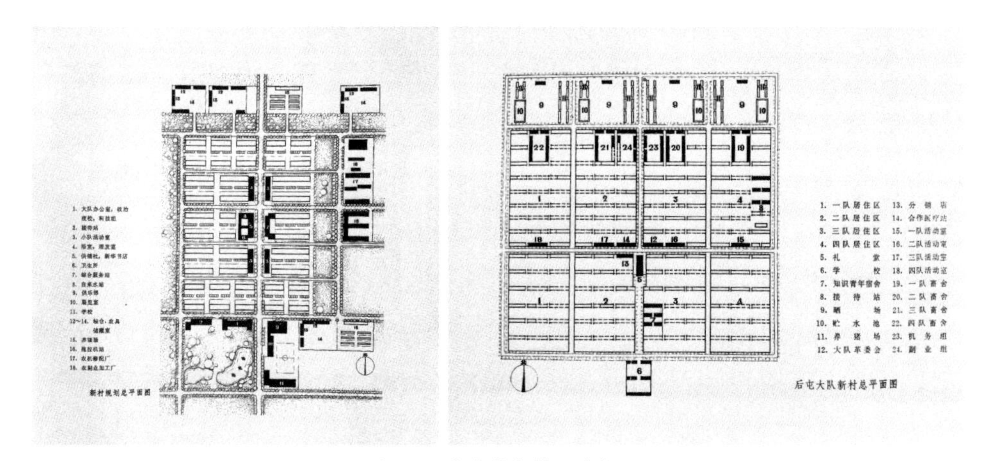

图 3-2　大寨式新村规划案例

首先是大寨大队所在的山西省昔阳县，全县 411 个大队基本上都参照大寨做法开展了建设，共修了青石窑洞 10000 多孔，砖瓦房屋 30000 多间，有 30 个大队的村庄建成新村，200 多个大队人居环境面貌初步改观。浙江、吉林、陕西、湖北、内蒙古、云南等地都按照统一方式建成了个别的新村典型。

据调查，“各地旧房宅基占地较多，经统一规划建设后，一般能节约原有宅基

---

① 国家基本建设委员会农村房屋建设调查组．农村房屋建设 [Z]. 1975.

② 中共中央党史研究室．中国共产党历史：第二卷（1949-1978）上册 [M]. 北京：中共党史出版社，2011：659. 在本书一开头附有几张插页照片。其中有两张是反映农村的：一张是 1952 年解放区完成土地改革，翻身农民热烈拥护《土地改革法》，另一张就是大寨的。照片注解写道：“1963 年，山西昔阳县大寨大队在遭到特殊大洪水灾害后，自力更生，艰苦奋斗，重建家园。图为大寨大队社员们在劈山造梯田。”由此可见，大寨在新中国农村建设乃至中共党史上占有重要地位。

地的三分之一左右。”新村建设的经验可以归纳为七个方面：一是坚持“先治坡、后治窝”“先抓粮、后盖房”的原则，因地制宜，逐步建设；二是“坚持社会主义方向、限制资产阶级法权”，提倡集体建房、反对个人建房；三是坚持自力更生，勤俭建设；四是统一规划，合理安排；五是培养农村自己的建筑队伍；六是就地取材；七是加强组织领导。从全国的情况看，虽然在经济条件较好的地区，居住条件有不同程度的改善，但是，“农村房屋建设还跟不上社会主义新农村的发展。不少地区农村居住条件还比较差，原来在小农经济基础上形成的分散零乱的村落，既不能适应大规模的治水、改土、机耕和园田化的需要，也不能满足农村政治、经济和文化生活的需要，迫切要求统一规划，逐步建设。”[①]

需要注意的是，根据有利生产、方便生活的原则对新村进行合理布局，为生产性建筑和公共福利设施，以及文化设施创造条件，但是坚持“先规划、后建设”是建立在单纯地发展农业生产的基础之上的。要求因地制宜，就地取材，节约用地，尽量利用劣地，少占或不占耕地，是建立在建设新村而不是改造旧村的前提下的。要求新建房屋坚固适用、朴素大方，还要改善住宅周边环境，搞好绿化，讲究卫生，做到人畜分居，积极推广沼气，改造厕所、牲口圈等，但是实际上全国农村房屋建设的总量是很少的。

20 世纪 70 年代中期开始，一些公社重新兴办社队办企业，开展农、副、工综合经营，给乡镇发展带来新的机会。个别地方社队办企业效益较好，集体经济得到一定改善，才能做到依靠集体力量建设住宅。例如，大家比较熟悉的江苏省江阴县的华西村。为加快改变落后的居住条件，有一些地方把新村建设的做法修改为大队和社员共同筹资备料，根据统一规划建设，产权归社员自己，由社员逐步偿还集体投资。有的地方还组织了农村建筑副业队，农忙务农，农闲施工。这种方法受到群众的欢迎，得到了基层政府部门的认可。但是，个人建设住房，在当时还不符合政策。

为了总结各地建设新村的经验，探索农村房屋建设的新路子，国家基本建设委员会组织农村房屋建设调查组，对全国不同地区的新村建设进行了调查汇总，编

① 国家建委建筑科学研究院．农村房屋建设调查（专辑）[Z]. 1975.

图 3-3 新中国成立后的第一本村庄规划建设图册

辑了新中国成立后的第一本村庄规划建设图册（图 3-3）。并以征求意见稿的形式对当时农村房屋建设的一些情况和经验进行了介绍。

至 1978 年初，各地仍旧提倡统一规划、统一建设。但是，新村规划的需要其实不大。对社员自发建设住宅仍旧采取不鼓励的政策，并表现出互相矛盾的犹豫状态。“从全国农村来说，不少地区住房紧张，居住条件很差；许多村庄分散零乱，不能适应社会主义新农村的发展需要；同时，社员自发建房还比较普遍，流弊很多，容易产生私人多占土地、吃喝浪费、贪污盗窃、投机倒把、黑包工等不良现象。”[1] 因此，农业学大寨，记录了大寨人自力更生的奋斗足迹，由于成为全国的“农民运动”，加上大寨领导人的政治经历，客观上受到极“左”思潮的影响，代表了中国农村社会经济发展中的一个历史阶段。

在农业学大寨运动中，我国一些县曾编制了以农田基本建设为中心内容的城乡结合规划。这种规划，是在一个县的行政辖区范围内，根据山水林田路村综合治理、统一规划的方针，本着有利于排灌系统化、农业机械化、大地园林化和有利于战备的要求，以编制全县的道路网络规划为重点，统一安排全县的工业布点。与此同时，编制县城总体规划和人民公社中心居民点的村镇规划。总体上讲，由于城乡结合规划侧重于农业生产的需要，规划编制的社会经济基础缺乏，规划成果粗糙，内容并不完善，可以理解成以粮为纲政治形势需要的产物。虽然开展的地方不多，但是，与人民公社化运动中的县联社规划相比，城乡结合规划出现在城市规划工作废弛的时期，是难能可贵的规划下乡实践。

① 国家建委建筑科学研究院，农村房屋建设调查 [Z]. 1978.

3.4 为“政治服务”的规划

3.4.1 改良无法拯救乡村

乡村建设运动属于社会改良。

民国时期的乡村建设运动，与我们理解的 20 世纪 80 年代后的乡村建设，以及新世纪实施的乡村建设行动，不是一回事情。由于经济条件限制，当时真正的物质环境建设很少。对于乡村整体人居环境，只在一些试验区开展了植树造林，村庄周围的自然环境得到改善。个别的乡村实验区组织修建了乡村道路，在一定程度上解决了当地部分农民行路难的问题。也有的建设了一批新式学校和乡村卫生院，公共服务得到加强。无锡等实验区发动农民定期进行大扫除，清理路边垃圾；有的还搬走了大路边上的粪坑，改良了水井。乡村环境卫生条件的改善，对于教育农民养成良好的习惯起到了一定作用。

不论是哪种模式的乡村建设运动，政治上基本属于社会改良的性质。他们的领导人都以承认社会政治现状为先决条件。事实上，当在实验过程中遇到困难，难以继续推进时，绝大多数组织的考虑是走向“政教合一”模式，即与国民党地方政府合作，共同推进乡村建设，于是就失去了其标榜的独立地位。

站在今天的立场上分析民国时期的乡村建设运动，主要问题是认识不到位，“倒因为果”，把由于帝国主义对于中国的掠夺、统治集团的剥削压迫、天灾人祸等强大的外力干预，导致的农村土地分配不均、农民负担过重，进而导致农民无力治愚致富，说成了农民固有的“愚、穷、弱、私”，或者中国传统文化的“崩溃沉沦”。有的地方运动，不仅没有减轻农民负担，还要依靠农民自身解决活动经费紧张的问题，依靠地主推动政治改良，农民们更是毫无参与的兴趣了。这就解释了为什么在整个乡村建设运动过程中，始终存在着学者们热情高涨地搞“乡村运动”，而农民们却大多处于“乡村不动”的状态的根本原因。农民兴趣不大的主要原因是没有任何实际的好处。

有益的民众自助试验。

乡村建设运动可以看作是在恶劣的政治环境和市场条件下，社会精英对于恢复民众自助力量的一次试验。乡村建设运动的理论基础主要是“乡村和谐论”，认为传统的乡村社会是充满温情的“大家庭”，由于外力干预被破坏了，需要通过改良的方法复兴。乡村建设运动虽然在局部取得了一定的成绩，整体的目的并没有达到；但是，乡村建设运动中提出了许多有价值的教育思想，例如不能照抄西方和城市模式、要与经济发展需要结合、要把重点放在青年和幼儿等，都是很有远见的，今天看仍不过时，甚至值得学习参考。

在改良农业生产中，推广优良品种、防治病虫害、发展副业；在发展流通金融中，成立借贷处和信用合作社，学习西方建立农民合作社，为农民解决了生产生活方面的不少困难，也使互助合作思想在传统封闭的乡村传播；在与地方政府合作开展地方自治的过程中，虽然地方自治没有可能实现，但由学者组织的基本情况调查，认真扎实，与乏味的官样文章完全不同；此外，实验区的乡村公共卫生也得到了改善。

更加重要的是，在整个乡村建设运动中，知识分子“深入民间”、深入基层，意义重大。成百上千的专家、学者，抛弃城市的优厚生活条件和工作职位，来到艰苦的农村，与农民一起生活，对于深入了解中国国情、实现自身价值，都是值得充分肯定的，这也是对“学而优则仕”传统思想的超越和否定。因此，乡村建设运动的历史地位是无法替代的。[①]

3.4.2 “欲速则不达”

公社规划忽视了客观规律。

对人民公社化运动和“总路线”“大跃进”运动，在 1981 年《关于建国以来党的若干历史问题的决议》中已作了科学的、客观公正的评价。它们反映了我国的广大人民群众迫切要求改变经济文化落后状况的普遍愿望，但是忽视了客观的经济规律。从执政党的角度，干部们普遍缺乏领导经济建设的经验，搬用战争年代大搞群众运动、开展政治和军事斗争的做法，大搞社会主义经济建设。所谓“三面红旗”

① 郑大华．民国乡村建设运动 [M]. 北京：社会科学文献出版社，2000：538-550.

特别是人民公社所有制的问题，盲目追求纯粹，混淆了社会主义集体所有制和全民所有制的界线，脱离了农村社会生产力发展水平，割断了农民与农业活动之间的利益关系，造成难以挽回的恶劣后果。

在人民公社内部，劳动成了服从分配，成了一种不情愿的、被动的、乏味的安排，大大降低了劳动效率。加上多劳不多得，严重影响了劳动积极性。在财产关系这一涉及农民家庭切身利益的问题上，搞“一平二调”，共产风在全国泛滥，导致了高指标、瞎指挥、浮夸风。事实上，狂热的人民公社不到半年就陷入困境。管理混乱、社员劳动积极性下降，粮食出现严重的问题，一些食堂停办，甚至因缺粮带来浮肿和死亡，不少地方出现“盲流”。

农业合作化运动与封建社会理论有关，将“耕者有其田”的小农，视为两极分化的基础，认为土地向地主集中、地主对佃农剥削是封建社会农民战争的根源。因此，只有消灭小农，才能进入社会主义。人民公社化运动是对国家作用推动力量的迷信，由于超越了发展阶段，导致执政党与农民的关系紧张。

人民公社规划主要存在以下问题：一是编制时间太短。规划小组往往 1 ~ 2 天就画出一个规划图，甚至一个院校师生 30 ~ 40 人一周内就编制出全县范围所有公社的规划总图。因此，公社规划基本没有科学的依据，也没有调查研究的时间。二是超出能力范围。规划普遍存在指标过高、规模过大问题，而且要求立即建设，超出了人民公社财力物力的限度。有的地方将大量小村庄迁并到一起，给社员的生产生活造成极大不便。有些县还对全县的公社所在地和各个村庄的户数提出具体规划要求，甚至提出在一年内做到“社社通电灯、队队通电话”等根本不切实际的指标，瓦解了规划的科学性和群众基础。

大寨式新村规划没有做到因地制宜。

在市场机制缺乏的状态下，作为国家作用与民众互助之间联系的桥梁，大寨的集体主义经验是有积极意义的。但是，强行推广大寨的经验问题很多。反思大寨式的新村规划建设，之所以难以为继，最根本的原因是，没有做到因地制宜。大寨毕竟是一个山村，“先治坡、后治窝”的做法在大寨所处的环境和时期是非常正确的。但是，作为普遍的规划原则在全国推广，使有条件的地方失去了改善居住环境进而实现扩大再生产的机会。个人改善自己居住环境的愿望受到打击，一些自己动手建设住宅的家庭被扣上了“资本主义自发倾向”“修建资产阶级安乐窝”等政治帽子，挫伤了群众的积极性。

当个体的作用被彻底压制，必定助长依赖思想。片面要求集体统一组织开展住宅建设，产权归集体所有，违反了民众互助的本意。广大群众组织起来是为了改善住宅，而不是为了明确住宅的集体归属。产权归公的政策使得社员群众都在“等、靠、要”，希望集体为自己建设住宅。虽然名义上是集体，但是实际上这样的集体已经“集权”，是另一种形式的政府作用，而不是与政府作用形成互相补充的民众互助。这样的政策加重了集体经济负担，没有足够的财力和人力负担集体住房的管理成本，住房得不到很好的维护。另外，新村景观单调乏味。兵营式的“排排房”，虽然便于分配，但千篇一律，缺乏生动宜人的景色，不少地方破坏了人工与自然环境结合的乡村人居风貌。

深入的调查研究是搞好乡村规划的基础。如果对乡村现状的实际情况缺乏认真的了解，也就没有科学规划的基础，就无法编制出合理的规划。不能用搞政治运动的方式搞乡村规划。如果规划下乡只是服务于一时的政治需要，而不是服务于农民的生活和生产，就违反了政治的根本目的，无法得到广大农民的真心拥护和积极支持。乡村规划不能搞一种模式。如果不考虑规划对象当时当地的客观条件，超越经济发展水平，违背自然环境条件，再理想的规划方案还是无法最终落地。

3.4.3 二元制度的历史作用

最初的作用主要是正面的。

城市与乡村之分，虽然标准不同，在不同国家都具有普遍意义。但是在我国，除了一般意义上的城乡划分，将一个特定时间从事农业和非农业的人口通过户口登记制度固定下来，并对两者之间的转换采取极其严格的限制，这是绝无仅有的。二元制度的历史作用可以说是正反两面的。

最初的作用主要是正面的。新中国成立之初，长期的战争创伤使得许多人吃不饱肚子，而传统农业又非常落后，工业基础十分薄弱，劳动力的整体素质低下，资金技术严重不足。国际政治敌对势力试图通过经济封锁和政治孤立搞垮新中国政权。因此，中国政府被迫采取了以保障人民生活基本需要、实现社会均等为主要内容的社会稳定政策和优先发展重工业的发展战略。二元制度的主要贡献是在保持社会稳定、没有外援的前提下，主要凭自身的力量建立了完整的国家工业体系。

以户口制度为核心的政策正是为工业发展资金的积累、劳动力安排服务的。户口制度先把农民固定在土地上，再对农产品实行计划收购，对城市居民和农村缺粮者实行计划供应的政策。通过低价收购和低价分配维持了工人的低工资和原料的低成本，使城市工业产生超额利润，再由税收转为财政收入，成为国家工业发展的资金来源。

户口制度管理的对象是人口及其流动，因此对于人居环境影响巨大，至今仍是考虑所有中国人居问题的前提。户口制度建立后，城镇居民户口与农业户口的住宅供应方式完全不同。对于城镇居民户口拥有者，住宅由所在工作单位提供，作为一种收入分配的形式；对于农村农业户口拥有者，住宅由家庭负责，个别的（如五保户住宅的建设、集体组织的统一建设）由集体负责。住宅周围环境的建设和维护也采取同样的方式，城市居住区的配套设施按国家规定的标准建设，村庄由集体负责，实际上往往是没有人负责。在国家经济困难、居民住房紧张、住宅建设资金不足之时，乡村客观上起到了社会保障、保持社会稳定的作用。[①]

负面影响越来越严重。

通常情况下，城乡的区分是属于类型学意义而不是政策意义的。人居环境可分为乡村、集镇和城市等形式。居住在什么样的居住环境，虽然有很多条件限制，但是政府政策上不作规定，人们是可以根据自己的情况做出选择的。户口制度完全不同于以往的人口管理，它是对国家作用的进一步强化，是对经济社会生活中市场作用和个人选择的彻底否定。二元制度对于居住环境的形成和变迁产生了重大的影响。

二元制度通过一系列政策把一个国家的人口和居民点都分为城乡两个部分，切

---

① 何兴华．中国人居环境的二元特性 [J]. 城市规划，1998（2）：38-41.

断了它们之间的客观联系，使得工业化、城市化的自然进程被人为地阻挡。为了实现国家真正的独立这样一个更高等级的目标，国家政策一直将重点放在建立工业体系，乡村只是工业体系建设过程中粮食的提供者和资金积累的源泉。虽然城市同样面临各种物质短缺的困难，但是比较而言，城市居民作为既得利益获得者，形成了巨大的依赖单位和国家的惯性，以及优越感。城市遇到了问题，基本上都推到乡村消化解决。这样的政策设计，使得城市工业已经有了很大的发展，而传统农业部门的过剩劳动力却没有得到吸收，致使农业地区仍在寻找于自身内部安排剩余劳动力的出路。

随着农村地区各种自发的探索，二元政策的消极作用逐步显现。20 世纪 70 年代社队办企业等农村工业化，就地消化劳动力、就地取材和它的农民集体组织方式，引起分散布局、重复建设、资源浪费和污染扩散等问题。农村户口的人永远都不能切断与土地的关系，也就不能实现真正意义上的城市化。农村滞留的劳动力太多，人均耕地太少，农业现代化也不大可能实现。

4 改革开放中的乡村规划

从经济发展的角度，讨论政府推动规划下乡的背景情况，详细介绍改革开放过程中村镇规划的发展，特别是规划下乡的具体做法与实际效果，以及建设与土地部门规划的早期合作。实践证明，要求每一个村庄都单独编制规划没有意义，必须根据村镇体系布局决定具体村庄和集镇的规划方式，需要更好的部门合作才能提升规划的实际效果。

4.1 以经济建设为中心

4.1.1 改革从农村开始

实行联产承包责任制。

1978 年 12 月，中国共产党召开了十一届三中全会，会议因为将全党的工作重点转移到以经济建设为中心而成为拨乱反正和改革开放的里程碑。会议遵循的解放思想、实事求是的方针，挽救了濒临崩溃的中国经济。这个划时代的中国社会经济改革是从农村开始的，改革的措施是实行联产承包责任制，俗称“包干”。其实，这并不是新的“发明”。早在 1955 年集体化的过程中，部分地区群众就试行了生产责任与劳动所得相互联系的承包制，但是很快在反右斗争中被取缔。即使如此，在随后 20 年里，农民们自己“发明”的各种形式承包制也从未能够真正地被彻底阻止。这从一个侧面体现了生产力与生产关系矛盾的客观规律性。

由于人民公社制度的负面影响和“文化大革命”的长期破坏，中国农村总体上处于极度贫困状态。据抽样调查，在 20 世纪 50 年代我国农民的纯收入每年增加 3 ~ 4 元，“文化大革命”十年间平均每年增长不到 1 元。1978 年人均占有的粮食与 1957 年大体相当，全国农村集体所有制经济的固定资产总值 720 亿元，平均每个劳力不到 240 元，相当于工人的 2.56%。[①]“文化大革命”结束时，全国仍有 2.5 亿人没有解决温饱问题。[②] 这种条件下，几乎不可能改善农民的日常生活，更谈不上建设住宅，提高乡村人居环境质量了。改革先从农村开始的主要原因是，当时中国仍有 80% 的人生活在农村，如果这部分人的基本生活问题得不到解决，继续生活在贫困的状态，社会不可能长期安定，国家也就不可能有精力去发展工业、商业等其他的事业。

推行承包制的矛盾和阻力在于，干部是国家管饭，农民是自己管饭。所以“干部怕出错，农民怕挨饿”，“干部要方向，农民要产量”。安徽省凤阳县小岗生产队，由于 4 个生产小组老是搞不好，1978 年 11 月 24 日，生产队长带领 18 户农民私自搞了“包产到户”。凤阳县也实行大包干到组。事后没几天，中国共产党十一届三中全会召开了，他们的做法引起了广泛争议和责难。虽然三中全会的精神是解放思想、实事求是，但是全会通过的关于农业问题的决定中，仍旧规定“不许包产到户，不许分田单干”。1979 年，全国就农村发展方向问题开展了大讨论，支持和反对包干的双方谁也说服不了谁。1980 年，国家农业委员会派调查组到地方调研，并写出调查报告和相关文件，但省委书记座谈会上仍旧对此争论激烈。

农民们对于洋洋万言的报告和文件其实是没有任何兴趣的，他们关心的是生产责任制的具体形式，是包产到队，还是包产到组，还是包产到户。这一年全国普遍受灾，但凡是包干的地方粮食生产都大提高了。是农民自己改变了自己的命运，他

---

① 国务院研究室．调查与研究 [Z]. 1978(12)，转引自陈吉元，陈家骥，杨勋．中国农村社会经济变迁 1949–1989[M]. 太原：山西经济出版社，1993：473.

② 本书编写组．改革开放简史 [M]. 北京：人民出版社，中国社会科学出版社，2021：21.

们的探索得到安徽省委主要领导的支持，后来得到中央领导的肯定。很快各级党委政府上至中央关于农业生产责任制的争论被铁的事实说服了。1979 年 9 月，党的十一届四中全会通过了《中共中央关于加快农业发展若干问题的决定》，标志着开启了中国农村的新发展时期。此后，随着由下而上的改革试验，以及由上而下的政策认可，农村集体生产方式，经历了从包产到户到“大包干”的一系列变化，直至在全国范围内推行家庭联产承包责任制。家庭联产承包责任制是在不改变农村集体所有制的基础上，鼓励以户为单位承包土地，实行以农户为单位的自主经营、自负盈亏的农业生产经营方式。“交够国家的、留足集体的，剩下都是自己的”，这样的激励模式极大调动了广大农民的生产积极性。

由于农村实行家庭联产承包责任制取得突破性进展，农业生产形势持续向好，农村地区生产率迅速提高，经济快速发展，农民收入在短期内就有了较大增长。1979 年我国农民的纯收入就比 1978 年增加了 26.6 元，1980 年至 1983 年间，每年连续增加 30 ~ 40 元。① 农村改革的成功为中国的发展注入了全新的活力。

乡镇企业异军突起。

与联产承包责任制基本同步的另一项改革是农村的非农化，主要表现形式是乡镇企业的异军突起。所谓乡镇企业，指乡镇一级的基层政府和村一级的村民自治组织，以及农民家庭个体兴办的各类企业，通常包括工业、建筑业、交通运输业、商业服务业、农副产品加工业等非农产业。这是人民公社制度废除前农村的公社办企业和社队办企业的发展，但是规模和性质已经大为不同了。中华人民共和国成立后，农村工业化出现过两次高潮。一是人民公社时期，农村与全国一样要求“大办工业”，后因面临“三年困难时期”而萎缩。二是 1970 年后因国务院要求加快发展农业机械化而引起农村工业大发展，主要集中在农业机械等产品。

十一届三中全会通过的《关于加快农业发展若干问题的决定（草案）》明确提出，“社队企业要有一个大发展”。1979 年，国务院颁布《关于发展社队企业若干问题的规定（试行草案）》，提出了社队企业发展的一系列具体政策措施。

① 数据来源于国家统计局的《国民经济统计摘要》和《农业统计年报》。

由于家庭联产承包责任制取得的突破性进展，农业生产形势持续向好，为社队企业发展提供了投资条件，而大量农村富余劳动力又为社队企业提供了便利条件。因此，从1979年开始，社队企业特别是沿海经济相对发达地区的社队企业取得了迅速发展。

乡镇企业发展，可以看作中国特色社会主义的重要方面。事实上，关于乡镇企业的争论从未停止过。1984年，中共中央、国务院转发《关于开创社队企业新局面的报告》，明确将社队企业称为乡镇企业，并指出乡镇企业是多种经营的重要组成部分，要求各地与对待国营企业同样看待，一视同仁，给予必要的扶持。从此以后，不仅乡镇企业在农村甚至整个国民经济中的作用和地位得到肯定，而且要求积极发展个体、私营、合资企业，形成乡办、村办、组办、联户办、个体办“五个轮子一起转”。根据《中国统计年鉴》，1980年至1986年，乡镇企业总产值按当年价格计算平均年增长达26.4%。与此同时，农村地区的各类非农产业取得大发展，就业人数年增14.4%。1987年，全国乡镇企业已经发展到1750万家，产值达到4764亿元，占农村社会总产值的50.4%。[①]

由于全国各地情况千差万别，形成了乡镇企业发展的不同模式。一是主要以乡、村两级集体所有制为主的“苏南模式”。从20世纪70年代的社队企业开始，苏南的乡镇企业中集体占有比重就在90%以上。这里的乡镇企业主要是工业，与农业生产联系相对密切，客观上，依托城镇，依靠城市的技术、人才、信息优势，形成了联系城乡的桥梁。二是“温州模式”，以家庭、联户为主要的经济组织形式，通过市场组合生产要素，形成了以日用小商品生产为主导的产业，依赖当地集镇发展的方式。家庭联户企业一直在60%以上。三是充分发挥侨乡优势，运用国内外两种资金、两个市场的“晋江模式”。它还创立了股份制，相对而言，技术引进方便、信息传递快捷，便于向外向型经济转化。四是以资源开发、加工型为主导的山西“平定模式”。这些充满活力的不同模式使乡镇企业异军突起、一路高歌。到1994年，乡镇企业工业产值已占整个国家工业产值的42%，而这个数字在1978

① 本书编写组．改革开放简史[M]．北京：人民出版社，中国社会科学出版社，2021：48.

年只有 9.1%。[1]

大规模乡镇企业的兴起，标志着农村工业化的全面展开。农村大量非农就业机会的出现，为农村城市化提供了条件。由于我国在城市地区工业化的同时，并不从农村地区吸收劳动力，农村地区仍在发展乡镇企业，扩大就业，设法实现农村工业化。这样的农村工业化，生长在城市工业和传统农业两个大的板块之间，命中注定同时受到两者的双重影响。

4.1.2 建设与用地的矛盾

农房建设速度加快。

联产承包责任制的实施和乡镇企业的发展对于乡村人居环境变迁影响巨大，直接体现在各种生产设施使用方式的改变、工业厂房和基础设施建设速度加快，以及收入增加后的农户纷纷着手改善居住条件。

1979 年以后，对于大多数农民家庭而言，困扰多年的吃饭穿衣问题基本上得到解决。于是，先富起来的农民家庭开始翻建住宅，全国农村住宅建设总量逐年增加，1978 年为 1 亿平方米左右，1979 年猛增至 4 亿平方米，1983 年更是高达 7 亿平方米。据推算，从 1980 年开始，全国每年约有占总数 5% 的农户建设新房，新建建筑总面积达到 5 亿～ 7 亿平方米，农民人均占有房屋使用面积从 1978 年的 10.17 平方米增加到 1984 年的 15.38 平方米。从 1979 年到 1984 年的六年间，全国乡村新建住房共计 34.7 亿平方米，超过新中国成立以后三十年乡村新建住宅的总和。可见，农村建房从 1979 年起呈“爆炸式增长”（rural housing boom），而且建设热潮持久不衰，1984 年后一直维持在每年 6 亿平方米左右。

与此同时，快速推进的农村工业化特别是乡镇企业的发展对于人居环境建设提出了新的要求。乡镇企业的发展，需要建设大量生产建筑和基础设施。乡镇企业每年增加的固定资产在 100 亿元左右，其中有一半是用于房屋建设，因此，每年新

① 陈吉元，陈家骥，杨勋．中国农村社会经济变迁 1949-1989[M]. 太原：山西经济出版社，1993.: 550-558.

增加的房屋建筑面积约6000万~7000万平方米。另外，随着经济条件的改善，有不少地方开始建设公共建筑，比较常见的有文化站、影剧院、医院、中小学校等，增长速度也相当惊人。1983年，乡镇企业建筑和公共建筑总和为1.04亿平方米，而1984年达到1.35亿平方米。据不完全统计，1983年，全国乡村文化站有3.5万个，集镇文化中心有6000多个，图书馆、图书室、电影院或俱乐部等文化设施达14万个。此外，全国乡村卫生院发展到5.5万个，并有约80%的中心村建设了卫生所。1984年后，平均每年都有约1亿平方米的生产建筑和1亿平方米的公共建筑建成投入使用。[①]

乱占耕地现象严重。

农民手里有了钱，改善居住环境的愿望得以实现，乡镇企业终于得到中央的认可，农民及其集体乃至基层政府部门都想抓住挣钱的机会。农村住宅、乡镇企业厂房和公共建筑建设的总量猛增，大量建设迅速改善了传统农民的生活、生产条件。但是，由于没有规划设计，加上采取传统的“亲帮亲、邻帮邻”的建设方式，乡村生产、生活功能布局总体上比较混乱，迫切需要改进建设方式。更严重的是，建筑总量增加，房屋质量得不到保障，基础设施缺乏，环境质量下降，各类建设问题开始蔓延。

最突出的矛盾是，农民住宅建设实行的是一户一份宅基地的政策，随着1960年代生育高峰期出生的人口进入结婚年龄，分户大量增加。乡镇企业大多属于农村集体经济，分散在不同的行政村内，还不具备集中的条件。各家各户的自发建设模式导致村庄扩展，乡镇企业、个体商店等建设量增加必然导致建设用地增加，全国普遍出现了乱占耕地现象。

1979年到1985年间，全国开展了土地利用现状调查，查明全国净耕地面积约19亿亩。1985年，城市人口达到9522万人，占总人口的比重为11.1%，建制镇人口达到13338万人，占总人口的12.6%。[②]城镇化速度明显加快，城市建设用地

---

① 数据来源于城乡建设环境保护部的《全国村镇建设统计年报》。

② 数据来源于城乡建设环境保护部的《城市建设统计年报》和《村镇建设统计年报》。

需求增加。与此同时，乡镇企业异军突起大大增加了沿海地区的工业用地。因此，居民点工矿用地的总量从 1978 年的 23358 万亩增加到 1985 年的 29805 万亩，占全国土地总面积的比重也从 1.6% 增加到 2.1%。1985 年当年，由于大量耕地“农转非”，一年内净减少 1511 万亩，即 100.7 万公顷。加上人口总量的增加，到 1985 年时，全国人均耕地仅为 1.8 亩，比 1952 年减少 1.02 亩。[①] 大量建设占用耕地的现象以及人均耕地减少的幅度是中国历史上第一次出现的情况。

4.2 加强乡村建设管理

4.2.1 会议推动和保障措施

两次全国农房建设工作会议。

对于快速增长的农村房屋建设热潮，一些地方政府认识不足，态度仍徘徊在放任自流和继续要求“集体化”建设之间，缺乏必要的应对之策。这些新问题立即引起了中央的重视。中央领导敏锐地指出，农村盖房子要有新设计，不要总是小四合院，要发展楼房。平房改楼房，能节约耕地，盖什么样的楼房，要适合不同地区、不同居民的需要。为了引导和保护好农民建设住房的积极性，国务院责成国家基本建设委员会、国家农业委员会、农业部、建材部、建工总局加强管理。

1979 年 12 月，五部门联合在青岛召开了有史以来第一次全国农村房屋建设工作会议。会议提出了“全面规划、正确引导、依靠群众、自力更生、因地制宜、逐步建设”的农民建房基本方针，并明确农民建设的房屋属于生活资料，产权归己。会议精神帮助指导各地清理了“左”的思想影响，打破了必须由集体统一建房的束缚，充分调动了广大农民的建房积极性，对于推动在全国范围掀起建设高潮起到了重要的作用。

---

① 国家土地管理局土地利用规划司．全国土地利用总体规划研究 [M]. 北京：科学出版社，1994：10-11.

然而，农村房屋建设存在的问题，不可能在单体层面上解决。由于农村形势变化迅猛，搞好规划、精心设计，高度重视节约用地、切实防止乱占耕地的政策要求，一开始很难落实。针对这一情况，中央认为，需要进一步明确全国村镇建设的指导思想、基本原则等重大问题。

经国务院批准，1981 年，国家建委、国家农委在北京召开了第二次全国农村房屋建设工作会议。会前，国务院领导听取了国家建委、国家农委的汇报，他认为，“搞好农村建房，关键在县，要加强县的工作，县不管，谁说了也不管用。”要求“两家商量一下，县里搞个什么机构抓这件事？”并指出，“土地科管理房屋的规划、设计、建造，那不行。”“县、公社，都要有一批技术人员，有一套法令、规定，有一套管理机构。”他亲自到工作会议上讲话，进一步强调，“当前形势的发展已经迫使我们要考虑整个农村的建设，不能只是个建房子的问题了。”①

会议认真研究了两年来农村房屋建设出现的新情况和新问题，认为应当从乡村建设全局出发，而不是单纯地考虑农民建设住宅的问题。再次明确提出，农村房屋建设不可能孤立地抓好，而要扩大到村镇建设的范畴，对山、水、田、林、路、村进行综合的规划。要求刹住建房滥占耕地之风，实行统一规划、综合建设。要求按照有利生产、方便生活的原则和缩小城乡差别的要求，将农民住房与村镇的生产、文教、卫生、商业、服务等设施建设相结合，做到布局合理、交通方便、环境优美、各具特色，逐步把比较落后的村镇建设成为现代化的、高度文明的社会主义新村镇。

会议明确了村镇建设的指导思想，即充分调动农民的积极性，走“自己动手、建设家园”的道路，要求在具体做法上“不搞强迫命令，不搞形式主义”。会议要求地方政府，用二至三年的时间，把辖区范围的村镇规划搞起来。会议标志着中央政府对于农村房屋建设和村庄、集镇建设加强管理。会后，国务院批转了这次会议的纪要，村镇规划成为由中央政府推动的一项工作。从此，城市规划实践之外增加

① 国务院分管副总理听取国家建委、国家农委汇报时的讲话摘要。

了村镇规划，为城乡规划学科建设和城乡规划立法开启了新的征程。[1]

实践中，大家认识到，乡村建设不是简单的生活与生产、消费与发展的关系问题，而是建设与经济发展同步促进的问题。在发展农业生产、增加农民收入的基础上，搞好乡村建设，对于深化农村经济体制改革，加强农业基础地位，促进乡镇企业和农村商品经济发展，全面振兴农村，具有重要意义。事实上，哪个地方经济发展得快，建设任务就繁重而紧迫；哪个地方乡村建设抓得早，经济发展就更有后劲，更为主动。因此，乡村建设与农村经济发展是互相促进的。

两次全国农村房屋建设工作会议后，中央还通过文件的形式不断地推动乡村建设工作。五个一号文件中广泛包括了农房和村镇规划建设管理的内容（表4-1）。

五个中央一号文件的相关内容 **表4-1**

年份	名称	关键要点	乡村建设管理内容
1982	《全国农村工作会议纪要》	肯定生产责任制是社会主义集体经济，为联产承包责任制定性	抓紧帮助农民搞好农村房屋建设规划，进一步搞好农业资源调查和农业区划，在区划的基础上制订土地利用和农村建设的总体规划，把山、水、田、林、路的治理，生产、生活、科学、教育、文化、卫生、体育等设施的建设和农村小城镇的建设，全面规划好
1983	《当前农村经济政策的若干问题》	鼓励发展多种经营、商品生产，联产承包制向林、牧、渔、副、工等多个领域扩展	加快农村建设，广辟资金来源。农村集镇建设，要抓紧时间，在充分进行调查研究的基础上，做出全面规划。要加强农村各种文化、卫生设施的建设
1984	《关于一九八四年农村工作的通知》	调整农村产业结构，允许农村社会资金自由流动，允许农民经商，乡镇企业登上历史舞台	兴建商品流通所需的基础设施，大力发展农村水陆交通运输，解决商品滞留问题。农村工业适当集中于集镇，做好规划，节约用地，使集镇逐步建设成为农村区域性的经济文化中心
1985	《关于进一步活跃农村经济的十项政策》	改革农产品统派购制度，实行市场调节。实行决不放松粮食生产、积极发展多种经营方针	积极兴办交通事业，在经济比较发达的地区，提倡社会集资修建公路，在山区和困难地区，由地方集资、农民出劳力修建公路。加强对小城镇的指导，同时，帮助搞好农村住宅建设的规划和设计
1986	《关于1986年农村工作的部署》	强调增加农业投入，调整工农、城乡关系，深化改革	适当增加国家对农业基本建设的投资和农业事业费

① 何兴华．中国村镇规划：1979–1998[J]．城市与区域规划研究，2011，4（2）：44–64.

人财物的保障。

万事开头难。在全国范围开展乡村建设管理，面临众多困难。一是人才问题。没有人，管理无从谈起。当时，城市发展同样迎来“第二个春天”，能够下乡的专业力量奇缺。据估算，平均 10 个县也摊不上一个经过正规教育“科班出身”的技术人员。二是经费问题。用 2 ~ 3 年时间编制出全国 5 万个乡镇、400 万个村庄的规划，意味着平均每年要完成约 2 万个乡镇、200 万个村庄的规划。即使不考虑专业成本，光是现场调研的出差费用，也是难以想象的。无疑，这样的规划带有“搞运动”的特点。三是基础资料问题。各种相关规划必需的基础资料一鳞半爪，90% 以上的村镇甚至没有像样的现状图。谁来测绘整理？

从规划实施角度看，问题就更多了。一是需要设立管理机构，配备管理人员，解决管理经费。二是需要提出相关的用地政策，解决建设材料安排等问题。三是要有基础数据，便于掌握全国的情况。从长远看，还需要有行政和技术立法保障，规划才不会被束之高阁。

为了缓解这些矛盾，中央政府迅速采取措施，设立机构，拨出专款，制定规则。1980 年，在当时的国家基本建设委员会设立农村房屋建设管理办公室负责农村房屋建设管理工作。1982 年成立城乡建设环境保护部时，内设乡村建设局。1986 年，更名为乡村建设管理局。“六五”期间，中央财政克服困难拨专款 1.2 亿元，地方财政作为配套经费拨专款 2.4 亿元，作为村镇规划事业费。在改革开放初期中国财力十分薄弱的情况下，这可以说是一个“空前的壮举”，真正起到了“四两拨千斤”的作用。1983 年，县镇建设统计报表制度建立。

与此同时，国家加大了对于农民建房的扶持力度，每年在物资供应计划中都设立专项。至 1983 年，共划拨钢材 34 万吨，玻璃 260 万标准箱用作农村房屋建设。当然，对比起建房的实际需要，这些都是杯水车薪，只能起到政策引导作用。各级地方政府物资部门积极组织农房建材供应，1983 年共供应钢材 96.5 万吨、木材 324.7 万立方米、水泥 267 万吨、平板玻璃 158.4 万标准箱。为了解决大规模农村建房材料短缺问题，城乡建设环境保护部组建了农村建筑材料供应公司，开发资源、成套供应材料及制品。至 1985 年，绝大多数省级单元都成立了类似公司。在组织生产供应建筑材料的同时，不少地方政府还组织乡村建筑队承包农房施工任务，逐步改变传统农村建设房屋“亲帮亲、邻帮邻”的组织方式。根据 1984 年城乡建设环境保护部组织专题调查的材料，1983 年，乡村建筑业企业达 5.7 万个，近 500 万从业人员，有一半是在为农民建房服务。[①]

4.2.2 探索专业管理新方式

组织现有力量支援乡村。

在中央财政的支持下，专业管理部门组织开展了一系列活动，包括规划设计竞赛、案例宣传推广、工作经验交流、专业技术培训和规划验收等。这些活动，起到了组织发动专业人员、普及专业知识的作用。例如，为缓解乡村建房缺乏设计、形式呆板、质量不高的问题，建设部门于 1983 年组织全国农村住宅及集镇文化中心设计竞赛，收到方案 6300 多个，参与作者上万人。1985 年，在大连组织召开了全国的评比会议，评出二等奖和三等奖各 9 个，佳作奖 25 个。会后，还编辑出版了优秀方案图集。不少地方还组织专业人员编制了通用图，制作了模型，供农民选用。

1983 年，在全国范围开展了自下而上的逐级评议规划竞赛活动。据 25 个省、自治区、直辖市不完全统计，直接参与这项活动的有 4 万人之多，从县、地评选出来参加省一级评选的方案达 1028 个，省级单元评选出来参加全国竞赛的方案 79 个，其中，集镇规划 55 个，村庄规划 24 个。1984 年 2 月，在云南省昆明市召开了全国评议表彰大会，有 14 个获优秀奖、54 个获佳作奖、11 个获纪念奖。通过史无前例的大规模专业竞赛，集中讨论有代表性的规划设计问题，解剖实例，典型引路，吸引更多的专业人员关注农村。

为缓解技术力量不足的问题，各地的建设部门开展了多种活动。一是将图纸编印成册，有的还做成模型或者手册，通过赶集等机会宣传推广。例如河北省开展“小康千里送图”活动，将农村小康住宅优秀设计图集、村镇规划优秀设计图集，作为实施“鱼水工程”的重要内容。二是推进通用设计和乡村建筑标准化，作为

① 袁镜身，冯华，张修志. 当代中国的乡村建设 [M]. 北京：中国社会科学出版社，1987：146-159.

缓和技术力量与建设量尖锐矛盾的途径。处理好建筑标准化与多样化的关系是衡量这项工作成败的关键之一。必须指出，乡村建筑单调呆板、地方特色逐步失去，并不是推行通用设计的结果，而是农村大量新建住宅和其他建筑都没有可供选择的设计方案。

与此同时，组织行政管理部门开展经验交流，加快立法工作步伐。1984 年 11 月，城乡建设环境保护部在北京召开全国村镇建设经验交流会，国务院分管领导到会讲话，强调村镇建设的重要性，要求各地从规划做起，不再重复城市建设“欠账”太多的老路，认真处理好生产生活的关系、一二三产业的关系。并指出“村镇规划不能孤立地搞，要以生产为基础，以县域为背景，以集镇为重点，来进行规划。”“进行村镇规划和建设时，一定要非常注意节约用地，尤其要注意尽可能不占或少占耕地。”同时，他要求农村住宅建成二、三层楼房以节约用地，考虑发展“庭院经济的需要”，注意能源的合理使用，适当改善卫生条件。[①]

1985 年，在苏州召开了部分省市经济发达地区村镇建设工作座谈会，讨论《村镇建设管理暂行规定》《组织科技人员下乡支援村镇建设的若干意见》《关于集镇实行综合开发、综合建设的几点意见》。同年，在北京举办了首届全国村镇建设成就展览会。1987 年，先后在广州、北京召开了集镇建设试点工作经验交流会，城乡建设环境保护部、国务院农村发展研究中心、农牧渔业部、国家科学技术委员会发出《关于进一步加强集镇建设工作的意见》。1988 年，在上海召开了村镇建设座谈会，明确将集镇建设工作的重心放在经济发达地区的城市郊区，抓好沿海经济开放地区大中城市的城乡接合部。会议讨论了《村镇建设条例》《村容镇貌管理暂行规定》。

加快人才培养。

长期以来，乡村建设处于无人问津的自发建设状态。虽然规划设计方案竞赛活动评选出一些好的方案，但是，对比广大的乡村建设，只是“杯水车薪”。乡镇管理找不到懂行的人，或者根本不知道规划设计的重要性。建设单位和个人没有设计

---

① 国务院分管副总理 1984 年 11 月 26 日在全国村镇建设经济交流会上的讲话。

图纸，农民们不愿意尝试新的方案，有的模仿已有建筑，有的抄袭城市建筑，住宅一般高、一般齐的现象十分普遍。因此，从长远看，单靠规划设计竞赛和经验交流的形式支援乡村肯定不够。

乡村建设人才严重缺乏的问题引起了党和国家领导人的高度重视。早在1981年，分管建设部门工作的国务院领导就指出，“教育必须革命，现在百分之九十的高中生不能上大学，搞那么多高中生干什么？县里应当搞点建工学校，培养建设人才，至少帮助农民看看图也好。”“建筑业有很多老工人，看图能力很强。有些退休的老工人，农村可以聘请他们下乡进行技术指导，户口留在城里，逐步培养一批农村建设队伍。”[①] 在第二次全国农村房屋建设工作会议上，他再次强调城市专业人才的作用，要求城市从规划、科学、技术、教育等方面支援农村，把农村建设好。

为贯彻落实会议精神，原城乡建设环境保护部发布了《关于工程技术人员支援村镇建设的暂行规定》，支持鼓励在职的和退休的专业人员到村镇应聘担任或者兼任村镇规划建设管理方面的技术工作，收入归自己所有。实践很快表明，即使采取上述措施，也不可能解决人才不足的问题。

城乡建设环境保护部随后分别在湖北省的孝感和河北省的保定创办了一所中专和一个大专，招生和分配采取“哪里来回到哪里去”的做法，培养村镇规划建设的专门人才。此外，经建设部批准，1986年1月，大地建筑事务所成立了大地乡村建筑基金会，用于支援乡村建设，资助了一批乡镇的规划设计，例如北京西沙屯村和窦店乡、江苏周庄、湖南花明楼乡等，还与建设部村镇司合作开展了全国村镇建设十佳科技人员的评选活动，对早期村镇规划设计的推动起到了积极作用。

4.2.3 重视科学技术研究

组织学术研究。

为解决专业技术问题，管理部门和专家学者们都认识到“由感性认识上升到理

① 国务院分管副总理1981年12月14日上午在听取国家建委、国家农委汇报时的讲话。

性认识、由特殊性发现一般性”的重要性，希望通过深入开展科学研究，掌握村镇发展的一般规律，在操作层面形成指导规划编制的定额指标，为进一步组织开展技术立法做好准备。

村镇规划定额指标，又称技术经济指标，可以看作村镇初步规划实践的重大技术成果。早在 1983 年，城乡建设环境保护部就在全国城乡建设科学技术发展计划中明确要求（城乡建设环境保护部文件〔1983〕城科字第 224 号），各地应当根据当地农村实际情况和技术能力，陆续制订地方性的村镇规划定额指标。一些地方根据要求迅速组织技术力量开展调研，成立编制小组并安排工作经费。例如湖北省 1984 年 8 月成立编制组，调查三个地区的 27 个县、120 个镇和 60 个中心村，制定了《湖北省村镇规划公建定额指标》并公开出版发行。[①] 从 1986 年开始，全国各地陆续制订了一批不同深度的定额指标。一般都区分了主要的用地分类，主要公共建筑和生产建筑以及基础设施的标准，对提高村镇规划编制质量起到了重要作用，也为下一步制定国家标准打下了基础。高承增对村镇规划技术经济指标中的问题进行了归纳，认为符合我国乡村实际的指标具有指令性和指导性结合、重点是指导建设、阶段性、主要适用新建和扩建的特点，建议按照建设用地分类确定指标分类，分为住宅建筑、公共建筑、生产性建筑与设施、道路与交通运输设施、公用工程设施、绿化和其他等七类。

1985 年初，原建设部下达“南北方农业区村镇发展的特点、规律、技术经济政策和规划建设的试点研究”课题，组织浙江、四川、吉林、山东、河南等五省的技术力量，对农业区村镇开展了比较深入的调查研究。要求结合地方情况，提出解决问题的技术经济政策、规划理论与方法的建议。在省建设厅的支持下，浙江省城乡规划设计研究院、山东省建筑学校、河南省城乡规划设计研究院牵头组成课题组，开展深入细致的调查研究，形成了 100 多万字的研究报告，并分别进行了试点规划。研究提出村镇发展与农村经济状态相适应、村镇建设发展不平衡、逐步走向城乡一体化、人口空间转移“顺磁性”等规律。报告认为，建立完善的村镇体系势在必行。

---

① 湖北省村镇规划公建定额指标编制组．湖北省村镇规划公建定额指标 [M]. 武汉：湖北科学技术出版社，1985.

一方面，要开展乡镇域村镇的总体规划，另一方面，要进行大型集镇的详细设计，村镇规划的“加深加细”工作应当从这两个方面进行，并认真做好村镇规划用地和公用设施定额的制定。[①]

同时，研究机构还结合承担的科研课题对国外村镇建设进行了了解和分析。例如，中国建筑技术研究院村镇所结合“1986—2000 年全国集镇建设发展纲要的研究”课题，编译出版了《国外村镇建设资料集》，扩大了人们的视野。[②] 几个人口和经济大省也通过开展专题研究，加深对当地村庄和集镇发展规律性的认识，提出了人口向集镇适当集中等规划应对的建议。

为提高对全国村镇规划建设管理工作的技术指导水平，1985 年，城乡建设环境保护部乡村建设管理局委托中国建筑科学研究院对村镇建筑的综合自然区划进行了可行性的研究。地域的分异规律，是建筑区划的理论基础，分析影响建筑的主要因素是前提。建筑区划研究建筑的差异性、分析建筑的共同性，通过阐明各个地区的建筑条件和特点，为所在地区人民更好地认识自然、改造自然，并建设家园提供科学资料。课题组通过对气候、地貌、地基土、地下水、动力地质作用和现象，以及建筑材料等的研究，提出分为 8 个大区、37 个亚区，并对各区的特点进行了描述。

开展学术交流。

1983 年 6 月，在政府部门的大力支持下，中国建筑学会在上海嘉定召开首次全国村镇建设学术讨论会，会议共交流论文 40 篇，分为规划、建筑、其他三类。其中规划类是重点，共 27 篇。内容不仅包括对不同地方村镇发展和布局特点、村镇规划节约用地和保护耕地、旧村改造具体做法和经验的认识，还包括对集镇发展规律和发展前景、国外村镇建设、我国乡村建设历史的认识。虽然从总体上看，当时的研究论文还谈不上有多高的学术性，但是，这样的学术讨论会促进了研究人员与实际工作者的交流，扩大了村镇规划的影响，为后续工作的推动积累了案例。高

---

① 南北方课题研究组．当前我国村镇发展趋势和对策——南北方农业区村镇发展特点规律技术经济政策和规划建设试点研究综合报告 [Z]. 1987.

② 冯华，杜白操，王振萼．国外村镇建设资料集 [Z]. 中国建筑技术研究院，1985.

承增对村镇规划工作面临的社会主义新村镇基本概念、规划依据、布局调整、设施利用、定额指标、工作方法等问题进行了全面归纳，起到了行政推动不容易产生的效果。[①]

值得注意的是，不少论文对新村建设、旧村改造进行了比较，认识到了向大村庄集中的必要性。例如，吉林省城乡规划设计院、北京市城市规划管理局的专家认为，村镇规划建设应当立足于旧村、旧镇的改造。这样可以充分利用现状设施、房屋和绿化，不需要另外占用耕地。这与东北、华北地区的村庄分布相对均匀、村庄用地比较宽松有关。江苏省土木建筑学会的专家在归纳新村规划必须考虑节约用地、农村剩余劳动力转移、计划生育、普及教育、防止灾害等问题的基础上，提出了 20 分钟步行下地时间、1 公里下地距离的新村规模和布局建议，并分析了适当集中产生的效益和措施。重庆市设计院的专家认为，集中与分散应当结合当地情况，大集中、小集中在平原可行，在丘陵地区要小集中与分散结合。

1986 年，再次举办了全国的征文活动，并于当年 10 月在江苏省常熟市举办了全国村镇规划和建筑设计学术讨论会，进一步将讨论议题向村镇规划与建筑设计聚焦。这次学术活动收到论文 190 篇，对于总结村镇规划工作经验，探讨出现的新问题起到了促进作用。杜白操对村镇规划与设计研究工作的学术价值进行了总结，归纳为创作构思的完整性、功能要求的复合性、建筑形式的乡土性、环境构成的田园性、基础设施的开拓性和建设过程的多步性等特点。

20 世纪 90 年代，村镇建设学术交流吸引到更多的高校老师参与，并增加了国际交流。例如，中国建筑技术中心村镇所于 1991 年与清华大学合作召开了国际村镇建设学术讨论会，除中国外，日本、美国、加拿大、哥伦比亚、利比亚等国都有相关领域学者递交了论文。[②] 1992 年，村镇所时任所长和村镇司规划设计处负责人应邀赴伊朗首都德黑兰参加了亚太经社会组织（ESCAP）召开的乡村中心规划国际会议。

---

① 高承增．当前村镇规划工作中的几个问题 [Z]. 嘉定：全国村镇建设学术讨论会交流资料，1983.

② 中国建筑中心村镇所，建设部村镇建设试点办，清华大学建筑学院．国际村镇建设学术讨论会论文选集 [Z]. 1991.

制定技术政策。

根据农村改革开放出现的新局面，建设部门组织开展了技术政策的制定工作。初步判断，随着乡村经济的不断发展，更多的农业劳动力逐步脱离种植业，从事工业、商业、服务业和交通运输业等，但是由于国家实行“离土不离乡”的政策，需要集中到乡村的适当地点建设和发展，集镇必将成为一定区域内经济、文化、科技和服务的中心，成为建设社会主义农业的前进基地和城乡联系的纽带。技术政策的思路以村镇建设面临的问题为出发点，不盲目追求先进技术，留有较大的选择余地，突出强调节约土地等资源，首次针对村镇建设提出了系统的技术政策。技术政策要点强调，“发展以集镇为中心、多层次、多等级、不同性质的村镇体系”，“通过村镇规划，统筹安排和协调发展村镇各项建设”，“采取改造和新建相结合，以改造为主，逐步建设社会主义新村镇”，“适应农村经济发展和农民生活需要，建设具有乡村特点的各项设施”，“推广适用技术，提高村镇建设技术水平”等内容。①

为提高决策的科学性，经过两年的准备，原城乡建设环境保护部于1985年建立了村镇建设统计年报制度。年报共有11个表格，包括了现有村镇数量和用地情况、现有村镇住户及人口情况、村镇房屋情况、村镇公用设施情况、规划情况、村镇建设试点情况、本年建设投资及用地情况、本年建筑材料投入情况、村镇建设管理机构及人员情况、村镇建设事业机构及人员情况培训情况等内容，并向国家统计局备了案。年报制度的建立为全面了解和深入研究村镇建设进展情况，进而为科学决策打下了基础。

乡村建筑在规模小的情况下，质量问题并不严重，但是大量多层建筑的技术要求与传统平房完全不同，需要技术管理与服务。然而，将对城市建筑的设计、施工管理要求用于乡村建筑管理是没有条件的，更谈不上综合考虑防灾措施，保护历史遗址、文物古迹，使用地方材料、结合自然环境，以及民族特点、地方特色等问题了。技术政策需要回答乡村建筑设计管理做到什么深度，是规划划定红线、提出建筑面积总量控制，还是要对投资和造价提出更具体的要求。如果不考虑这些，出现

① 城乡建设环境保护部．村镇建设技术政策要点 [Z]. 1983.

华西村那样的建筑景观就不能责备农民。建筑基地条件与环境要求、建筑的功能要求、结构选型和设备布置、空间的合理利用等本来就是专业人员的工作，并不是农民的工作。由于无法在很短的时间回答这些问题，在很多情况下，更好地发挥乡规民约的作用比提出建筑设计原则更加有效。例如，不得沿公路建设、不得占用耕地建设，相当于规划选址的要求；建设“人”字形屋顶、不超过三层，入口处要做雨篷等，相当于村庄设计导则的内容。

4.3 全国范围的村镇规划

4.3.1 村镇的初步规划

规划两个阶段与运动式推进的矛盾。

对全国范围的村庄和集镇进行全面规划，这是有史以来第一次。1982 年 2 月，国务院颁发《村镇建房用地管理条例》，对村镇规划编制单位和审批程序做出了规定，村庄规划由生产大队（村民委员会）制定，集镇规划由公社（乡）制定。村庄和集镇规划方案经由社员大会或社员代表大会讨论通过后，分别报公社管理委员会（乡政府）和县级政府批准。

为贯彻落实条例，推动村镇规划的开展，国家建委与国家农委联合发布《村镇规划原则（试行）》。根据原则确定的规划基本内容，中国建筑科学研究院农村建筑研究所组织编写了《村镇规划讲义》，用于开展规划技术人员的培训（图 4-1）。讲义提出了村镇规划的任务，即“根据乡村经济发展的要求，适应农业现代化建设和广大农民生活水平逐步提高的需要，结合当地自然条件和经济水平，对村镇中各项

图 4-1　新中国成立后的第一本村镇规划教材

建设进行统一部署和周密安排，做到布局紧凑合理，建设协调配套，达到科学地有计划地进行村镇建设的目的”[①]。

讲义的最大贡献是，在明确村镇规划的指导思想、工作特点和基本原则的基础上，根据村镇分布特点，提出了编制村镇规划分为“两个阶段”，即村镇总体规划和村镇建设规划。两个阶段的提出是开创性的，可以看作新兴村镇规划试图区别于传统城市规划的标志。原因在于，所谓村镇总体规划，指的是公社（后来称为乡、镇）管辖范围内对于村镇居民点进行的“分布规划”。同时，对村镇之间的交通联系、电力、电信等的走向、公共建筑的配置、专业生活地段的安排进行统筹规划。村镇建设规划是具体针对一个村庄或集镇的近远期建设做出的规划。如果与城市规划编制要求对照，村镇总体规划实际是乡镇行政管辖范围的村镇体系规划，而村镇建设规划则相当于城市总体规划（不包括城镇体系规划部分）和详细规划的合并。

村镇规划的要求提出后，各地迅速采取了行动。工作比较快的省份，用 2 年时间完成了村庄规划。例如吉林省，由于村庄相对集中，至 1983 年底，就基本完成了 41000 个村庄的规划。集镇的规划相对复杂，特别是性质和规模的确定需要专业的知识和上位规划的指导，因此进展困难。同时，村庄中也随着改革出现了许多新问题。例如，农民多户联合起来成立公司，如何安排具体的建设用地，或者各家的院落？实践中，大家认识到村镇规划的综合性、政策性、地方性和长期性的特点，对村镇规划与国土治理和资源开发、环境保护和生态平衡等关系进行了思考，加深了村镇规划与自然条件和社会经济条件关系的认识。

然而，全国范围的村镇初步规划，受到公社时期规划遗风的影响，仍旧带有开展“运动”的特点。许多地方组成了规划队，由县委书记或者县长兼任规划队的队长，县政府有关部门的主要负责人作副队长，从县级各单位抽调有一定技术专长的干部，加上一部分经过培训的初级规划技术人员，共同组成。一些地方甚至将初步规划编制作为任务分解到队、班、组，分区包干。例如河北省正定县组成了 150 多人的规划队，分 4 人一个班，要求各班每天完成 50 户测绘，超额完成有奖，

① 中国建筑科学研究院农村建筑研究所．村镇规划讲义 [Z]. 1982：4.

完不成受罚。有的地方还对村庄规划实行收费服务，以解决经费不足问题。例如，100 户收 80 元不等。[①] 运动式的规划与两个阶段的要求是矛盾的。

规划内容的简化与实践检验。

把公社范围的居民点作为村镇体系编制总体规划，再在这个总体规划的指导下编制单个集镇和村庄的建设规划，原本是根据乡村居民点分散做出的简化，但是，这个简化了的规划要求实际上仍旧难以达到。为了适应乡村的技术水平情况，考虑到许多地方当时做到《村镇规划原则》的要求有困难，于是，提出了“先粗后细”的编制原则，进一步简化了村镇规划内容。

一般村庄规划的最低深度只要满足两个要求，一是安排好住宅建设用地。对要求建房的农户，在原有“庄基”内（村庄建设用地范围）调整好宅基地，逐户落实，有条件的把近年希望建房的用户“排个队”；二是把村庄建设中的急事（迫切需要解决的实际问题）安排好，例如，需要通电的则安排好电线走向，需要改水的则安排好水源，不要求面面俱到。对较大的村庄和一般的集镇，要考虑人口规模与道路布局的问题。简化后的要求可以归纳为“合理布局、控制用地、安排近期建设”即可。规划成果通常是“两图一书”，即现状图、规划图和说明书，称之为村镇初步规划。《村镇规划原则》要求的村镇总体规划和村镇建设规划两个阶段的编制成果，只能在个别示范图中才能看到。实际上是降低了规划的标准。

实践中，不少地方政府逐步认识到，光有编制、审批要求是不够的，关键是要让规划在乡村建设中发挥指导作用。于是，规划的实施管理提上议程。由于乡村的范围过大，面上的规划管理任务繁重，技术力量严重缺乏，通过试点引路，加快制定规则成为推动工作的主要办法。从专业角度讲，村镇的空间尺度较小，村镇规划很自然地与乡村建筑设计结合，乡村建筑的设计管理是村镇规划落到实处的必由之路。但是，当时的村镇规划并没有任何管理的手段，建设项目多而分散，要求报批都困难，更不可能附建筑设计方案了。

首先是宣传建立规划的意识，任何房屋、道路等建设项目都必须服从规划，要

① 袁镜身，冯华，张修志．当代中国的乡村建设 [M]. 北京：中国社会科学出版社，1987：193.

让建设者搞清楚规划对于具体项目在土地利用、用途等方面的限制性措施。第二步是提倡乡村建筑要有设计，特别是楼房。没有设计，不仅房屋不安全，而且其他关于方便生产生活，节约用地、节约能源，促进经济、社会、环境效益的统一等基本要求，都是空话。由于没有懂行的人，关于乡村建筑的管理问题一直有争议。是否需要基层政府管理、如何管理，没有形成有效的政策措施。

在富裕起来的农村，集体、农民个人和乡镇企业进行建设的过程中，普遍缺乏建筑设计意识，主要依赖当地工匠的习惯做法，导致乡村建筑文化品位总体上不高，质量低劣，甚至存在安全隐患。虽然在中央领导的直接重视下，专业部门和团体已经开始关注这个问题，组织开展了一系列设计竞赛等活动，但是，又面临城市建筑设计人员不了解农村情况的问题。是将城市建筑形式照搬照抄到乡村，还是创造乡村的特点，就成了一个重要问题。不少建筑设计方案根本不适用农村的生活生产需要。

规划实施试点示范。

改革开放后早期的村镇规划建设实践中，各级政府部门主要是通过一些经济条件先富裕起来的典型村庄开展示范。事实上，规划实施只能在经济条件较好的相对较小的范围。例如北京市的窦店村、天津市的大邱庄村、河北省的半壁店村（图4-2）。事实上，这些村庄很快就发展为更大规模的居民点，甚至集镇。严格讲，它们属于特大城市的一部分。

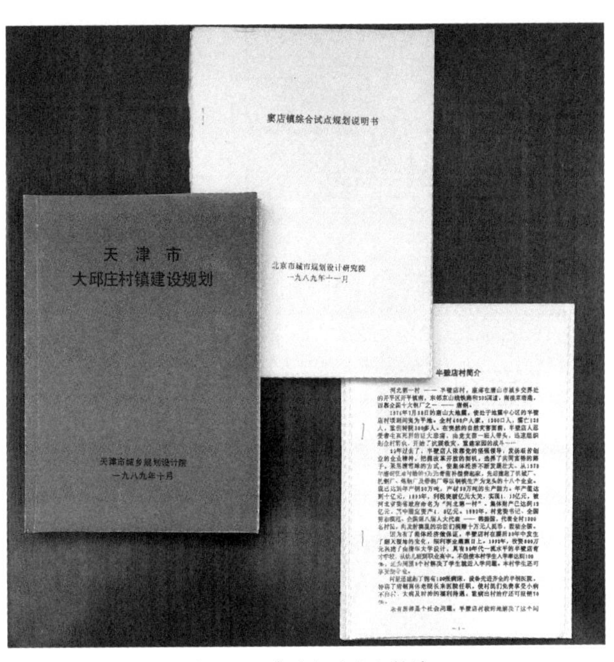

图4-2　建设部的试点村镇

窦店村是窦店乡政府所在地村庄，全乡由14

个自然村（农场）和若干个企业组成。北京市农村建设办公室将其列为综合建设试点村庄，规划得到北京市规划设计院的支持，甚至得到建设部副部长周干峙院士的指导。大邱庄试点是由于经济发展速度太快，急需规划指导建设，建设部直接将它作为典型。部里关于村庄的规划建设没有任何的资金支持，因此只能选取自身有经济条件和建设需求的村庄做试点。大邱庄曾经是静海县出名的穷村庄，因为搞村办企业成了全国最富的村庄之一。所谓试点，其实是住房建设的“精品工程”。河北省半壁店村在唐山大地震中顷刻夷为平地，经过二十多年的奋斗，用唐山钢铁厂征地的 9 万元青苗补偿费起家，先后办起了机械、轧钢、炼钢等企业，集体经济发展壮大。1991 年被建设部列为村镇建设试点后，委托唐山市规划院开展新村规划，投资 1.3 亿元，1992 年动工，1996 年完工，建成 133 幢小楼，实现集中统一建设。

另一种比较容易按照规划实施的是国营或集体所有的农场建设。由于管理体制相对集中，农场职工更加接近农业工人，而不是农民。例如浙江杭州的红山农场（图 4-3），原为天然的晒盐场，随着钱塘江治理工程的开展，失去了晒盐条件。1969 年成立农场，围垦种植。到 1983 年，全场 3430 人，由 7 个行政村组成，人口和用地规模小于一般的乡。早在 1978 年，农场已经编制了规划，以 1985 年为近期，1990 年为中期，2000 年为远期。从传统的分散居民点集中布局，户均宅基地从 1 亩下降到 3 分。在详细规划指导下，与环境设计结合实施，基本按照规划建成，成为离土不离乡的典型。

肖山县红山农场
现状及规划概况

浙江省城乡规划设计研究院
肖山县城乡建设局

图 4-3　早期的政策对象（浙江肖山红山农场）

村镇初步规划的效果。

村镇初步规划积累的经验是宝贵的，取得的成效是显著的。经过 5 年的努力，至 1986 年底，全国有 3.3 万个集镇和 280 万个村庄编制了初步规划，结束了村镇自发建设的历史，这在城乡规划历史上具有划时代的意义。

首先，树立了村镇规划意识。初步规划工作确立了广大村镇的建设也要有规划指导这样一个十分重要的观念。村镇规划写进了国民经济和社会发展计划，规划知识开始为农民服务。二是通过初步规划，吸引了一批热心于村镇规划的专业人才。在他们的带动下，培训了大量基层规划人员，多达50万人次，形成了一支规划队伍。这支专业队伍具有边学边干的开拓风气。三是摸索了村镇规划做法，提出了编制村镇规划的最低标准，即控制用地范围，不占耕地；有一个大体上合理的布局，避免二次改造；把急需上马的项目安排好，以便指导近期建设。这些经验，至今对于广大村庄的规划仍可借鉴。

更为重要的是，初步规划迅速遏制了乱占耕地的势头。村镇初步规划实施后，农村建设房屋占用耕地数量逐年下降。据统计，1985 年为 145.5 万亩，1986 年为 126.7 万亩，1987 年为 86.3 万亩，1988 年为 56.4 万亩，1989 年为 40 万亩，1990 年为 18 万亩，1991 年降到最低点仅为 15 万亩。人均建设用地下降了 19.35 平方米。但是，由于严重缺乏技术力量、基础资料以及适合农村的规划编制办法，加上时间紧、任务重，初步规划的整体水平是可想而知的。

问题主要表现在：一是依据不足，绝大多数地方没有编制经济社会发展规划，普遍缺乏社会、经济和环境发展战略作为依据，预测带有盲目性。二是以点论点，一般均未编制公社范围的村镇体系总体规划，忽视了居民点之间的相互联系。三是“喜新厌旧”，大量的村镇开辟新区或大拆大建，不注意原有设施与建筑物的合理利用。由于缺乏准确的现状图和基础资料，一些地方的规划布局简单地处理为“排排房”。四是套用城市总体规划的编制办法，只画用地块块，项目安排不够细致，指导建设误差较大。五是没有特色，结合自然环境和地方风貌不够，建筑布局过于呆板。[①]

① 何兴华．规划学在乡村开花结果——村镇规划 10 年回顾与初步展望 [J]. 村镇建设，1992（2）：12−15.

4.3.2 村镇规划的调整完善

编制乡镇域总体规划。

虽然1981年发布的《村镇规划原则》就要求对公社范围内村庄和集镇布点和各项建设进行全面部署，但在具体工作中并未得到应有的重视，或者说，没有精力给予足够的重视。为了探索乡镇总体规划编制的可能性，根据单位领导要求，笔者利用年轻干部到基层锻炼的机会，于1984年花了半年时间在浙江省绍兴县华舍乡对村镇体系进行了详细的现场观察，编制了乡总体规划大纲。

华舍乡位于浙江省绍兴县，在1983年成为当时全省最富有的“亿元乡”。全乡面积为1300公顷，有21790人，分为15个行政村（生产大队），98个生产队，6个居民委员会，分布在1个集镇、9个自然村落群，以及一些零星的小村庄（图4-4）。虽然全乡的工农业总产值已近亿元，但还没有通自来水，饮用水要到河港里打水并用明矾过滤。电力供应也时断时续，为保生产，居民用电通常只有晚上7～8点才来个把小时。

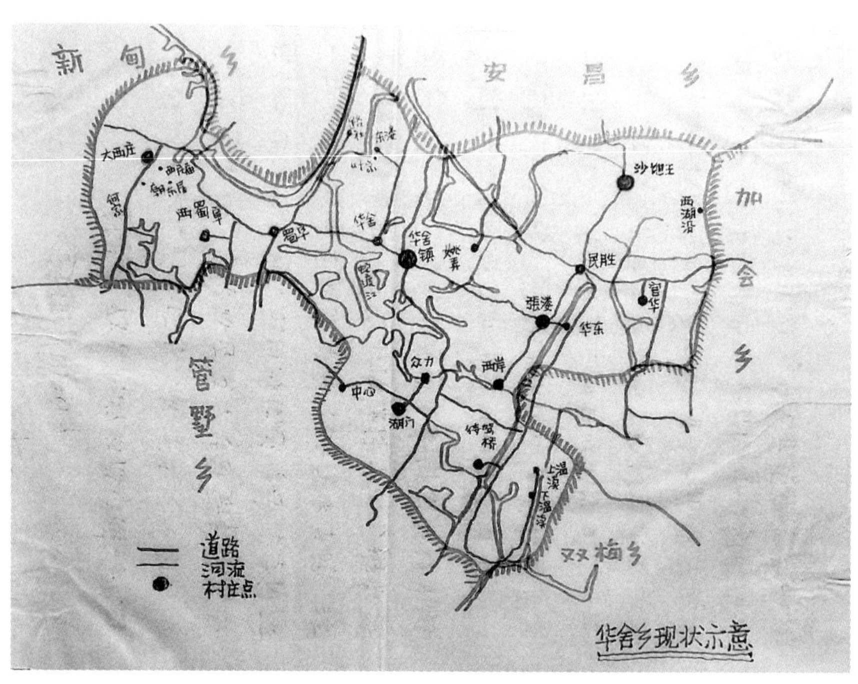

图4-4 浙江省绍兴县华舍乡1984年现状示意图

许多青年在镇上工作，晚上回到村上居住，集镇只相当于商业区和工厂区。华舍镇是乡政府所在地，处于几何中心，周围有湖门、张楼、蜀阜三个村落群，以这三个自然村落群为依靠，东、西、南三翼又分别形成了各自的自然村落群，均匀分布，耕作半径小于 1000 米，便于农业生产。全乡乡村工业化进展很快，当时已办了 65 家大小企业，1983 年总产值 9459 万元，工业占 93% 以上，利润 1196 万元，是全省乡级单元工业产值“冠军”。从空间分布看，这些产值集镇上占 90%，从产业结构看，其中纺织业又占 80%，农副业总产值才 575 万元。

当时的绍兴县尚未编制县域规划和农业区划，并不能明确华舍乡的区域功能定位。实际需要解决的问题是，每天都有大量青年女子到集镇务工，下班则回村务农。早晨，有大量的村民到镇上集市从事买卖，然后，回到村上从事农业或副业生产。因此，计算集镇现状人口规模必须以“时辰”为时间单元。例如，早 7 点达到人口高峰，约有 12000 人在集镇上活动，需要提供的空间包括集贸市场、餐馆、厕所等。由于厕所不够，当地有老农民专门担着木桶收集尿水积肥。对于在乡内上下班的农民，最为重要的是能有通到各村的方便自行车通行的硬化路面。村庄的规模相当于城市中的居住区，甚至于只有一幢居民楼的功能。学校、医院等情况类似，只是人流量不同而已。

华舍乡的规划问题有一定的代表性，特别是在经济相对发达的地区。对初步规划的反思，让越来越多的管理工作者和专业人员感到，单纯抓村庄规划、强调农民建房用地管理，已经不能适应农村快速变化的形势。1987 年 5 月，城乡建设环境保护部下发文件，要求对村庄和集镇初步规划进行调整完善。其基本思路是，以集镇为重点，从乡镇域村镇体系布局入手，分期分批编制乡镇的总体规划，即行政辖区范围的村镇体系规划，简称乡镇域规划。从此，不再要求所有村庄都编制规划。哪些村庄需要编制更为具体的建设规划，由乡镇域总体规划决定。村镇规划管理更显务实理性。

分级分类开展规划试点。

村镇规划提出的一些不同于城市规划的要求，是由乡村经济技术发展的水平和社会文化的状况决定的，不是为了标新立异。集镇在乡村的地位和作用要求我们在规划集镇时不能“就镇论镇”。而有限的技术力量根本不允许将规划分为过于复杂的层次。一些重要的集镇规划编制往往是由县城选派城市专业人员带领经过短期培训的规划人员互相配合开展工作，更不要说一般的村庄和集镇了。如果套用城市规划方法，只做集镇、村庄用地布局作为总体规划，批准了再开展详细规划，根本不能快速而直接指导建设，乡镇无法操作，造成不必要的技术浪费和数据误差。

1987 年调整完善规划提出前后，建设部乡村建设管理局直接抓了几个试点。例如江苏常熟的碧溪镇。早在 1986 年就对镇规划进行了调整完善。分为镇域和镇区两个层次进行了问题分析。镇域范围内的几个集镇公用设施不完善，五个行政村不通公路，主要河道淤塞，影响水上运输，工业导致农村环境污染。镇区的上一轮规划深度和细度不够，同时缺乏弹性；文化、教育、卫生、科技、体育的内容需要加强；镇区农户私人建房占 88%，而其中的 80% 都是平房，影响环境卫生和镇容。当时，显然还没有城市化的概念。

同时，各地也抓了一批试点，特别是经济相对发达的地区，对初步规划进行了调整完善。这个阶段的规划普遍重视现状问题的分析。试点镇规划通常都是由所在的县市建设管理部门协助镇政府编制。调整完善规划重点是分析镇域的问题。一是人口，包括结构和规模两方面。随着农业机械化程度和生产效率的提高，农村的剩余劳动力大量增加；而劳动力整体的文化教育水平不高，不经过严格培训，无法从事非农产业；从事第三产业的人口比重太低，农村生活很不方便。规模其实就是空间结构。行政村现有的人口规模太小，无法配置基本的公共服务；人口分布过于分散，不利于公路和自来水等设施的建设。二是产业，从农业看，耕地减少，重种轻养，使用单一化肥过多导致土壤退化；机械化程度不高，机电设备老化，排灌渠道不通畅，水利灌溉不便。从工业看，即使是乡镇范围进行统一规划，企业仍具有盲目性，存在一哄而上、一哄而下的情况。村办企业的用地严重浪费，而设备陈旧，技术力量缺乏，耗能过大，产品的质量得不到保证，造成原材料和能源浪费；更加重要的是，废水和废气不经过治理就排放，整体环境的污染加重，林业、牧业、渔业和其他副业受到影响。

村镇规划调整完善的编制办法，针对乡村居民点小而分散的特点进行了适当简化，避免了分层次太多引起的误差，适合乡村技术力量奇缺的现状。调整完善规划产生了一批优秀的实例，通过各种形式的规划评优活动表现出来。1988 年开始，在 18 个省的 35 个集镇试点规划中试行，90% 的规划员反映良好，认为它适应乡村基层的规划实际。

组织全国评优。

每两年评比一次的建设部级的优秀设计村镇规划专业组申报的项目从规划实施的角度更好地验证了村镇规划调整完善的有效性。现以三个二等奖项目为例简要说明(图 4-5)。

图 4-5　部级优秀设计评比获奖项目

例 1：浙江省湖州市南浔镇。南浔是远近闻名的水乡名镇，1984 年就编制完成了镇区的规划。经过三年的实施，镇领导发现这种以点论点的规划不能满足全镇经济社会发展提出的要求，1987 年对镇的规划进行了调整完善。调整完善工作从区域角度着手，对南浔镇行政辖区范围内的工业、农业和多种经营各产业结构与全镇人口构成、现有村镇设施水平，及其相互关系进行了详细的分析，提出镇（3 万人）、中心村（2000 人）、基层村（800 ~ 1500 人）居民点结构体系的设想。在此基础上，对镇区的建设安排做出调整，为各个具体项目地点的选择、规模和标准的确定提供了可靠的依据。南浔镇不仅具有一般镇的各项规划内容，还拥有省级重点文物保护单位小莲庄等五个园林。这为镇规划增添了新的难度。规划调整中，把建设现代集镇与保护水乡风貌有机结合起来，为小莲庄、沿河百间楼民居，以及十多座石拱桥提出了保护措施。同时，依靠这些宝贵资源发展集镇文化休闲场所和旅游景点。如果不放到更大区域范围来认识和规划南浔镇，就会造成历史性的失误。

例 2：山西省汾阳县杏花村镇。杏花村镇是著名的酒乡，年产白酒两万多吨。围绕这个主题，县建设局规划设计组认真分析了全镇行政辖区范围内的自然资源条件、人口经济情况、建筑设施水平，提出了切合实际的劳动力转移目标和相应布局调整措施。在此基础上，编制全镇域的总体规划。在总体规划指导下，对集镇的酒业发展目标进行可行性分析，找出五个不相适应的问题，逐一提出解决的办法。以此作为依据，进行镇的功能分区规划和专项规划，落实了 15 个近期建设项目，还进行了投资预算和经济承受力分析。在艺术处理方面，作者利用传统民居与新建酒楼的关系突出酒乡主题。

例 3：湖南省永顺县王村镇。王村镇位于湘西土家族苗族自治州，集镇的两边都是山，离猛洞河风景区仅 40 公里，是一个乡村旅游型集镇。1987 年一年就接待了游客 6 万多人。镇上的五里长街是古王村的精华，电影《芙蓉镇》在此拍摄后，王村镇在全国更加出名。王村镇的规划不同于一般旅游区，也不同于古建筑保护项目，更不是新镇建设规划，而是三者兼而有之。规划编制者湘西自治州建委与湖南大学建筑系两家单位紧密合作，用一气呵成的手法将集镇的总体规划、建设规划、重点项目规划一步做到位，充分体现了村镇规划设计的特点。规划方案首先保留五里长街生动丰富的线形和亲切宜人的尺度，以此为起点布置了全镇的观赏、文化娱乐、贸易、行政等不同主题的空间环境。在满足集镇服务功能的同时，向人们展示了土家族风情和湘西地方建筑传统。在利用古镇的基础上，根据游客心理，开辟环状旅游线路。从集镇码头开始，过五里街，组织联系了远寺输钟、牛角唤岩、小石林、土堡野趣等数十个景点。考虑山区镇的行政辖区范围大的特点，在镇总体规划中，考虑开发龙洞、虎洞二日游，十里岩仙三日游等线路，为镇旅游产业的健康发展打下了良好的物质基础。为了服务镇保护与旅游主题，规划中精心组织了内外交通，合理配置了基础设施，并对产业结构和用地布局进行了调整，避免了盲目性。

稳定专业技术力量。

虽然有了调整完善的基本思路，但是，编制乡镇域总体规划需要更强的调查研究和技术分析能力，专业人才缺乏的问题仍旧制约着具体工作的开展。

为使下乡从事村镇规划的技术人员稳定下来，城乡建设环境保护部决定在等级证书以外设立“村镇规划专项资质证书”（部〔1987〕城乡字第511号）。在对各地实践进行调查研究的基础上，提出了最低的资质标准：至少有2名城乡规划或者建筑学专业和3名工民建专业的初级以上技术人员；至少有1名承担过5项工程设计的中级职称技术人员担任技术负责人（可聘用离退休的或兼职的人员）；注册资金2万元以上；有固定的办公地点和必要的设备；有适时的、主要的规范、规程、标准等技术文件资料。允许持证单位从事县城以下建制镇、集镇和村庄规划设计的编制，同时对从事的建筑设计范围进行了明确的规定，例如4层以下的农民住宅，以及建筑面积1000平方米以下的混合结构民用建筑等。

1988年，为了突出集镇的作用，新组建的建设部将乡村建设管理局更名为村镇建设司。同年，建设部、中国科学技术协会联合发布了《村镇建设技术人员职称评定和晋升试行通则》，鼓励从城市下乡的和本土的技术人员长驻乡村。

但是，对于长期从事城市规划的规划师，如果不是对农村的生产生活有所体验，或者到农村做一番深入的调查研究，即使下乡也往往是将城市规划的方法用到集镇，满足于画一些用地块块，无法直接指导建设。同时，不易认识到村镇体系的整体性。另外，乡村工作生活条件都相对艰苦，城市的规划设计任务又比较饱满，因此吸引到的人才不多。根据建设部1988年统计，全国村镇建设事业机构共配备专业干部2520人，其中工程师以上职称的不满400人。就是说，平均8个县摊不上1个工程师。何况这些专业技术人员还不都在从事一线的工作。

人才是事业的关键，但是，人才的培养需要一定时间和投入，不可能在短期内从根本上解决，而建设却天天在进行，迫切需要采取应急措施。因此，鼓励城市的规划设计技术人员下乡支援乡镇的规划仍是主要渠道。经过几年的摸索，1993年，建设部明确颁发了“村镇规划设计单位专项工程设计证书”（建村〔1993〕252号），证书为规划设计技术力量下乡提供了合法化的渠道。

两年后，村镇司曾对全国情况进行了一次调查分析。共成立村镇规划设计单位533个，其中，地级48个，县级44个，乡镇级30个，其他的15个。共有专业人员4670个，平均每个单位不到9人。高级职称人员不到5%。1994年，上述单位完成村镇规划2794个、通用设计259套、建筑设计面积约363万平方米。四川、浙江、福建、新疆、江西、湖北等省区成立的较多，浙江达79个，福建也成立了64个。不少地方出现了管理不规范的问题，有的设计室人员管理混乱，有的越级设计，甚至出卖图章。

调整完善规划的作用。

据统计，至1995年底，全国78.86%的建制镇、58.97%集镇、18.44%的村庄根据乡镇域总体规划对规划进行了调整完善。至1997年底，全国累计编制镇（乡）域总体规划35261个，占乡镇总数的75.25%。调整完善建制镇规划14276个，占建制镇总数的86.34%；调整完善集镇规划20788个，占集镇总数的68.55%。累计编制村庄建设规划2596682个，占村庄总数的70.96%，已调整完善村庄规划820063个，占村庄总数的22.41%。

为了更深入了解规划情况，总结和推广经验，考虑到全国乡村规划技术力量的实际情况，建设部对试点镇规划进行了一次全面检查（建设部文件建村〔1996〕431号）。首先于1994年和1995年在全国选择确定一批试点镇，这些镇都实行镇带村体制，明确要求试点镇的规划分为乡镇行政辖区范围、镇区、镇重点地段三个层次。镇域总体规划，以县市域规划或县一级的经济社会发展计划为依据，对镇行政辖区范围内的居民点发展和建设进行的总体部署。而镇建设规划，以镇域总体规划为依据，对镇区各类用地进行合理布局，并安排各项建设。镇建设规划需要划定规划区范围，要求以《村镇规划标准》为依据计算各类用地比例构成和具体数量。这与城市规划要求是有所区别的。

1996年的检查评比是1983年以后又一次全国的村镇规划评优，共收到了25个省区市报送的方案60个（图4-6），评出一等奖1个、二等奖4个、三等奖8个、表扬奖6个，并以建设部文件的形式予以公布（建设部文件建村〔1997〕200号）。调整完善规划普遍强调了区域的和动态的观点，注重与相关规划的协调，有些还尝试了环境容量分析、弹性规模方法等，取得了可喜成果。

但是，由于客观条件限制，调整完善规划的作用是有限的，大部分规划并没有得到实施。相对于城市，一是从事乡镇规划建设管理的专业人才严重不足。十多年过去了，问题并没有从根本上缓解。据1997年统计，三分之一的乡镇未设立建设管理机构。建设助理员也很少，平均每个镇只有 1.66 个，平均每个乡只有 0.72 个。县级规划建设管理机构共配备工作人员 12818 名，其中，工程师以上专业人员不到 16%。二是经费不足。乡镇一级财政是 1980 年代中期随着改革开放的推进才开始建立的，既要完成县财政收入额度，又要养活乡镇政府，再安排生产生活建设，力不从心。

图 4-6 全国村镇规划评优部分申报项目

1996 年，全国乡镇财政决算总收入为 1242 亿元。其中，预算内收入 802 亿元，预算外收入 440 亿元。财政收入 1000 万元以上的乡镇只有 923 个，占全国乡镇财政总数的 2.1%。[①] 相当一部分乡镇财政基本上处于“等、靠、要”的状态。

4.3.3 行政与技术立法

出台《村庄和集镇规划建设管理条例》。

1993 年 5 月 7 日，国务院常务会议通过了《村庄和集镇规划建设管理条例》，并于 6 月 29 日公布，11 月 1 日施行。这是有史以来第一个针对乡村规划建设管理的行政法规。条例明确村庄是指“农村村民居住和从事各种生产的聚居点”，集镇是指乡、民族乡人民政府所在地和经县级人民政府确认由集市发展而成的作为农村一定区域经济、文化和生活服务中心的“非建制镇”。这里的“非建制镇”显然也

① 数据来源为财政部的《中国财政年鉴》。

是指居民点。条例吸纳了村镇规划 10 多年实践的成果。编制村庄、集镇规划一般分为村庄、集镇总体规划和村庄、集镇建设规划两个阶段进行。

村庄、集镇总体规划是乡级行政区域内村庄和集镇布点规划以及相应的各项建设的整体部署。村庄、集镇总体规划的主要内容包括：乡级行政区域的村庄、集镇布点，村庄和集镇的位置、性质、规模以及发展方向，村庄和集镇的交通、供水、供电、商业、绿化等生产和生活服务设施的配置。

村庄、集镇建设规划，应当在村庄、集镇总体规划指导下，具体安排村庄、集镇的各项建设。集镇建设规划的主要内容包括：住宅、乡（镇）村企业、乡（镇）村公共设施、公益事业等各项建设的用地布局、用地规划，有关的技术经济指标，近期建设工程以及重点地段建设具体安排。村庄建设规划的主要内容可以根据本地区经济发展水平，参照集镇建设规划的编制内容，主要对住宅和供水、供电、道路、绿化、环境卫生以及生产配套设施做出具体安排。

条例明确了管理权限，县级以上地方人民政府建设行政主管部门主管本行政区域的村庄、集镇规划建设管理工作。乡级人民政府负责本行政区域内的村庄、集镇规划建设管理工作。村庄、集镇规划由乡级人民政府负责组织编制，并监督实施。村庄、集镇的总体规划和集镇建设规划须经乡级人民代表大会审查同意，由乡级人民政府报县级人民政府批准。村庄建设规划须经村民会议讨论同意，由乡级人民政府报县级人民政府批准。还明确了农民建房管理程序。此后，建设部门还起草了《村镇房产管理办法》，因涉及复杂的二元体制，没有能够出台。

值得注意的是，《村庄和集镇规划建设管理条例》不适用于设立行政建制的镇。建设部专门发文，要求县以下建制镇贯彻执行城市规划法（建村字〔1995〕168 号），并于 1995 年以建设部令第 44 号印发了《建制镇规划建设管理办法》，8 月 15 日印发《关于认真贯彻〈建制镇规划建设管理办法〉的通知》。

各地根据《村庄和集镇规划建设管理条例》，出台了一大批实施办法，制定了丰富多彩的地方村镇规划建设管理规定。例如，甘肃省（省人民政府令第 24 号）、内蒙古自治区（自治区人民政府令第 82 号）等就村庄和集镇规划建设管理条例实施办法发布了人民政府令。福建省出台了《村镇建设管理条例》，在此基础上，厦门市印发了《村镇规划编制的意见》（厦建村字〔1996〕008 号）。意见明确村镇规划分为村镇体系、镇区、村庄三大块，镇区要做详细规划，试点镇要有城市设计。贵州省还就规划文本印发了《建制镇、集镇规划文本编写的参考意见》（黔建村通发〔1997〕第089号）。受城乡规划两分的影响，哈尔滨市同时出台了《建制镇规划建设管理办法》和《集镇和村屯规划建设管理办法》（市人民政府令第11号、第12号）。

发布《村镇规划标准》。

从1989年开始，在各地开展定额指标研究制订工作的基础上，建设部组织专家组起草《村镇规划标准》。1993年，建设部与国家技术监督局一起发布了第一个村镇规划国家标准。按照各居民点在居民点体系中的地位与职能，《村镇规划标准》将其分为基层村、中心村、一般镇、中心镇四个层次。按规划范围的常住人口，又分为大中小三级，所以在村镇规划中，居民点共分为十二级。

根据行政、经济与社会职能，在一个县市范围，这十二级居民点一般是齐全的，乡镇内往往没有中心镇或只有一个中心镇而没有一般镇。考虑到与城市比较，乡村居民离开所居住村镇居民点的比例和频率更高，标准明确了村镇人口预测方法，提倡使用综合分析法、劳动平衡法和产值推算法等。综合分析法把规划范围的人口分为常住人口、通勤人口和流动人口。常住人口又分为村民、居民和集体三类。村民是规划范围的农业户人口，居民则是非农业户人口，集体指单身职工和寄宿学生等；通勤人口是劳动、学习在规划范围，而居住不在规划范围的人口；流动人口是出差、探亲、旅游、赶集等临时在规划范围活动的人口。然后分别按自然增长和机械增长的方法进行计算。

参照城市规划，并结合村镇特点，标准对建设用地的控制采取分类和定量的办法。村镇建设用地分为居住建筑、公共建筑、生产建筑、仓储、对外交通、道路广场、公用工程设施、绿化、水域及其他九大类别。再在此基础上细分为二十八小类，例如公共建筑用地分为行政管理、教育机构、文体科技、医疗保健、商业金融、集贸设施等六小类。人均建设用地分为五级进行控制，最低不少于人均50平方米，最高不高于150平方米。各项建设用地的比例构成也在《村镇规划标准》中作了规定。以中心镇为例，居住30%～50%，公建12%～20%、道路广场11%～19%，绿化2%～6%。由于我国地域辽阔，用地条件很不相同，特别是随着市场经济体制的初步建立，流动人口猛增，计算时要十分注意分母的构成和多重占地的问题。第一个村镇规划国家标准的发布，为提高村镇规划质量，缓解乡村技术人员不足的问题作出了重大贡献。

与行政立法不同，作为技术立法的国家标准《村镇规划标准》适用于由乡升格的镇，即“乡改镇”，但不适用于县城和工矿镇。这既是根据城乡逐步过渡的特点提出的要求，也是一定程度上城乡规划互相妥协的结果。一些地方采取了更加灵活的做法，例如湖北省基本上沿用了村镇规划的做法，于 1996 年出台了《湖北省村镇规划技术规定》，细化了村镇规划的相关要求（鄂建〔1996〕249 号）。

自从第一次全国农村房屋建设工作会议提出村镇规划的要求，到《村庄和集镇规划建设管理条例》和《村镇规划标准》发布，花了约 12 年的时间。在这段时间里，中央政府及其相关部门出台了一系列的法律法规和政策文件，有效地推动了规划下乡运动（表 4-2）。

1981—1993 年间有关村镇规划建设管理的重要文件　　表 4-2

年度	名称	等级	编号
1981	关于制止农村建房侵占耕地的紧急通知	国务院	国发〔1981〕57 号
1982	村镇规划原则（试行）	国家建委、国家农委	〔1982〕建发农字 9 号
1982	村镇建房用地管理条例	国务院	国发〔1982〕29 号
1983	关于加强县镇规划工作的意见	城乡建设环境保护部	〔1983〕城规字 490 号
1985	集镇实行统一开发、综合建设的几点意见	城乡建设环境保护部	〔1985〕城乡字第 52 号
1985	村镇建设管理暂行规定	城乡建设环境保护部	〔1985〕城乡字第 558 号
1987	关于进一步加强集镇建设工作的意见	城乡建设环境保护部、国务院农村发展研究中心、农牧渔业部、国家科学技术委员会	〔1987〕城乡字第 611 号
1988	关于开展县域规划工作的意见	建设部、全国农业区划委员会、国家科学技术委员会、民政部	（缺）
1989	村镇建设技术人员职务评定和晋升试行通则	建设部、中国科学技术协会	（缺）
1991	关于进一步加强村镇建设工作的通知	国务院	国发〔1991〕15 号
1993	村庄和集镇规划建设管理条例	国务院	国务院令第 116 号
1993	村镇规划标准	国家技术监督局、建设部	GB 50188-1993

4.3.4 建设与土地规划的早期合作

国家加强土地管理。

最早意识到村镇规划与土地利用规划关系的并不是城市规划师而是从事农业经济研究的学者。虽然对城乡规划专业的本质是土地利用规划这一点并不熟悉，但是提出的观点是有一定道理的。村镇总体规划的对象不是某一个具体村镇，而是某个区域范围的村镇群体布局，其实质是农业劳动力和生产资料在一定土地利用范围内的组织和配置。因此，村镇布局规划是土地利用规划的重要组成部分。然而，在土地利用规划没有开展的情况下，问题并没有在操作层面展示。

1986 年 2 月，国务院第 100 次常务会议决定，组建中华人民共和国国家土地管理局，直属国务院，负责全国土地、城乡地政的统一管理工作。1986 年 6 月 25 日第六届全国人民代表大会常务委员会第十六次会议通过《中华人民共和国土地管理法》。土地管理法第十五条要求各级人民政府编制土地利用总体规划，明确地方人民政府的土地利用总体规划需经上级人民政府批准执行。同年，中共中央、国务院印发《关于加强土地管理制止乱占耕地的通知》（中发〔1986〕7 号），明确提出了编制土地利用总体规划的要求，并将城市与村镇的规划称为建设规划。要求“各地要尽快制订和完善土地利用总体规划和城市、村镇建设规划。”

1987 年，国务院办公厅印发通知，转发国家土地管理局《关于开展土地利用总体规划工作的报告》。明确“土地利用总体规划是国土规划的组成部分，是土地利用宏观的、指导性的长期规划。”将土地利用总体规划作为编制地区和专项土地利用规划以及审批土地的依据。按行政区划分为全国、省级（自治区、直辖市）、市县级三个基本层次。还可以根据需要，编制跨省或者市县的区域土地利用总体规划。一级政府一级规划，规划报上一级审批。全国土地利用纲要经国家计划委员会综合平衡后，报国务院审批。

土地利用总体规划的主要内容包括：根据土地自然特点、经济条件以及国民经济和社会发展对用地需求的长期预测，确定土地利用的目标和方向、土地利用结构和布局，对各主要用地部门的用地规模提出控制性指标，划分土地利用区域，确定实施规划的方针政策和措施。全国土地利用总体规划的主要内容包括：根据国民经济和社会发展长期计划，确定全国土地利用目标、任务和基本方针，以及各省、自治区、直辖市的土地利用方向和土地利用结构的指导性规划指标，并提出实施规划的措施和步骤。省级规划的内容与全国规划的相似。省级规划应以全国规划为依据，是全国规划在省级范围的具体化，又是市县级规划的依据。市县级规划是省级规划的具体化。要求根据上级规划要求、当地土地资源特点和社会条件，以及生产力布局、城镇体系规划，确定本市县的土地利用目标、方向和土地利用结构，主要基础设施工程的用地范围。要求规定城镇、农业、林业、特种用途等区域的土地利用原则和限制条件，作为审批土地的依据。

土地利用总体规划与城乡规划（当时还是城市规划 + 村镇规划）的矛盾逐步开始显现，对双方规划的科学性和严肃性构成严峻的考验。

划定基本农田保护区的影响。

1989 年，国家土地管理局下发《关于请抓紧编制土地利用总体规划的通知》（国土 [规] 字第 140 号）要求全国于 1991 年底完成省级土地利用总体规划编制工作，沿海各省市尽快编制县级土地利用总体规划，并将中部地区农业大省作为编制县级土地利用总体规划的重点地区。从全国工作进度安排看，1990 年为试点阶段，1991 年“边试点、边铺开”，1995 年前基本完成。

在全国开展一项新的规划同样面临着众多困难。土地管理部门决定从基本农田保护区的划定入手，得到了农业部的重视和支持。工作从小范围的试点开始，做得比较快的是湖北省荆州地区等。1989 年 5 月，国家土地管理局和农业部联合在荆州市召开了现场会。农业部副部长和国家土地管理局局长到会讲话，部署了全国面上的工作。要求各地再花半年时间进行试点，1990 年全面铺开，力争到 1991 年底全部完成。划定工作的重点放在：一是基本农田，二是国家和地方政府确定的“粮棉油、名特优新”农业商品生产基地，三是大中城市和工矿区的基本菜田，四是城市近郊区、人多地少地区和经济发达建设占地较多的地区的农田。就全国而言，重点是东中部。

1990 年 5 月 24 至 26 日，国家土地管理局和农业部联合在山东省济南市召开全国部分省（区、市）划定基本农田保护区工作座谈会，建设部村镇规划主管部门受邀参加了会议。这次济南会议就是一年来工作的经济交流。从会议的发言看，这项工作处于摸索状态，各地做法很多。对组织领导的方式、与土地利用规划的关系、标准的粗细等问题都有一些争议。国家土地管理局规划司司长在总结时并没有做出统一规定，但是明确“宜粗不宜细、尽早尽快”的原则要求。会后，两部门准备联合给国务院写报告，希望得到中央的支持。

根据上述情况，建设部村镇规划主管部门负责人提出三点建议：一是应当支持这项工作。从规划角度讲，划定基本农田保护区可以看作是土地利用总体规划的初步阶段或专项工作，涉及长远战略，各级领导必定重视。土地利用总体规划是县市域规划的组成部分，也是村镇规划的依据之一。因此，不论其粗细如何，只要经过政府批准，我们就必须遵守。二是应当争取积极参与。这项工作缺乏人力、资料、经费和经验，不可能在短期内真正做到科学合理，不少地方带有一定的随意性。如果正在执行的村镇规划确定的建设用地，被划定为基本农田保护区，会出现一个政府、两个规划的情况，基层的工作就相当为难。我们积极参与意见，提供相关资料，可以将已经批准的村镇规划作为考虑的依据，得到应有的尊重，以避免引起规划矛盾。三是在有条件的地方，最好将村镇建设规划区与基本农田保护区共同划定（后来被简称为“两区划定”）。

从各地介绍的经验看，凡是工作开展得顺利的地区，都是建设与土地部门互相商量的。浙江省政府成立了协调小组，由土地（3人）、农业（2人）、建设（2人）三部门共同组成了联合办公室。但是，土地局要求太快，村镇规划不可能跟上。因此，一方面，要在用地矛盾尖锐的地区加快调整完善村镇规划；另一方面，争取将基本农田保护区划定工作延长1～2年，同步完成两项工作。这个工作建议引起双方部领导的高度重视。

两部门共同行文。

1990年11月10日，原建设部与原国家土地管理局共同下发《关于协作搞好当前调整完善村镇规划与划定基本农田保护区工作的通知》（建村字第553号），明确“切实保护耕地和搞好村镇建设是政府两项十分重要又相互关联的工作。如何在节约土地、合理使用土地、切实保护好耕地的前提下，安排好村镇各类建设项目，为人民创造一个良好的生产、生活环境，是各级建设主管部门与土地管理部门共同目标。”

文件对具体做法提出明确意见，要求在调整完善村镇规划和划定基本农田保护区工作中，都要认真贯彻“一要吃饭、二要建设”的方针。要根据当地土地资源状况、人口增长、农业生产及建设发展的需求，从实际出发，科学合理地确定土地利用方向、目标和各类建设用地的比例，确定基本农田保护区和村镇建设用地范围。不能超越当地土地资源容量，盲目使用土地。

文件建议县（市）政府成立调整完善村镇建设规划和划定基本农田保护区工作领导小组，由村镇建设、土地管理和农业、计划等部门的负责同志参加，定期沟通情况，相互交换意见，及时协调解决工作中遇到的矛盾；没有成立领导小组的地方，村镇建设部门在调整完善村镇规划时应当吸收土地管理部门参加意见，土地管理部门在划定基本农田保护区工作中应吸收村镇建设管理部门参加意见，相互联系，相互协作，共同把工作做好。

文件明确，划定基本农田保护区时，要按土地资源数量，充分考虑村镇建设用地特别是集镇今后的合理发展，应留出必要的建设用地。对经批准的科学合理的村镇建设规划应保证按规划实施。对其中布局不合理、群众有意见或超过当地用地标准、占地过多的村镇规划，应结合划定基本农田保护区进行相应的调整完善。同时，要求在村镇规划调整完善中，认真贯彻十分珍惜和合理利用土地，切实保护耕地的基本国策。充分利用可用山坡、荒地和挖掘现有村镇建设用地潜力，严格控制占用耕地，务使建设布局紧凑合理、有利生产、方便生活。对零散的、受自然灾害威胁严重或与划定基本农田保护区确有矛盾的居民点，经乡镇政府和当地居民同意，纳入村镇规划统一考虑，经批准后逐步迁并。

最后强调，调整完善村镇规划与划定基本农田保护区工作，应统一考虑。做到统筹安排、协调发展，以适应和促进经济、社会发展的需要。有条件的地方，尽量做到同步进行，避免矛盾。经调整完善后的村镇规划必须按照规定办理审批手续。对于已经批准的村镇建设规划和划定的基本农田保护区，应保证其实施。从政府部门规划实践看，从城市规划扩展到城乡规划，村镇规划实践探索是关键环节；从土地利用总体规划扩展到国土空间规划，基本农田保护区的划定是刚性内容。因此，这个文件可以看作是最早的城乡规划与国土规划“合一”的尝试。

安徽省的灾后重建规划。

1991 年，安徽省遭受历史上特大洪涝灾害，面积最大时达 4200 多万亩，占全省耕地的 64% 以上，受灾人口 4300 多万，农村 278 万间房屋倒塌，其中 50 万户全倒。更不幸的是，水灾后又遇到严冬，受灾群众面临过冬困难。灾后重建任务十分艰巨，成为对新兴村镇规划实际能力的一次考验。总体的原则是，在生产自救方针基础上，坚持自力更生、互助互济，辅之以国家必要的救济和扶持，做到统筹规划、远近结合、因地制宜、分步实施。

安徽省水灾后重建规划主要做法归纳为四个结合：一是统筹规划与加强土地管理结合，有效节约和合理利用土地；二是在稳定农村承包制的前提下，对小块承包地进行必要的调整；三是与发展庭院经济、多种经营、乡镇企业结合；四是同建设未来的社会主义新农村结合。由于思路符合实际，保证了重建工作的顺利进行。

规划中明确重建工作具有二重性，一是救灾，二是特定条件下的村镇重组。因此，不搞简单的恢复。而是通过规划，立足当前、着眼未来，将灾民住宅建设与道路、绿化、供水、排水、文化、体育、教育、卫生等基础设施安排统一规划，做到先规划、后建设。为了实现目标，建设部村镇司组织了 6 个规划设计单位和 5 所大专院校的 500 多名师生帮助和指导灾区的规划。

在规划实施方面，同样采取“一步到位、分步建设”，即规划一步到位，实施分步进行。建设住宅时，为了将规划思路落地，建设部提出设计方案，由省建设厅选取长丰县庄墓新村、凤阳县徐家湾村、寿县九里村、颍上县鲁口孜村、六安县十里桥村和淠东村作为试点，先行一步，摸索经验后再在全省推开。

安徽省水灾后重建规划成功的经验表明，在重大考验面前，社会的广泛动员、政府部门的协调配合是非常重要的。否则，仅有一个理想的长远规划，很难产生实际的作用。安徽省的水灾后重建项目感动了世界，1995 年，即联合国“人居二大会”召开的前一年，在阿联酋的迪拜被授予全球“人居最佳范例奖”。

江苏省的“两区划定”。

在中央政府部门自上而下要求开展规划合作的同时，地方政府自下而上也提出了“两区划定”的实践思路。江苏省作为经济相对发达省份，领导高度重视基本农田保护和村镇规划建设管理工作。1993 年 12 月和 1994 年 6 月，江苏省人大分别审议通过《江苏省基本农田保护条例》和《江苏省村镇规划建设管理条例》两个地方性法规。为推动两个条例的实施，率先在全省范围开展了“两区划定”。

为了配合省人大对上述两个条例实施情况进行检查，江苏省政府组织对乡（镇）域规划和基本农田保护区划定工作进行了验收。根据江苏省人民政府提供的材料，经过一年多努力，共划定一级基本农田 7050 万亩、二级基本农田 1276 万亩，完成乡（镇）域规划 1905 个。如果能够实施“两区划定”的规划成果，人均建设用地将从 172 平方米下降为 98 平方米，全省可复垦耕地约 300 万亩。同时，可以促进农村人口和乡镇企业就近向集镇集中。

这项长达 30 年的规划，由于过度超前，引发了广泛的争议，从一个侧面反映了改革的艰巨性。为详细了解江苏的情况，1996 年 12 月 7 日—11 日，建设部时任分管村镇建设工作的部领导带队到江苏有关地市进行了实地调研。通过召开座谈会，查看规划图和统计报表，并考察一批村庄，对江苏省的“两区”划定工作进行了总结。回京后写出《关于江苏省“两区”划定工作情况的调查报告》，呈报国务院领导。

报告认为，“两区”划定有利于解决“吃饭”与建设的矛盾，协调经济发展与建设用地的关系，促进村镇体系布局趋于合理。江苏省的经验主要体现在：一是政府统一组织，人大检查监督，保证了责任的落实。二是多部门协作，两图合一图，提高了“两区”划定成果的科学性和可操作性。三是典型引路，分类指导，落实人员和经费，保障了工作的顺利进行。

江苏省的“两区”划定工作得到多位中央领导的肯定。1997 年初，国务院领导同志还分别对建设部呈报的调研报告进行批示。建设部随即发文，要求在全国推广江苏省“两区”划定工作的经验。

4.4 促进经济发展的规划

4.4.1 建设用地问题的实质

耕地占用是经济发展问题。

从中国近现代历史看，作为一个农业大国，国家和民众对耕地的重要性都有深刻的认识，耕地占用基本上属于经济发展问题，不是国家政策和规划管理问题。

自从清康熙采取鼓励生育政策后，中国人口增至4亿，而耕地却并没有相应增加，一直徘徊在9亿～12亿亩之间。19世纪后期至20世纪前半叶，中国封建制度被推翻，开始工业化，城市建设也有用地需求，虽然人口超过了5亿，但耕地总量维持在15亿亩以内。1949年，中国5.4亿人口，其中4.5亿农民，有14.7亿亩耕地，这就是中华人民共和国成立之初一个农业大国的“家底”。1952年，全国土地改革完成后，农民的生产积极性大提高，战争时撂荒的耕地得到恢复，耕地总量有所增加。1953年“查田定产”时，耕地为16.28亿亩。虽然国家建设占用了一些耕地，但是农村建设总量很少，再加上鼓励开荒、大办农场，到1957年时，全国耕地增至16.77亿亩。“大跃进”时“大办一切事业”，耕地净减约1亿亩。由于采取二元的经济社会政策，1949年后工业化的同时并没有城镇化，加上“先生产、后生活”的指导思想，城市建设总体缓慢。到1978年时，城市人口占总人口的比重只有8.6%，与1957年时大体持平。由于重工业发展战略，1950年至1965年的国家基本建设用地集中在沿海地带。因为备战备荒“三线建设”，1965年至1973年的基本建设用地转移到中西部地区特别是四川、湖北，1973年后，由于“调整整顿”，新增用地再移到沿海地区。在农业学大寨、建设大寨县期间，各地大搞农田水利基本建设，农业生产转到提高单产阶段。[①]

改革开放后，国家工作转到以经济建设为中心，城镇、工业、交通建设用地都快速增加，农民建房用地问题也引起重视。但是，由于农房大多在原有村庄建设用地范围内进行翻建，从统计数据看，全国耕地总量并没有减少。1985年的建制镇

① 国家土地管理局土地利用规划司．全国土地利用总体规划研究[M]. 北京：科学出版社，1994：8.

建设用地为1444万亩，村庄和集镇建设用地共为18864万亩，合计为20308万亩，村镇建设用地总量并没有比1978年的21163万亩增加。[①]可能是统计口径的原因，反而还略有减少。这从一个侧面说明占用耕地主要是经济建设的需要。

虽然政府先后推动规划下乡，形成了城乡规划与土地利用规划两大规划体系，但是规划对于控制建设用地的作用甚微。特别值得注意的是，在村镇规划的初始阶段，建设占用耕地是逐年下降的。村镇规划调整完善，提高水平，并增加了土地利用规划，加强了管理，建设用地却是快速增加的。1996年，建设部村镇司组织开展了全国村镇建设用地调查，解剖了东中西3省9县市村镇建设用地情况，并到其中的18个乡镇进行了实地调研。在此基础上，根据全国村镇建设统计年鉴数据，分析了1984年至1995年间村镇建设用地增长情况。调查发现，1992年以后，村镇建设用地迅速增加。这个情况在1997年土地管理部门组织的全国建设用地大检查中得到了进一步验证。可以认为，是1992年中央领导南方谈话后中国经济大发展导致建设用地增加。

城乡两分的管理困境。

在城市以外地区编制村镇规划，是乡村经济社会发展的需要，但是也受到城市规划制度设计的影响。1980年初制定的《城市规划条例》和十年后颁布的《集镇和村庄规划建设管理条例》都严格遵守了二元城乡划分，没有取得突破。《城市规划条例》将建制镇作为城市，排除在乡村之外，要求镇范围内的村庄、集镇规划的制定和实施，依照城市规划条例执行。《集镇和村庄规划建设管理条例》明显受到城市规划的影响，将村庄和集镇作为有建设控制需要的居民点，要求划定村庄、集镇规划区，而不是将它们作为自治单元和行政辖区对整个管理范围进行规划。

村庄、集镇规划区是指村庄、集镇建成区和因村庄、集镇建设及发展需要实行规划控制的区域。村庄、集镇规划区的具体范围在村庄、集镇总体规划中划定。由于经济建设为中心，城市是重中之重，各种招商引资频繁，对城市的建设活动进行控制引导成为规划的主要任务，并影响到乡村。乡村人居环境有无改善的机会，取

---

① 国家土地管理局提供的统计数字。

决于国家政治局面的稳定；乡村建设规模和速度，取决于生产力发展水平和经济繁荣程度。

事实上，通过规划控制建设用地的作用是有限的。农村改革开放后乡村建设的速度根本不可能由规划进行准确预测。大量的建设迫切需要规划的指导，初步规划一方面担心来不及编制，怕出现没有规划就开始建设的情况；另一方面担心过于粗略，难以指导建设。于是，初步规划主要解决“点”的应急问题。但是“点”的问题往往与“面”的问题难解难分。没有面上规划指导的村镇规划，编得越快，重复建设的可能越大。如果不编，问题更加严重，那就是完全自发建设，也就是乱建。

由于城乡分割，即使有技术能力的建制镇，也不需要编制镇域的村镇体系规划，只需要编制镇规划区的建设规划，无法确定所辖村庄、集镇在区域发展中的前景。有的地方在不同的管理单元，两个村庄隔了一条路、两个集镇隔了一条河，却不能一起规划，配套设施各自为政。有的村由于经济发展，实际已经不再是一个村庄，而是一个区域中心镇，却无法明确作为中心的地位。因此，规划管理上对城市规划区内外的区分，只是一个权限和责任的设置，不能完整体现城乡建设对规划管理的需求。

部门规划合作失败的原因。

虽然村镇规划和土地利用规划的初衷是希望将建设用地管理得更好，但是部门主义使得目的并没有达到。事实上，在城市总体规划建立部际联席会议审查机制之前，村镇建设工作已经建立部际形式的合作多年了。早在 1991 年，建设部领导就主动邀请劳动部综合计划司、国家工商局行政管理局市场司、全国爱国卫生运动委员会办公室、国家土地管理局规划司、国务院发展研究中心农村部、农业部农业区划司、乡镇企业司、环保能源司、交通部计划司、民政部基层政权司、国家计委资源司、水利部农业水利司等 10 多个部门组成了联席会议，不定期沟通情况，协调政策。规划合作失败的主要原因是“部门主义”作怪，国土、计划、建设都在争取更多、更大的规划权限，都热衷于审批各类规划或指标。同时存在“地方主义”，站在城市或者局部区域的立场开展规划，局部之和大于整体。

“两区”划定工作并没有在全国范围引起足够的重视。相反，有关部门组织编制的带有空间性质的规划不断增加，产生了规划类型过多、内容重叠冲突，审批流程复杂、周期过长，朝令夕改等一系列问题。即使是江苏省的“两区”划定工作，同样存在“限期完成”的问题。一些试点县（市），根据省政府 1995 年 5 号文件要求，于当年 6 月就完成了基本农田保护区划定工作，并得到市人大的审议通过。规划编制前，基础资料缺乏，调查研究的深度不够，现状分析不到位，主要问题不清楚，盲目地互相攀比发展目标和节地指标。但是，村镇建设规划区考虑的因素综合，涉及面宽，在这样的速度下，不可能同步划定。因此，是按照已定的农田保护规划来确定村镇建设规划，还是按照村镇建设的要求重新调整基本农田保护区，产生了一些矛盾。

在实施层面，“两区”划定广泛涉及迁村并点。大量的村庄合并，如果只是扩大行政村的范围，是相对容易实现的，如果是减少自然村，则需要长期的过程。促进人口和产业集中，需要对村民生产生活进行重新安排。另外，建设用地指标自上而下分解，缺乏对于具体村庄形成演变复杂过程的考虑。虽然“管用”，但是过于“专横”，导致一些地方出现上有政策、下有对策的现象。

从长远看，立法工作没有及时跟上是导致“两区”划定工作失败的根本原因。城乡规划、土地利用规划都有法律依据，全国性政策文件并没有法律保障。与此同时，技术立法也相对封闭，标准规范体系不协调。保障机制未建立，缺乏相关的配套政策和措施，规划实施阶段的部门协调机制未能建立。此外，技术平台落后。新技术大多用在城市管理、国土资源监督管理上，没有用在规划成果的整合和规划实施的动态服务上。今天看来，这与对经济发展和城镇化规律的认识不深、急于求成有关。

4.4.2 村镇体系理论的创新

农村分散居民点的适度集中。

随着农业现代化进程和生产效率的提高，扩大农业生产单位的经营规模，进而进行布局的调整，扩大居民点规模，是全球范围不同政治、经济制度国家曾经出现的普遍现象。美国因为小农场的经营效果不好，将其并入大农场，在 1940—1950 年间，农村居民点减少了 70 万个；联邦德国在 1970 年代将独立行政区从 24182 个合并为 8500 个；苏联重视区域规划，1980 年代提出将 70 万个村庄合并为 11.4 万个，大约 6 个合并为 1 个；法国从 1955—1970 年代末，全国农场从 300 万个合并为 120 万个，甚至提出进一步合并成 60 万个。罗马尼亚也提出在 1975—2000 年间将 13000 个乡村合并为 2706 个小城镇。[①]

从节约用地和合理用地的角度看，我国的耕地总量和人均数量都十分有限，因此，国家采取了极为严格的耕地保护政策，要求全国耕地要做到动态平衡，建设用地要在内涵发展。这虽然是土地管理部门的主要工作，但是与建设部门关系十分密切。因为耕地总量动态平衡难以在一个很小的范围内实现，建设用地内涵发展不是指所有现状居民点都保持原样，而要实现耕地保护目标，离不开城市与村镇规划指导下的分散居民点布局调整。村镇规划产生于制止农民建房乱占耕地，可以认为，节约用地是村镇规划最为重要的目标。由于耕地浪费与分散布局密不可分，实现节约用地目标的手段主要是根据农民的意愿、自然环境条件、经济社会发展情况、交通通信改善程度等因素，通过村镇规划，鼓励有条件的地方适度集中发展一批中心村和集镇，紧凑建设。

但是，中国实行二元经济社会政策，并不能做到大规模地合并村庄。发达工业化和市场经济国家的农业已经成为农业工业，实行计划经济的社会主义国家有大量土地和更大的农业生产经营规模，这与我国的国情不符，与正在发展的生产承包责任制政策同样是相违背的。加上经济条件根本不允许，绝大多数农民有浓重的乡土观念，将自家长期居住的宅基地视作命根子。按照计划经济思路提出的理想居民点等级和规模体系不适应现实中国农村的变迁。需要注意的是，这与后来搞有计划的商品经济，进一步发展为社会主义市场经济条件下提出的发展小城镇也是不同的思路。

---

① 数据来源于叶舜赞，孙俊杰．为实现农村现代化开展农村居民点地理研究 [Z]. 中国科学院地理研究所，1979；以及冯华，杜白操，王振萼．国外村镇建设资料集 [Z]. 中国建筑技术研究院，1985.

村镇是互相联系的有机整体。

贫穷不是社会主义，以经济建设为中心，改革开放之初的重大政策调整既为村镇规划的实践提供了机会，也设置了“天花板”，那就是必须促进经济的发展。安排具体建设项目是村镇规划的首要任务，这些具体建设项目的科学合理布局经历了从居民点到行政区的演变。村镇体系理论在这个转变过程中起到了关键的作用，为村镇规划从相对单一的经济发展目标转向人本的综合目标打下了基础。

《村镇规划讲义》指出，在一个乡村基层政府管辖范围内，有许多规模大小不等的村庄和若干集镇，它们形式上是分散的个体，实质上是互相联系的有机整体，其职能作用与设施配置各不相同，在生产生活、文化教育以及服务贸易各方面形成协调的结构体系，即基层村—中心村—集镇的群体系统。即使是在农业生产的情况下，这种乡村居民点之间的联系也是客观存在的。一般情况下，农民在村庄从事农业、副业生产，到附近的集镇寻求产前、产中、产后的服务。日常生活中，孩子读小学、看小病、买些简单的日用品，就到规模较大的村庄解决，再高一层次，如读中学、看大病、买高档商品、看电影等，还是要到集镇。

乡村集镇，根据地区经济发展需要和地理特点以及交通运输条件，在它所联系的区域内起着核心作用，它是乡村一定区域范围内政治经济文化服务的中心。还有一些集镇成为更大范围的中心。例如江苏无锡县，分为6个“片”，每个片包括5 ~ 7个公社，人口12万~ 15万人，每“片”有一个集镇是重点，是几个集镇的中心，重点集镇的距离约为15华里，人口规模达6000 ~ 8000人，非农业人口占一半。根据山东、湖北的调查，都有重点集镇，约占全县集镇数的20%。因此，规划中需要发挥不同等级乡村中心的作用。

农村中心不仅是集镇经济发展问题。农村中心是多方面的、多层次的。例如，商业网点的建设，对于普通农村家庭日常所需要的食品、日用品供应等，农户在住宅内用一个很小的空间就能够解决，不一定需要进镇。还有的采取流动服务的办法，例如为老年人和病人上门送药品和理发等。只有建立服务内容、服务方式和服务对象的概念，才能在空间上正确理解不同农村中心发挥的作用，而不是想当然地根据经济发展的用地需要简单地进行合并。

基本生产生活单元的初步认识。

村镇体系理论是建立在乡村生产生活基本单元基础上的。单个村庄的规模太小，不能适应现代农村生产生活的最基本要求，对集镇形成了依赖。一个小城市，或者一个大中城市的某个社区所发挥的居住、劳作、娱乐、买卖等功能只有在村与镇共同构成的群体网络中才能体现。只有加强镇与村联系，在乡镇范围统一考虑公共建筑和基础设施配置，由镇带动周围村庄共同发展，人口适当向集镇上集中，才能综合改善乡村人居环境，避免浪费，推动农村经济社会全面进步。正是通过 5 年多村镇初步规划的实践，规划人员在调查研究中逐步认识到了“以点论点”的局限性。

更重要的是，由于农村商品经济的发展和乡镇企业的崛起，镇与村的相关性较之前农业文明的条件下大为增加。调整完善规划实际上就是要求处理好集镇与周围村庄的关系。村镇规划在实践的基础上提出了村镇体系的观点，并将此作为乡镇域总体规划的理论依据，确实是一个创举。①

人民公社时期的公社规划希望通过政治挂帅把人们的生产生活行为集体化，而改革开放初期的村镇规划聚焦于对经济发展的促进。以乡镇域作为一个空间单元进行规划，对乡村的生产生活从多元的社会文化意义上进行重新认识。村镇体系规律的发现，逐步成为规划界的共识。争议的只是名称，有的主张叫乡镇域总体规划，这时的村庄相当于居住区和农业生产的单元；有的担心与城市总体规划混淆，认为叫乡镇域村镇体系布局规划更加合适。②

不论如何，编制乡镇域总体规划，适合当时经济社会发展阶段的情况，即乡村居民主要在本乡镇从业，建设资金大部分由集体和个人筹措，便于以乡镇为单元开展日常管理，同时，为“一级政府一级规划”做了重要准备，有利于把县（市）域范围规划提出的要求分解落实到乡镇。

---

① 高承增．十年来村镇建设的学术研究 [J]．建筑学报，1989（12）：23-26.

② 事实上，后来的城市总体规划，也要求包括市行政辖区范围的城镇体系规划。两者的区别只是空间层次的大小，在名称上就趋同了。

5 转型升级中的乡村规划

从社会转型的角度，对具有城乡两重性质的小城镇规划、特色小镇相关问题进行全面的讨论，深入分析乡村—城市转型、城市化变成中国式的城镇化，特别是小城镇作为经济社会发展大战略过程中乡村规划面临的众多问题。事实上，关于小城镇的不同理解是小城镇发展战略争议不断的主要原因，需要对镇的功能进行更为客观的定位。

5.1 城市化成为城镇化

5.1.1 镇被赋予特殊意义

对城市化规律的认识迟缓。

早在1945年，中共最高领导人在论及土地问题时就预言，“农民——这是中国工人的前身。将来还要有几千万农民进入城市，进入工厂。如果中国需要建设强大的民族工业，建设很多近代的大城市，就要有一个变农村人口为城市人口的长过程。”[①] “一五计划”时期，因156个重点建设项目的推动，太原、包头、兰州等

① 引自“论联合政府”，毛泽东选集：第三卷 [M]. 北京：人民出版社，1991：1077.

城市发展迅速，成为新兴的工业城市。但是，由于国际形势的变幻，“备战备荒”、控制大城市、发展小城镇、搞“三线建设”，成为工业和城市发展的指导思想，于是，一批工业进山、入洞，工业化与城市化脱钩。

从国际社会的普遍经验看，工业化必定伴随城市化。学术界普遍将城市人口占总人口的比重从 30%上升到 70%的阶段称为“快速城市化过程”，即诺思姆曲线的第二个阶段。快速城市化过程中有一个非常实际的问题，就是大量的农村人口必须转变为城市人口。农村人口进入城市后，他们的居住环境形态必然发生根本性的变化，相应的住房和社会服务设施供给的途径和管理方式必须跟进。因此，快速城市化可以看作是经济社会转型升级的主要推动力和表现形式。

然而，中国的农业文明十分发达、持续时间很长，对于城市化问题的认识，可以说要比世界上其他地方更加纠结，许多决策者对城市化这个客观事实一直没有正视。对比起工业化，中国的城市化进程显得特别得滞缓。由于二元经济社会制度的影响，快速城市化过程受到了人为的阻碍，始终面临着犹豫的政策选择。对城市化问题长期认识不清，导致一系列政策上的不确定。

从 1950 至 1990 年的 40 年中，世界城市人口每年提高 0.57 个百分点，而中国共提高 1.52 个百分点。与经济发展水平相似的发展中国家相比，显得更慢。[①] 到 20 世纪 80 年代末，我国大城市的流动人口有的已高达常住人口的 10% ~ 15%，滞留时间也不断延长，而且主要目的是就业，主要来源地是传统农村。[②] 但是，“严格控制大城市规模，合理发展中等城市和小城市”，仍然写入了 1989 年版的《城市规划法》。在农村地区，即使农民已经在乡镇企业从事稳定的工作，也不能视为工人，仍以农民的生活方式居住。在相关统计中，也反映不出城市人口的增长。而且，中国的城市化主要靠的是城市地域扩大（县改区、县改市、乡改镇）包括进来的农村人口而实现的。

受国务院农村发展研究中心委托，中国社会科学院农村发展研究所和中国建筑技术发展中心村镇所曾联合开展《农村乡镇发展研究》，探讨特定中国社会宏观背

① 王育坤，等．中国：世纪之交的城市发展 [M]. 沈阳：辽宁人民出版社，1992：11–12.

② 李梦白，胡欣，等．流动人口对大城市发展的影响及对策 [M]. 北京：经济日报出版社，1991：7–12.

景下到 2000 年农村城市化进程中的乡镇发展规律。认为二元体制下的城市化将以双轨并进形式体现出来，即已设立市建制的城市系统和以农民为主体的乡镇居民点体系。后者表现为规模很小、数量众多、效益不好、质量不高，并将由此构成乡村城市化基本格局，提出适度集中政策，形成城、镇、乡一体化发展的互助链条。①该研究报告预判，二元结构的长期存在将导致进入 21 世纪时中国的城乡关系更加紧张，届时矛盾冲突的和解或将付出更大的代价。遗憾的是，这类研究并没有产生重大的政策影响。

城市化与城镇化之争。

1998 年，中国经济进入新的发展阶段，迫切需要扩大市场规模和消费需求。乡村—城市的社会转型升级，成为学术界、政府和社会共同关心的议题。1999 年底，我国城镇人口达到 3.89 亿，占总人口的 30.9%。1990 至 1999 年间，小城镇人口增长 26%，对全国城镇化水平的贡献达 70%。② 客观上，世纪之交的中国正处在快速城市化过程之中，城市建设总量很大，人们关于城市生活的不同想法魔法般地转变为丰富的地表实物形态。在基础设施和居住环境不断改善的同时，也产生了一定的混乱甚至破坏。可以认为，经济和社会发展已经无法回避城市化问题，于是，城市化成了城镇化。

建筑不同于积木，既成难以更改，否则浪费很大，也给人们的日常生活带来不便。因此，正确的指导思想十分重要。在实现“中国梦”和“两个一百年”奋斗目标的过程中，城市化是个必须认清的大问题。2000 年，一向重视城市工作的建设部组织召开了著名专家学者参加的“中国城市化与城市发展战略座谈会”，部主要领导到会听取意见并讲话。城市规划司整理了《影响我国城市化的若干重要问题》一文送领导参阅，相关学者提出了自己的观点。此时，大家普遍认识到，城市化是经济社会发展的产物，城市化的健康发展，有利于促进国内市场发育、扩大内需，有利于增加就业机会、转移农村富余劳动力、提高农业集约化水平、

① 《农村乡镇发展研究》课题组．乡镇发展：独特的历史难题与严峻的现实抉择——2000 年中国农村乡镇发展研究报告 [Z]. 1987.

② 数据来源于建设部的统计。

增加农民的收入，有利于缓解国民经济社会发展中的深层次矛盾，实现第三步战略目标。

有趣的是，关于城市规模的争议再次进入新的高潮，并逐步形成了小城市重点论、城乡一体化论、大城市重点论、中等城市重点论、大中小城市合理结构论等几个方面不同的观点。本来，在国际上就是一个 urbanization，可以译为中文的城市化或者城镇化，两者并无实质区别。但是在中文中，城市化成了发展大中城市为主，城镇化成了发展小城镇为主，在规模意义上，它们被赋予了不同的含义。[①]

21 世纪来临之际，城市化和城镇化问题引发了广泛的讨论。国家计委、建设部与世界银行共同在北京举办了“中国城市化战略研讨会”。清华大学新成立的当代中国研究中心和公共管理学院社会政策研究所与中国人民大学法律社会学研究所以“法律与社会”作议题，邀请吴良镛、李强、郑也夫等学者撰写文章，讨论中国的城市化。此外，新闻媒体也发表一系列专稿。例如，人民日报发表文章，对“城市化热”进行冷思考，经济日报组织了关于小城镇和城市化的对话，认为小城镇是“一个牵动力强的结合部”“一个时机成熟的突破口”。[②] 中国经济时报的“新视点”专栏发表了“什么样的城市化”文章，对小城镇化还是常规城市化、建置“城市化”还是人口城市化、政府抓还是市场育等问题进行了讨论。[③]

小城镇的特殊含义。

需要注意的是，小城镇的提法，同样具有明显的中国特色。对小城镇的界定也有争议。搞清楚什么是小城镇是理解与小城镇发展有关问题的基础。必须首先明确，中文的小城镇是城乡二元经济社会制度下的特殊产物。现在我们谈论的小城镇，与发达国家的“规模较小的城镇”有所不同，与新中国之前的“集镇”也

---

① 有学者认为，城市化对应的英文概念叫作 urbanization。城镇化，在英文中没有对应的概念，如果一定要翻译成英文，就很可能被人认为是中式英文，用所谓信译，翻译成 townization 或 townshipnization。这与 urbanization 的概念有实际区别，因为 urban 主要指的是城市，城市另外一个概念叫 city，纯粹指的是“市区”的概念。参阅温铁军，城乡融合的中国路径，人民日报客户端，四川频道 2020-12-30.

② 以记者艾丰与国家计委经济研究所所长刘福垣对话的形式发表。

③ 王远征 . 什么样的城市化 . 中国经济时报“新视点”专栏 [Z]. 2000.

有所不同。

一方面，小城镇在不同时期、不同地区指的不一定是同样的东西。例如，在20世纪50—60年代，小城镇就是小城市。1955年，国家基本建设委员会在关于工业布局和城市建设的座谈会上，就讨论了“发展小城市，不发展大城市”的问题，这时的小城市指建制镇，而这时的建制镇是县城和工矿区。国家领导人在1959年《红旗》第五期上发表文章，主张“多数企业应当适当分散地建设在中小城镇或者有矿产资源的地方”。1964年，中共主要领导在一次接见外宾时曾谈到城市规模问题，认为，“城市太大了不好”，主张“多搞小城镇”，并明确，还是搞“小城市的方针”。[①] 另一方面，对于不同部门和行业的专家，可能使用不同的文字指同一个事物。从事城市工作的专家大多将小城市与小城镇等同，从事政策研究的专家通常将小城镇称为“镇”， 例如，建设部政策研究中心负责人曾建议“要十分重视镇的建设”，这里的镇“绝大多数是公社所在地，少数是非公社所在地”，从事乡村工作的专家大多将镇看作集镇。

根据全球的一般规律和我国的基本国情，一些学者提出农村居民点向小城镇集中的建议，可以看作在中国推进乡村城镇化思想的开端。党的十一届四中全会通过的《中共中央关于加快农业发展若干问题的决定》中已经明确要求，“全国现有两千多个县的县城，县以下经济比较发达的集镇或公社所在地首先要加强规划，根据经济发展的需要和可能，逐步加强建设。有计划地发展小城镇”。1981年底，国务院领导讲，“我们不能搞美国的办法，不能大量进城办工业。我们要搞小城镇，包括农民建房，要有规划、有领导地进行。搞小城镇，靠国家投资不行，要靠农民自己积累”。[②] 这里的小城镇显然是农村集镇。因此，虽然大家都在谈论小城镇，实际含义并不完全一样，心里想的未必是同一个对象。

最大的问题是误以为古今中外都有一个同样概念的小城镇。事实上，只有当小城镇作为较小规模的城镇时，在具体的时空范围才有进行比较的可能。在当今中国，小城镇有其特殊的含义。仅从字面上理解，小城镇就有几种不同的认识。一是认为

① 王凡.论小城市的理性和生命力.在广西小城市建设和发展座谈会上的讲话[Z]. 1989.

② 1981年12月14日上午，国务院领导听取国家建委、国家农委汇报时的讲话记录。

小城镇指小城市和建制镇，即“小城”加“镇”。二是认为小城镇就是建制镇，即规模较小的城市性质的镇。三是认为小城镇包括建制镇和集镇。因为1984年调整了设镇的标准，建制镇的主体由此前的县城和工矿镇，转变为实行镇管村体制的“乡改镇”，建制镇数量从1983年的2786个发展到1990年的11733个和1999年的19344个。乡集镇数量则由于镇建制的增加逐步减少，从1983年的41273个减少到1990年的36537个和1999年的不到30000个。

与此同时，产生了一批“县改市”，市又管着乡镇。由于一些县城发展为城市建制，县城数量从1983年的2080个减少为1990年的1903个和1999年的1682个。这就使得镇和乡之间、县与市之间有一定的逻辑联系。最宽泛的理解，小城镇是指较小的城市市区、建制镇的镇区、各种类型的集镇。这些不同的观点，反映的是不同领域的专家对于小城镇发展重点有不同的看法，并不是学术上关于小城镇的定义。

尽管如此，在一定的地区和时段，小城镇区别于大中城市和村庄则是无疑的。

小城镇发展引发的争议。

最早小城镇作为问题提出的是社会学家费孝通，他主张将中国的居民点分为城、镇、村三类，对应于传统中国社会（特别是苏南地区）人们普遍接受的说法，居民也分为“城里人”“街上人”“乡下人”。从社会学的角度，他给小城镇下的定义是，“一种正在从乡村性的社区变成多种产业并存的向着现代化城市转变中的过渡性社区”。① 不管小城镇定义是狭义的，还是广义的，对于是否要发展小城镇，一直有争议。1983年，中共主要领导在费孝通著作《小城镇 大问题》一文上批示，“不可能有一致的看法，更不可能拿出一套正确的措施”，要求“不必急忙作决策，用简单的行政手段推行”，并进一步指出，“凡属不成熟的事硬着头皮去干，事情必然成不了功”。②

20世纪80年代后期开始，随着工业化和城市化加速，在人地关系高度紧张的

① 费孝通．论中国小城镇的发展 [J]. 中国农村经济，1996（3）：3–5.

② 费孝通．小城镇四记 [M]. 北京：新华出版社，1984.

国情条件制约下形成的中国农村经济发展中的深层次矛盾和问题逐步显露。农民增收放慢，农村就业压力增大，城乡收入差距不断扩大。城乡居民收入之比 1978 年为 1∶2.33，1984 年缩小到 1∶1.71，但是 1994 年又扩大到 1∶2.63，甚至超过了改革开放之初的水平。① 农业成本上升和农产品供需关系改变促使农民进入乡镇企业，但是，乡镇企业吸纳劳动力的能力下降，农村内部无法解决农村就业问题，城市化无法避免。

然而，我国城市改革相对滞后，大批城市青年同样面临就业压力。有进城意愿的农民被政策挤压在小城镇上。问题在于，劳动力的整体素质进一步限制了就业选择，小城镇的规模经济效益不高，影响第三产业的发展，导致耕地不断减少，就业人口却无法吸纳，用地扩张与经济提升之间无法建立正相关。结果是小城镇开发建设遍地开花，所有的问题还是老样子。

关于小城镇的讨论形成了一些共识。一是普遍认为，小城镇在中国城市化道路中有独特的地位，需要客观分析小城镇对于农村经济社会的推动和促进作用。至 1994 年，乡镇企业吸纳了 1.1 亿农村劳动力，但是还有 1.2 亿农村剩余劳动力需要就业，并且每年以 1000 万的速度递增。与此同时，农村可耕地不足，乡镇企业布局过于分散。人口向大城市流动引起了一系列社会问题。二是认识到小城镇发展面临一系列政策性的障碍。经济与财税管理体制、户籍制度、土地管理制度、社会保障体制和硬件环境、技术手段等都与定位不相适应。三是需要处理好政府作用与市场机制的关系，政府直接推动此事风险太大，因此，部门的积极性不高，只能通过试点摸索经验。

小城镇成为大战略。

虽然如此，在中央明确提出小城镇发展战略之前，有关部门就开始了以小城镇为重点的规划建设实践探索。原国家体改委、建设部是最早的部门。1993 年，建设部在苏州召开村镇建设工作会议，会议提出以小城镇为重点带动村镇建设的思路。

① 温铁军．中国小城镇发展中的农村产权制度问题 [Z]. 农村小城镇建设用地制度改革研讨会论文，1997.

1994 年，建设部等六部委发出了《关于加强小城镇建设的若干意见》。1995 年，国家体改委等十一个部门选取 57 个镇作试点，提出《小城镇综合改革试点指导意见》。同年，国家体改委与世界银行、建设部、瑞士政府和中国农业银行联合在北京新大都饭店召开了有史以来首次中国农村小城镇发展问题高级研讨会，学术界、企业界、金融界和地方政府官员参会。费孝通等一批知名学者与建设部、农业银行、公安部、民政部、国家计委的高级别官员在会上发表了演讲，参会代表还分为技术组和体制组进行了广泛的讨论，小城镇问题的热度被推到一个前所未有的高度，成为社会关注的热点。

1997 年，国务院批转了公安部《小城镇户籍管理制度改革试点方案》和《关于完善农村户籍管理制度意见》（国发〔1997〕20 号），建设部命名了 17 个全国小城镇建设示范镇（建村〔1997〕201 号）。与此同时，地方政府对推动小城镇发展的积极性也大大提高，不少省市出台了当地的政策。例如，甘肃省人民政府“关于加强小城镇建设的通知”（甘政发〔1997〕92 号）中提出，甘肃省作为西部的省份，通过吸纳农村务工经商人员，小城镇人口要逐步达到万人以上或占乡镇域总人口的 40% 以上。

在传统乡村地域范围内进行的改革，大大加快了非农化和城市化的过程，迫切需要落实空间载体，作为“城市之尾、乡村之首”的农村集镇，引起了各方面的关注。在各地区和相关部门积极实践的基础上，特别是费孝通等学者的推动下，全社会特别是领导部门对“小城镇、大问题”的认识提高了。农村就业压力和增收困难的客观形势，加上洪涝灾害的影响，发展小城镇，终于成了国家的大战略。

世纪之交，中共十五届三中全会通过的《关于农业和农村工作若干重大问题的决定》中指出，“发展小城镇，是带动农村经济和社会发展的一个大战略，有利于乡镇企业相对集中，更大规模地转移农业富余劳动力，避免向大城市盲目流动，有利于提高农民素质，改善生活质量，也有利于扩大内需，推动国民经济更快增长”。同时，中央担心小城镇建设遍地开花，鼓励将部分小城镇作为政策对象重点培育，以促进城镇化的健康发展。同年的政府工作报告也将发展小城镇作为重点工作之一，明确要求，“要抓好小城镇户籍管理制度改革的试点，制定支持小城镇发展的投资、土地、房地产等政策。”“要科学规划，合理布局，注意节约用地和保护生态环境，避免一哄而起。”随后，中共中央、国务院下发《关于促进小城镇健康发展的若干意见》，将小城镇发展作为实现我国农村现代化的必由之路。

5.1.2 小城镇战略的历史根源

农村发展的倒逼之举。

有的研究人员仅从人口和用地的规模出发，将小城镇问题追溯到古代，或者与不同社会制度国家的小城镇进行比较，其实是十分勉强的，甚至是危险的。这类比较研究，可能只是在物质环境的风貌和艺术品位方面有点参考作用。小城镇发展战略，必须放到新中国成立后选择的社会主义发展道路来认识，实际上是被二元制度下的农村发展到一定阶段倒逼出来的无奈之举。

土地改革取得成功后，互助组、合作社等运动使我国的生产力得到解放，农村经济逐步从战争创伤中苏醒，集镇日益繁荣。但是，由于部分农民的生产生活呈现“中农化”倾向和“两极分化”，围绕农村去向出现激烈争论。粮食统购统销政策导致集镇上的米市粮行很快消失，私营工商业改造后集镇日趋冷落。人民公社化运动中撤区并乡、政社合一，逐步形成了一个公社一个集镇的体制。

1964 年后，国家实行了更加严格的城乡户籍管理制度，城市与农村实际上形成了两个社会。1978 年后的改革开放，虽然打破了人民公社制度，适度恢复了农民及其集体经济的自主性，市场机制开始发挥一定的作用，但是城乡二元的经济社会结构，导致我国的城市化长期滞后，服务业发育严重不足，农村富余劳动力无法及时转移到非农岗位，实际的失业和隐性失业相当严重。

对比起包干，乡镇企业对于农村发展方向的影响更是革命性的。包干只不过是农业生产方式的变化，而乡镇企业是非农产业的发展。正是乡镇企业导致农民就业和生活行为模式的变化，使得“农村”变成了“乡村”。进入乡镇企业工作的农民，其身份是企业职工或工厂工人。虽然没有城市工厂工人那么高的社会地位，也比一直从事农业生产的劳动力有更多的收入和技能训练机会，让农村青年心向往之。由于国家对于打破城乡二元经济社会结构一直持十分谨慎的态度，乡镇企业成为在夹缝中谋生存的唯一机会。

一方面，相对高的收入和现代生活方式的吸引使得农村劳动者特别是青年人向非农产业转移势不可挡。另一方面，户籍制度和相对高的就业门槛将他们挡在了现有城市之外。即使进城务工的农民工，也不能成为真正意义上的市民。由于乡镇企业异军突起，压力下形成的农村工业化势不可挡，乡村城市化只能成为政策的被动选择。“离土不离乡、进厂不进城”，说是“农民的创造”，实际上是没有办法的办法。

设镇标准变化引起数量大增。

由于居民点层次的高低与城市户口拥有者的比例成正相关，于是，城市规模在我国也在很大程度上和很长时间内与生活质量的好坏相联系。1989 年人大通过的《中华人民共和国城市规划法》沿用了 1984 年国务院颁布的《城市规划条例》对城市的定义。城市指国家按行政建制设立的直辖市、市、镇。[①] 设市城市的大小规模虽然亦有很大差别，但是作为城市性质的规定一直没有争议。镇，作为区别于城市和乡村的一种客观上存在的社区，究竟归于何方，人们争论了很久，费了不少口舌，可见城乡二元制度的深厚根子。

1963年出台的建制镇的设立标准是按聚居人口数量和构成两项指标来划分的。其核心内容是，镇区内聚居人口规模 3000 人以上，其中非农业人口（按国家供应商品粮人口）占 70% 以上。同时规定，乡和镇的政府并存于一地，实行镇只管理镇区而不管理镇以外村庄的体制。

为了适应农村改革的需要，1984 年 11 月，民政部调整了设镇的标准。其主要内容是，总人口在 2 万以下的乡，镇区的非农业人口超过 2000 人；总人口在 2 万人以上的乡，镇区的非农业人口占全乡总人口的 10% 以上。而且，不少地方在实际操作中，非农业人口的概念扩展为包括自理口粮、进镇务工、经商、搞运输和服务的农村户口者。同时，拆乡、建镇，实行镇管村的体制，改变了乡镇政府并存于一地的现象。之后，建制镇不仅数量上快速增长，构成上以乡改镇、实行镇管村的

---

① 条例中尚有“未设镇的县城”，至 1989 年已经无此情况。

体制为主。

这个重大的标准与体制变革，既促进了农村经济社会的发展，同时加强了镇区的建设，有利于打破城乡分割的局面。可是，它们仍旧没有摆脱城乡二元制度的影响。从统计上看，由于法律规定镇属于城市范畴，镇的数量增加，就是城市数量增加，城镇化速度加快。但是，镇不可能在一夜之间变为城市。建制镇实行镇管村的体制，与传统的乡比较，都属于县以下同一级别的行政管理单元，乡人民政府所在地的集镇与建制镇的镇区，都是辖区范围内行政、经济、文化教育中心，不论其职能作用、人口构成、产业结构、建设标准和发展条件等方面，仍非常相似。它们仅在同一区域内不同的发展阶段上有一定的分别。

“撤乡改镇”，虽然名称变了，但是在不同地域，镇在经济实力、社会结构、空间形态等方面差别很大。在人口、产业和空间等方面，有的与相邻城市联系密切，有的与周围的农村地区紧密相连；从人口规模上看，有的达几十万，有的只有三五千；从土地所有制结构上看，有国有土地，更多的属于农村集体土地；从产业角度讲，有的是工业企业带动，有的是农业产业化的龙头企业带动，有的是商贸旅游服务业带动，有的是面向广大农村的农业服务业带动，各具特色，而且多数镇的产业是为农业服务为主的。一些内地的建制镇可能连沿海地区的中心村都不如。所以人们说：“建了镇，不见镇”。但是，政府部门和研究人员自觉不自觉地将建制镇作为城市，全然不考虑它所辖的村庄如何。从反面看，情况也很类似。经济发达地区，尤其中部一些新发展起来的地区，一些集镇已经随着产业结构的非农化进程，具备了建设小城镇的能力。但是人们仍旧把它们当作农村，在用地等核心问题上没有按照城镇管理严格要求，使得一些集镇的扩展实际上是农村的堆积。①

建设成就的鼓励。

“农村改革取得的一个人们未曾预料到的收获，就是乡镇企业的崛起。”“随着乡镇企业的发展，兴起了一大批小城镇。这是在建设中国特色社会主义进程中产

① 何兴华. 中国人居环境的二元特性 [J]. 城市规划，1998（2）：38-41.

生的一个新事物，在我国经济社会发展中具有重要的战略地位。”[①]

1997年，全国乡镇企业总产值达到8万多亿元。由于乡镇企业发展到一定阶段，需要集中解决运输、供水、供热等服务问题，形成了建设市场，才出现了小城镇建设的迅速发展。

据建设部的统计资料，至1997年底，全国建制镇共有2852.17万户，10440.39万人；集镇住户1528.19万户，人口5992.76万人。建制镇实有住宅总建筑面积为21.82亿平方米，人均建筑面积21.52平方米，人均居住面积12.99平方米，分别比1978年增加7.96平方米和4.89平方米。全国有小城镇文化站、影剧院和图书馆共约5万个，医院和卫生所约5万个，集市约6.5万个。小城镇实有公共建筑总面积12.31亿平方米，人均7.51平方米。建有供水设施的小城镇达2.77万个，82.76%的建制镇、50.83%的集镇用上了自来水；99.58%的建制镇、97.67%的集镇通了电，电话达到了每百人3部。

1990年至1997年，小城镇建设投资总额5765.19亿元，其中住宅建设投资2628.12亿元，公共建筑投资1326.81亿元，生产性建筑投资1135.84亿元，公用设施建设投资674.42亿元。小城镇累计新建住宅10.83亿平方米，其中建制镇的住宅建设量为6.5亿平方米。小城镇累计新建水厂2.35万个，日供水能力达2714万吨。

各地的情况差别很大。江苏省是小城镇概念的发源地，有社队办企业基础上发展起来的乡镇企业作为支撑。1989年至1998年间用于小城镇建设的资金累计达1417亿元，主要来自乡镇集体经济。部试点城市张家港的22个乡镇的年产值都超过了20亿元，为当地的小城镇建设提供了雄厚的财力保障。同样处于东部地区的山东省，推动小城镇建设是从建设体制、投资体制、社会保障体制，以及建设用地制度和户籍制度入手的。政府动员城市开发公司到乡镇搞开发建设，积极鼓励有条件的乡镇成立村镇房地产综合开发公司。到1998年，全省有村镇房地产综合开发公司200多家。政府统一管理村镇建设用地和农民承包土地，对工业、商业、住

---

① 中共中央党史研究室．中国共产党的九十年[M]．北京：中共党史出版社，党建读物出版社，2016：718.

宅等用地，采取不同地价政策，并鼓励在小城镇上务工经商的农民退出承包地，允许异地转包、出租转让和投资合作开发。还可以按照级差收益折成一定的比例，调换成小城镇规划区内的用地，用作居住和经营。与之相配套，提出以居住地划分的城乡一体化的户籍登记制度，并区分为城镇户口、地方城镇户口、企业户口、在城镇居住的农村户口。

移民建镇的探索。

1998 年，中国经济发展遇到重大挑战，农民增收与城市大量下岗职工就业都面临问题。同年，长江中下游地区发生了严重洪涝灾害，中央决定把“平垸行洪、退田还湖、移民建镇”作为根治水患的措施之一。先后下达 4 期计划，投资 101 亿元，移民 62 万户、240 万人。根据国务院的总体部署，建设部负责指导村镇的规划与房屋的建设工作。为做好这项工作，建设部成立领导机构，设立了办公室，迅速提出重建村镇的规划建设工作的思路，妥善解决灾民过冬问题，同时决不搞简单的“原址原样恢复”，而采取“规划设计一步到位、建设施工分步进行”的做法，把新居民点建设与根治水患、平垸行洪蓄洪相结合。移民建镇任务中的“镇”属于新镇，这对小城镇规划建设管理提出了全新的要求。

为缓解技术能力严重不足和时间紧迫带来的困难，有的组织省内规划设计单位进行对口支援；有的聘请外省规划设计专家进行技术咨询；还有的组织大专院校师生赴灾区通过社会实践提供支持。为解决传统农村房屋式样单调、抗灾能力差的问题，各地尽量在短时间内为灾民建房提供设计。有的组织建筑设计单位根据当地农民生产生活习惯设计方案，有的提供建筑通用图集供农民选用。

然而，全面评价平垸行洪和新建村镇选址的合理性，要有全流域总体规划作指导。总体规划要包括城镇体系、土地利用、水利、农业、环境保护等内容，而不是某个单项。实际上，受灾地区大多经济条件不太好，移民也并没有改变就业性质，国家虽然有一定的补助，一步到位建设高标准的新镇和住房是有困难的。因此，要加强引导，提倡因地制宜，量力而行，多种形式并举，决不为了追求某种“眼前效果”而搞不切实际的“一刀切”。

新建移民村镇需要配有一定的基础设施，优先配备卫生饮用水、学校、卫生所等与移民日常生活密切相关的项目，其标准可以根据各自财力和村镇规模确定。对于重大技术措施的选择需要组织专家进行论证。迁入新村镇和采取其他措施安置的移民，必须将原有房屋拆除，政府要及时为他们提供各种服务。由于移民的传统习惯，对新环境有一个适应过程，为防止搬迁后生产得不到妥善安排，出现返迁，地方政府要做深入细致的工作，帮助灾民解决实际困难，使灾民真正安居乐业。

安徽省在总结 1991 年洪涝灾害恢复重建的基础上，提出三个“有利于”，即有利于防汛，有利于发展生产，有利于沿江、沿河、沿湖农民长期安居乐业；四个“结合”，即与农村小康住宅和新村建设相结合，与小城镇建设相结合，与农民奔小康、实现农村城镇化相结合，与培育农村新的经济增长点、发展振兴农村经济、推动农村社会进步相结合。在规划选址上，坚持四个“不准”，即不准在易淹、易涝、易灾地段建新村；不准在行蓄洪区、低洼地带建新村；不准在被洪水冲毁淹没的村庄原地重建；不准在易受山洪暴发、山体滑坡、泥石流灾害侵袭的地方和其他复杂地形带上建新村。灾后重建移民建镇按照“统一规划，相对集中，并小村为大村”的方针。

小城镇发展战略目标没有实现。

我国从改革开放之初就强调严格控制大城市，但农民进城主要还是进大城市。总体上讲，小城镇的吸引力不大，只有极个别的小城镇发展成城市，例如广东省中山市小榄镇、浙江省温州市龙港镇。这些都是位于特殊地理区位的小城镇。从全国的整体情况看，可以说，小城镇政策的实际效果并不理想，未能达到预期目的。

从外观看，分散布局问题长期没有得到解决。大部分小城镇的布局混乱松散、项目不够配套。例如，不少小城镇沿公路建设，拉得很长，影响交通；有的内部道路不畅，或者大拆大建，修大马路；有的光建住宅，不注意公共建筑的配套建设，或者光修建筑，不注意基础设施的配套建设，使得整个环境质量难以提高。小城镇的建筑总的来讲品位不高、缺乏特色。有的过于高大、尺度不当，有的功能不全、使用不便，有的质量不好、存在隐患。

小城镇的功能不全，没有能够在市场化改革和全球化过程中得到强化，没有足够的吸引力吸引人口和产业集中。人们宁可“双栖”也不愿在小城镇定居落户，多数劳动力采取了跨地区流动的方式就业。无法筹措到足够资金，难以改善城镇功能，无法形成良性循环。小城镇发展战略提出后的十年里，小城镇的劳动力、土地、环境等低成本的发展优势逐步消失，同样面临成本上升、产能过剩、产业升级的压力。[①]

市场经济条件下，产业的空间性受到经济规律支配，会在更好的区位条件下形成集聚，就业机会和GDP不可能在空间上平均分布。因此，大城市与小城镇本质上并不是竞争关系，无法通过限制大城市发展为小城镇提供机会。让人口自由流动、竞争性就业，效率原则就会把资源投放到具有比较优势和规模经济的地方。即使由于农村工业化，传统农村地区小城镇扩大了规模，但是，也被看作“农民的城市”，不能像城市一样进行管理。除受到城市影响的地区，小城镇没有真正起到引导农业生产、加快农村发展、促进农民增收的作用。

特殊政策条件下的新建小城镇，例如移民建镇，如果无法提供长期就业机会，聚集居住反而增加了社会风险。随着物质环境条件的退化，日常维护的成本会大量增加。

5.2 镇发展的政策因素

5.2.1 城乡二元制度的惯性

土地制度改革的复杂性。

土地是“三农”问题的核心。尽管新中国成立以后两次农村最重要的变革都是围绕着土地制度而开展的，但是，土地制度始终存在严重的缺陷。人民公社时期确定的农村土地“三级所有、队为基础”的原则，事实上无法在市场经济条件下继续适用。市场化使得土地成为各个方面利益博弈的关键，问题变得更为严重。于是，

① 何兴华. 小城镇发展战略的由来及实际效果 [J]. 小城镇建设，2017（4）：100-103.

征地过程成了地方政府与农民关于土地价格或补偿费的博弈，处在压低价格和征地困难的两难处境之中。随着市场经济的逐步完善，围绕土地综合开发与产权模糊的利益矛盾进一步激化。根据我国法律，农村和城市郊区的土地除国家所有的以外，属于“农民集体所有”。农民虽然是集体土地的拥有者，却无法清楚地知道所占的份额和收益比重。农民集体究竟是指村集体经济组织，或村民小组，还是由乡镇政府来代表，或所有农民共同占有，并不是十分明确。村集体与农民之间也存在补偿费多留还是少留的争吵。

为了加强土地管理，1982年初，国务院颁发《村镇建房用地管理条例》。1986年，国家出台《土地管理法》，并设立国家土地管理局。小城镇综合改革试点工作推出后，国家土地管理局就小城镇土地使用制度和管理体制改革进行了探索，在调研基础上提出了政策建议。大家认识到，小城镇的土地管理在制度建设中具有举足轻重的地位。小城镇是我国土地权属转变最为频繁的地域，是土地收益中中央、地方、集体和农民个人之间分配最为复杂的部分，也是耕地的占用与保护、土地资源的合理配置与浪费矛盾最尖锐的地区。

在最初的土地市场上，小城镇不同于城市，城市主要是国有土地供给，而小城镇是集体土地与国有土地的供给并存。既有由镇政府出面进行的内部调节，也有采取集体入股的形式提供的土地。由于国有土地在小城镇存量的比重不大，增量供给成为主流。为了区别于自身内部的企业，镇政府将集体土地征为国有，再以出让方式供给外来的企业。征地收益、土地出让收益和镇集体土地买卖租赁收益等构成土地收益的主要形式，降低农民收入份额就成为主要特点，集体土地流转收益成为镇政府财政收入的大头。[①] 因此，需要建立更严格的耕地保护机制，确立有效的土地产权制度和有约束力的土地收益分配机制。

由于土地征收制度改革十分复杂，需要处理好三个基本问题：一是应当有利于节约用地；二是应当公平合理地补偿被征地者；三是需要研究用于建设的农村土地，是否一定要由国家征用。[②] 进入21世纪后，不少地方对土地制度改革进行了

① 国家土地管理局，小城镇土地使用和管理制度改革课题组．中国小城镇土地使用和管理制度改革调研报告 [Z]. 1997.

② 陈锡文，在2016年政协小组会结束后，接受《中国新闻周刊》专访时所谈的内容。

探索。有的实行了征地片区综合价格制度，作为对市场地价的调控；有的实行被征地农民社会保障制度，努力维护失地农民基本权利。浙江等经济发达地区省份还试行了与土地结合的社区股份合作制度，以村级集体合作经济组织为基础，将原属于村集体的土地和经营性的资产、资金等一起折合成为股份，再将其中的大部分都配置给经济组织内部的农民。引入股份制对合作经济组织进行改造后，产权明晰、管理民主、分配合理，完善了集体经济。特别是土地参股后，改变了集体土地使用权主体分散、分包经营带来的问题，便于统筹规划、集中使用，促进了农民土地承包权的长期稳定和农村生产要素的合理流动和优化配置。①

建设用地调整困难。

根据建设部的统计，1997 年，全国城乡居民点建设用地人均为 152.66 平方米，其中，城市居民点人均为 114.93 平方米，乡村居民点人均为 166.62 平方米。县城人均建设用地为 100.12 平方米，其他建制镇人均建设用地为 148.77 平方米，集镇人均建设用地为 159.71 平方米，村庄人均建设用地为 167.12 平方米。显而易见，居民点规模越大，建设用地越节约。

镇的人均建设用地比设市城市的高出约三分之一，如果把所辖村庄一并考虑，镇村用地总量无疑是居民点建设用地的“大头”。小城镇建设必须严格遵守国家土地政策，坚定不移地贯彻保护耕地和节约用地的原则，最大限度地选择荒地、废地、山地等非耕地，并通过旧区改造、开荒造田、规划搬迁等措施大力挖掘土地潜力。通过编制乡镇总体规划和建设规划，引导乡镇企业相对集中建设，不仅可以节约用地，也是贯彻可持续发展战略，防治环境污染，保护生态平衡的重要政策措施，更是乡镇企业自身向更高档次发展的需要。

但是，在操作层面对镇村建设用地进行调整，面临很大的困难。例如，在一些经济发展较快的地区进行规划修编时，希望乡镇企业向小城镇集中，而用地计划指标与实际需要存在矛盾。一方面，发展小城镇确实需要占用一部分土地搞建设；

① 王士兰，连德宏，洪小燕．浙江省村镇建设与发展的相关政策研究，见李兵弟，张文成．三农问题与村镇建设 [M]. 北京：中国建筑工业出版社，2006：209-237.

另一方面，小城镇建设中的确存在随意占地、浪费耕地的现象。更重要的是，土地利用规划和建设规划衔接得不好，土地政策使得建设用地分散布局的现状很难改变。一是在迁并的过渡期，可能出现新建的村镇与原有村庄两头重复占地的现象；二是实际建设用地的需要与政府确定的计划用地指标不一定吻合；三是新建用地与我国实行的三十年不变的农民承包地政策也有矛盾；四是土地置换、整理比较困难。

一方面，土地总量平衡和先复垦后占用的政策是完全正确的，在一个省或一个市的范围、在较长的时期内也是可以做到的，但是在较小的行政单位例如一个乡镇、一个村的范围内、在短时期内要做到就比较困难，因为回旋余地太小。如果土地占用指标和总量平衡指标落实到村，给小城镇发展形成严重制约。如果在严格执行土地总量平衡制度的前提下，允许在县或市的范围内用地指标统一调剂使用，允许小城镇在一定期限内（如 3 ~ 5 年）统筹安排，对经济相对发达的地区、进行规划合理修编的地区、实行乡镇企业相对集中的地区，在执行规划中经批准可适度放宽原定的用地指标限制，将对长远意义的节约用地产生更好的影响。

另一方面，引导乡镇企业集中建设的土地成本问题一直没有解决。按照农村土地政策，分散在各村的企业所使用的土地是本村集体的土地，不存在使用费用问题。即使实行了土地有偿使用，土地收益也是本村的。如果集中到小城镇工业区，则企业需要支付土地使用费用。解决集中后的土地成本问题，要使小城镇工业区用地的使用费用低于集体提供的土地成本，分散的村办企业才有可能向小城镇集中。

这些问题远远超出了村镇规划能够解决的范围，需要多部门合作。但在部门主义作用下，节约用地成为经济发展过程中城乡建设所需用地的审批权争夺。土地制度的改革滞后，城乡二元土地制度没有实质性变化，城乡之间无法形成真正意义上的土地市场，关于土地征收和补偿、建设用地的国家征用等问题没有妥善解决。在城乡土地转换征用的过程中，城市政府对土地财政形成依赖，土地资产分配受到计划经济影响，大量资源被盲目开发、不合理利用，农民要求保护土地改革成果，防止“圈地运动”，矛盾日益尖锐。此外，由于农民就业场所、居民点布局过于分散，重复建设十分严重。在不少情况下，政府投资进行了基础设施建设后的土地增值被低水平的居住环境瓜分了。

财政政策体制改革滞后。

新中国成立之初的政治经济形势使得我国实行了高度集中的统收统支管理体制，地方将主要收入上交中央，地方支出由中央负责拨付。1951 年开始，实行了初步的分级管理，先是国家预算分为中央、大区、省（市）三级。1953 年，分为中央、省（市区）、县（市）三级。1958 年提出“以收定支、五年不变”的财政政策，1959 年实行“总额分成、一年一变”的财政体制。1968 年开始实行收支两条线，1971 年实行收支大包干，1974 年提出按固定比例分成、支出按指标包干，1976 年提出收支挂钩、总额分成的财政体制。1980 年代至 1990 年代初，基本实行“包干制”，直到分税制改革。

在这个大背景下，县级财政起着承上启下的作用，对于促进城乡经济共同繁荣意义重大。随着农村非农产业的发展，县级主导性财源由主要集中在城关镇扩展到全县行政辖区范围。我国的乡镇一级财政是 20 世纪 80 年代中期随着改革开放的推进才开始建立的。乡镇财政的建立有利于国家财政收入的提高，有利于控制吃大锅饭的情况。对于县级财政来讲，可以说是一举三得，取得稳定收入、减少支出、减轻发展负担。但是，“一级政府、一级财政”的安排对镇的发展影响巨大。对于乡镇而言，一要完成县财政收入额度，二要养活乡镇政府，三要安排生产生活建设，形成了与县财政新一轮的讨价还价。

至 1996 年，全国乡镇财政决算总收入 1242 亿元。其中，预算内收入 802 亿元，预算外收入 440 亿元。但财政收入 1000 万元以上的乡镇只有 923 个，占全国乡镇财政总数的 2.1%。尽管 1992 年以后增长较快，但是总体而言是“吃饭财政”，公共支出能力很低，县乡两级的财政管理体制不顺，资金管理总体比较混乱，有限的资源配置不合理，成本费用分配不公平。许多乡镇的财政基本处于“等、靠、要”的状态。小城镇建设资金依靠国家安排的可能性不大，只能靠农村集体的积累。

二元经济社会政策基础上的改革作用是有限的，当开发建设的小城镇没有足够的经济作为支撑时，就难以为继了。例如，经济条件相对落后的安徽省，问题更加明显。小城镇户籍人口不能反映真实的居住情况，省统计局测算，全省每平方公里人口密度从1992年到1997年增加5%，而小城镇人口只增加1.36%。乡镇是一级地方政府，却没有地方政府的权限。设在小城镇的银行分支机构，只存不贷，存款的三分之一调往县城以上城市使用。此外，还有众多的部门收费。总费用甚至超过镇的财政收入，而返还部分不到10%。

建设资金筹集困难。

小城镇发展，意味着水、电、路等基础设施建设资金及其日常管理和维护经费需要增加。建厂企业投资，盖房农民投资，公用的基础设施建设资金来源不明确。小城镇建设由镇政府组织，镇财政必须有足够的实力。但是，小城镇难以建立稳定的财源，乡镇政府筹措资金的能力缺乏，财权与事权不匹配，支出活动的主动权并不掌握在镇政府，财政平衡压力很大。因此，基础设施建设资金普遍缺乏相对稳定的投资渠道，短缺的矛盾越来越突出，导致难以集中进行工业化、城镇化建设。小城镇规模难以扩大，无法形成良性循环。

小城镇建设资金渠道不明确，依靠乡镇政府自筹解决，导致操作不规范，合理不合法。自筹或向企业和农民集资，引起企业与群众的不满，容易导致建设的重复、分散和更新周期缩短等问题，而且不利于乡镇企业的转制和政府减轻农民负担规定的实施。许多地方财政为获得小城镇建设资金，往往“以地生财”，大规模批租土地，寅吃卯粮。开发商拿到土地后或占而不用，等着基础设施建设后土地增值；或盲目提高开发强度，缩小本土居民安置房面积，导致公共建筑配套不足，绿地面积减少。因此，小城镇基础设施建设不能走由政府包下来的老路，需要用市场经济的办法加快改革小城镇财政和建设投资体制。

然而，从建设管理角度提出的建议并没有落实。例如，按照责权一致的原则，合理划分县、镇财政的分成比例，确保镇应留部分及时足额到位。结合国家费税的改革，将城市维护建设税的税率作适当调整，把建制镇5%和集镇1%的税率统一提高到7%，以保证小城镇基础设施建设资金有所增加。允许有条件的小城镇收取并留用土地出让金，专项用于自身的建设资金。鼓励进行公用基础设施建设市场化探索，引导社会资金参与建设和经营。用股份和股份合作制等形式吸引和鼓励农村企业和个人开发经营小城镇公用基础设施。已经建成和在建的公用基础设施项目，具备条件的可以将经营权部分或全部出让给符合条件的投资者。加大对小城镇建设的信贷支持，扩大贷款规模。由于小城镇规模的局限，这些建议的措施都没有足够的吸引力。

户籍管理制度改革受阻。

户籍制度是城乡二元分割制度的基础，也是城市户口利益的保障。国家对于户籍制度的改革一直持十分谨慎的态度。为增强小城镇的吸引力，在国家体改委牵头的 57 个综合改革试点镇上，国家支持小城镇全面实行按居住地登记户籍管理的制度。浙江等地的试点方案中明确，在试点区内取消农业户口、非农业户口、自理口粮户口和其他类型户口，按照居住地统一登记为同一种常住户口，即小城镇居民户口；并规定在城镇购买了商品房或者自建房的，投靠城镇居民在农村已失去生活基础的，土地被征用的乡镇无地农民优先落户。

农村经济社会的迅速发展和生产要素的合理流动，对改革我国城乡二元分割的户籍管理制度提出了迫切的要求。此后，不少地方出台了鼓励到小城镇落户的政策，放宽落户条件、适度下放审批权限、扩大试点范围，在小城镇建立以居住地划分城乡户口的制度，实行城乡户口一体化管理，搞好城乡户籍制度的衔接，成为不少地方的举措。提出凡在小城镇有合法固定住所、有稳定生活来源的人员，本人愿意，就可以申请当地的城镇户口。对外地进镇的农民应当允许以农业户口或非农业户口办理户口迁移手续。

在社会保障政策尚不健全的情况下，可继续保留原村庄集体经济组织成员的福利。进镇落户后，应当享受当地居民同等待遇。原承包的土地应允许在一定期限内（五年）保留土地承包权；期限之后应当允许其将土地承包权有偿转让。对愿意以承包地换钱、换保障、换租，以宅基地换钱、换房、换地方的农民给予一定补偿。另外，在镇区内的村庄，实行“村改居”，建立城乡统一的就业社会保障制度，将农村劳动者纳入城镇居民就业政策服务的范围，建立人力资源有形市场和就业服务信息网络，以及全社会覆盖的分层分级救助体系和城乡一体的集中养老体系。

国务院在各地实践的基础上，批转了公安部提出的《小城镇户籍管理制度改革试点方案》和《关于完善农村户籍管理制度意见》。方案明确，改革的范围限制在县级市、县城和其他建制镇镇区，并将每省区市的数量限制在西部地区 10 个、中部地区 15 个、东部地区 20 个。但是，这项改革并没有产生预期的效果。主要原因是农民认识到了拥有土地的利益。在没有土地收益时，严格限制农民进城；土地有了增值时，允许农民到小城镇落户，农民对转户口不感兴趣。

有些经济发达、产业结构已经非农化的沿海地区，本应加快人口集中步伐，可是，为了分享区域基础设施改善后的农村环境和宅基地利益，反而出现了进城农民要求转为农村户口的情况。而经济欠发达地区的镇，因为基础设施不足，缺乏吸引力，而且进镇的农民仍拥有宅基地，使得小城镇不能摆脱村庄建设的模式。有的地方要求农民承担基础设施建设费用，进镇门槛太高。因此，分散的空间布局无法改变。另外，相关的配套政策不到位。我国农村推行的社会保障主要是救济性质的，其他方面要靠农民自己解决。一方面是因为农民的认识局限和经济条件的限制，另一方面是因为保险服务的信誉和水平还不高，推广的难度较大。如果没有必要的社会保障制度，进镇农民很难与承包土地脱钩，也不可能真正城市化。中部地区的湖北省，同样面临征地困难、资金短缺、收费负担过重的问题。省政府文件关于进镇农民的户籍管理规定基本上没有人执行，因为迁入户在子女入托、上学、就业方面十分不便，更不要说同等待遇了。

管理体制不顺。

行政区划的调整比较困难。适当扩大中心小城镇的辖区范围有利于小城镇健康发展和推进乡村城镇化的进程。一些地方并乡建镇的经验也证明了这一点。但是，由于涉及干部的安排、利益的调整和乡土观念的改变，实际操作中，经常导致矛盾激化。

管理体制与实施小城镇大战略的要求不相适应。从中央到地方，对小城镇建设的指导和管理、政策的制定和实施，缺乏明确的分工和综合协调。我国严重缺乏懂专业的领导干部，由于受到行政编制和行政经费限制，乡镇的建设管理机构不健全，约三分之一的乡镇未设立建设管理机构，许多设立机构的乡镇也没有负责建设管理的专职人员。有些乡镇采取的事业编制或招聘合同制工人的办法聘用，人员更换频繁，队伍不够稳定，不利于管理素质和水平的提高。在快速城市化过程中，建设量与管理能力的矛盾更加尖锐。

由于城乡二元的经济社会政策，客观上农民的身份就低于城市市民，为农民服务的专业和管理人员的待遇也低于城市。于是，“离开农村万般高，脱离农业样样好”的思想相当普遍，在一部分人心目中可以说是根深蒂固。即使是农村走出来的大学生们，也不愿意回农村工作。政府鼓励专业人员下乡，设立专门证书，开设特殊渠道，仍旧留不住人才。不少地方反映，专业人员主要还是在县城从事规划设计。一些以“村镇”作为单位名称的机构，不久也都改名为“城镇”。[①] 一些大学反映，城市规划专业更名为城乡规划专业后，考生的分数也下降了。

管理过程中的问题也一直存在。一方面，规划建设管理的法律法规依据不足，对小城镇的情况兼顾不够。小城镇规划管理、房屋产权产籍管理、建筑施工管理、公用基础设施经营管理、集体土地房地产开发管理等，亟待研究制定相关规定。另一方面，由于政府部门条块分割，体制交叉，不少部门上级出政策，下级出钱，在乡镇设立了管理站、所，安排人员。这些人员需要乡镇政府财政全额负担，或者差额补助。乡镇部门人浮于事，财政负担过重的情况同样存在。群众批评说，“几顶大干帽，对着一顶破草帽”。

世纪之交，特殊的经济社会背景促进了小城镇发展战略的提出，中央政府和相关部门也采取了力所能及的政策措施，推动小城镇和村庄的规划建设（表 5-1），但是，由于上述原因，小城镇发展的总体目标没有实现。

① 例如，中国建筑技术中心的“村镇所”，更名为“城镇规划设计院”；《村镇建设》杂志，更名为《小城镇建设》。国家发展改革委员会事业单位“小城镇中心”，更名为“城市与小城镇中心”，简称“城市中心”。

1994—2004 年间与小城镇规划建设管理有关的政策文件　表 5-1

年度	名称	等级	编号
1994	关于加强小城镇建设的若干意见	建设部、国家计划委员会、国家经济体制改革委员会、国家科学技术委员会、农业部、民政部	建村〔1994〕564 号
1995	建制镇规划建设管理办法	建设部	建设部令第 44 号
1997	小城镇户籍管理制度改革试点方案	国务院	国发〔1997〕20 号
2000	关于促进小城镇健康发展的若干意见	中共中央、国务院	中发〔2000〕11 号
2000	关于加强和改进城乡规划工作的通知	国务院办公厅	国办发〔2000〕25 号
2000	村镇规划编制办法（试行）	建设部	建村〔2000〕36 号
2000	县域城镇体系规划编制要点（试行）	建设部	建村〔2000〕74 号
2002	关于加强城乡规划监督管理的通知	国务院	国发〔2002〕13 号
2003	中国历史文化名镇（村）评选办法	建设部、国家文物局	建村〔2003〕199 号
2004	关于公布全国重点镇名单的通知	建设部、国家发展和改革委员会、民政部、国土资源部、科学技术部、农业部	建村〔2004〕23 号

5.2.2 特色小镇的创新

城乡转型的新范式。

将特色小镇与小城镇一起讨论，从时间上讲，是不合适的，但是从内容关系上讲，又是必须的。特别是在地方特色小镇实践之后，住房和城乡建设部提出了“特色小城镇”的概念，更加说明了这一点。

特色小镇热潮的兴起，是浙江省的经验引起管理部门和领导的重视而引发的。在浙江省提出特色小镇建设的目标后，许多省市都提出了类似的目标。中央领导肯定了特色小镇对于经济转型升级、新型城镇化建设的意义。要求各地因地制宜、创新机制，走出一条特色鲜明、产城融合、惠及群众的新型小城镇建设之路。于是，特色小镇成为中央政府推动的政策目标，国家发展改革委、财政部、民政部共同提出，到 2020 年，要在全国培育 1000 个左右的特色小镇。

从背景角度看，与当年提出小城镇发展战略类似，特色小镇提出的主要原因同样是经济发展遇到了新的困难。我国经济发展进入“新常态”后，加快产业转型升级、拉动有效投资、推动供给侧结构性改革，以及促进基层政府主动作为等，都迫切需要一个新抓手，于是特色小镇成为不同于传统小城镇、开发区、风景区的创新载体。

从发展情况看，特色小镇并不是居民点建设，而是属于政策对象的范畴，是根据供给侧的改革需要提出的创新创业平台。特色小镇之所以得到社会各界的关注，就是因为一开始就摆脱了小城镇的认识误区，真正把特色小镇作为政策对象，而不是居民点或者管理单元。在特色小镇建设中选择特色产业、挖掘独特文化，利用先进科技、创新体制机制，都是将某个空间范围作为政策对象，促进各种要素集中，摆脱模仿复制为特点的模式，建构创业创新的生态群落，赋形跨界融合的共创空间。

谈论特色小镇，需要关注城与乡两个方面不同的功能作用。严重的“城市病”驱使城市居民和城市资本下乡，与自然更好地交流，甚至将农业作为疗伤的手段。特色小镇建设是以城市中等收入阶层以上的眼光在搞小镇，不再满足于建设“农民的城市”。从文化上看，乡下人以“土办法”搞小城镇建设，与城里人以“洋办法”搞特色小镇建设，不是一个思路。特色小镇开创的模式不同于原有的农村中心，也不同于城市的新镇，而是城乡转型的新范式。只不过在外表形态上可能以维护所在地区的风貌为特色。因此，特色小镇是全新的概念。

小城镇借机特色化。

在全国范围推广特色小镇建设经验的过程中，人们逐步认识到，既有的小城镇可以作为新型城镇化的重要载体，是促进城乡发展转型升级最直接、最有效的途径。于是特色小镇和小城镇又建立了联系，差点被人们淡忘的小城镇发展战略又引起了人们的关注。新型城镇化进程也为小城镇发展提供了新的机会。

经过规划设计提升的传统手工业、观光体验农业、乡村民宿酒店等，形成多种产业融合的小城镇发展模式。一些地方开始探索“智慧小镇”，与互联网、物联网、大数据等新技术相结合，超越了传统产业发展阶段，在小城镇居住同样能够直接享受到网购、文化创意、旅游、养老养生等网络社会生活。培育特色产业的同时，发展产业集群，挖掘文化内涵，改革体制机制，小城镇从粗放的物质扩展，向特色、高端、创新转型；从劳动密集型，向技术密集和知识密集转型。小城镇亲近自然的“绿色生活”，与生态文明的新理念相符合。由于城市空气污染、交通拥堵，许多城市居民愿意到乡村、小城镇过周末，甚至设立第二居所。技术进步为小城镇发展创造了新的机会，交通区位优势的传统观念开始改变。一些小城镇在人居方面追求生活导向、步行尺度、高密度紧凑型的环境，在文化方面追求生活品位、企业与居民的认同和心灵归属。

特色小城镇建设以“小、土、特”作为吸引人们投资和居住的亮点。需要注意的是，特色的形成不可能一蹴而就。有的小城镇，一夜成名，是因为本来就有特色。在推广经验过程中，一些地区将特色小镇作为某种模式，扩展到本不具备明显特点的现有小城镇，或设立类似于风景区、开发区的管理单元，提出“打造特色小镇”，人为地造“特色”。这是很难成功，也是不可持续的。特色是由历史积累和有意识挖掘相互结合逐步形成的。从时间上看，长期繁荣的小城镇，一定有某方面的特点，这是由居民点变迁的规律决定的。有一定历史积累、自然景观等资源的小城镇，可能得到开发利用的机会。但是，由于地方政府的干预，也可能导致千篇一律。互相学习模仿，反而容易趋同了。实践证明，用一种模式搞小城镇建设必定不能长久。所谓特色小镇，是要向常规、理性回归，是将本来就具备的特色发掘出来。这个道理与生态修复一样，重点不是“修”，而是“复”。

必须清醒地认识到，特色与平庸是相对的，需要注意特殊性与普遍性之间的辩证关系。严格地讲，任何一个长期存在的镇，都是有特色的。但是，在一定的区域范围内，很多镇的基本形态、建筑形式、产业结构、功能定位、社会文化、体制机制等，必然是类似的，因为居民的需要是类似的。已有小城镇，东中西不一样，省内各县也不一样。如果有一定的模式，就没有特色了，需要具体情况具体分析。理论上讲，是一元论指导的多元论。特色的形成，不可能单凭主观想象和人为的打造。

5.3 小城镇规划

5.3.1 在城市规划与村镇规划之间

乡镇规划的局限性。

回顾这一段历史，我们需要认真思考一个问题，小城镇规划提出时，为什么不直接称为乡镇规划，或者集镇规划？难道就是因为学者称之为小城镇吗？其实，回答并不是那么简单。这与当时乡镇规模和区域布局的现状问题有关。

在村镇规划调整完善的过程中，越来越多的人认识到，居民点规模与规划方法有关系，区域观念得到强化。任何一个空间层次的规划都会出现与上一个层次和下一个层次规划传导关系的问题。在一级政府一级规划的理念还没有形成时，乡镇规划局限于集镇和镇区，努力的目标是编制乡镇域范围的村镇总体规划。但是，乡镇规划仍没有打破以乡镇论乡镇的局限，作为城市的成长腹地仍旧太小。

根据公社“遗产”设立的乡镇，每个乡镇辖区平均只有 2 万～ 3 万人，大城市郊区的乡镇则更少些。到 1995 年底，80%的乡镇企业分布在村庄，12%在集镇，只有 7%在建制镇，另有 1%在县城以上居民点。1997 年，建制镇镇区的平均人口规模只有 6300 人，集镇镇区的平均人口规模不到 2000 人。

由于乡镇辖区范围小，单个乡镇的人口规模有限，小城镇的规模很难扩大。在一个乡镇范围内，即使是一半人口集中到乡镇驻地，规模仍旧太小。规模小、布局散，规模经济难以形成，不仅影响第三产业的发展，不利于城市化，而且浪费资源、扩散污染，使得公共建筑与基础设施的配置很不经济，重复建设十分严重。不仅工业建筑、农民住宅遍地开花，公共建筑与基础设施也大多是小而全。例如，有的地方每个镇都搞影剧院，利用率很低。[①] 分散布局最直接的后果就是土地资源的低效配置与浪费使用。

与小城镇发展相关的部门有许多个，合作过于松散，具体操作也缺乏规范，导致各部门政策目标之间产生矛盾。土地政策就是一例，它们客观上固化了分散

① 建设部课题组 . 小城镇规划管理研究 [Z]. UNDP 资助课题，1997.

布局的现状。部门分割伴随着地域分割问题。即使两个镇从空间地域上关系十分密切，由于行政区划和法律规定的原因不愿意也不能一同进行规划建设，导致两套设施互相不协调，造成浪费。因此，小城镇要合理发展，必然涉及行政区划的适当调整。原有的乡镇规划，即使是行政辖区范围的村镇体系规划也不能解决这个问题。

提升镇的规模效益。

2000年，中共中央、国务院印发《关于促进小城镇健康发展的若干意见》（中发〔2000〕11号），将小城镇发展作为实现我国农村现代化的必由之路，要求科学规划，合理布局，注意节约用地和保护生态环境，避免一哄而起。但是，在具体规划管理工作中，村镇总体规划的概念刚建立，乡镇范围内的规划还没有完全落实，对小城镇规划的理解并不到位，通常是将建制镇镇区、乡政府所在地集镇的规划当作是小城镇规划，① 由此带来了一些执行的偏差。因此，小城镇发展战略实施过程中，中央在相关文件中反复强调，要防止遍地开花。

作为乡村中心重点发展的小城镇，在乡村工业化和乡村城市化过程中，要努力促进乡镇工业健康发展，提高居民的生活质量。乡村工业化过程中需要建设大量工厂，全面改善各项基础设施，推进适度规模经营，才能提高劳动生产效率。乡村城市化过程中，要为居民提供适当的生活居住环境，促进城乡之间要素产品交流，改进社会服务。

小城镇既是城乡之间商品交换、物资流动的基地，也是乡村内部商品交换、发展服务业的主要场所。小城镇规划需要安排好各类工厂和生产设施，以及不同等级商品集散交易中心，促进城市工业品下乡和乡村农副产品进城，同时为乡村自己生产的工业产品和农副产品交换创造条件。这些突破小农经济、自然经济，促进商品化、专业化、社会化的规划措施，必须在一定的规模前提下才能得到落实。

俞燕山曾对18个省的1004个建制镇抽样调查资料进行过实证分析，按镇区

① 何兴华．小城镇规划论纲 [J]. 城市规划，1999（3）：8-12；何兴华．小城镇规划问题，见邹德慈．城市规划导论 [M]. 北京：中国建筑工业出版社，2002：第13章．

人口数量分成7个等级，通过7个指标反映小城镇的土地、资金和劳动力利用状况。研究结果表明，大于10万人的小城镇规模效率最高，5万～10万人的小城镇为次优规模，3万～5万再次之，1万～3万最差，主要原因是资金利用效率最差。可见，随着人口规模的增加，经济效益才能不断提高，当人口规模突破5万人后，经济效益将明显提高。人口规模小于3万人的小城镇，公共设施利用率过低、投资效益太差。他根据杨晓东小城镇发展临界规模的概念，提出将3万～5万人口规模的小城镇作为适宜发展规模。这虽然不是最优规模，也不是合理规模，但是最具有发展潜力。①

由于交通和通信技术的发展，村镇之间的联系更加紧密，只有把区域的功能而不是行政意义上的单元作为有机联系的整体，才能避免互相矛盾。某些情况下，局部的问题虽然表面上看与自己所在村镇无关，但是，如果不能立刻进行处理，很快就会变成区域问题。例如，一个镇的工业区放在镇区的下游，而这个镇区的下游却是另一个镇的上游。这一类的问题都需要在更大的区域范围进行权衡，才能做出决策。又如，某个县城决定修建一个新的车站，但是，邻县的一条与这个县城相连接的公路却因为洪水灾害出现了塌方。这个县是贫困县，无立即修复的能力，只有将建设车站的资金先用于修路，才能维护大局，否则车站修不修都一样。这是管理中经常遇到的条条与块块的关系问题。

在更大的区域权衡。

从我国村镇规划发展的历程看，区域范围不断扩大，开始是村庄中农村住房建设的安排、山水田林路村的综合考虑，后来是以镇带村的乡镇域居民点体系布局、县域范围的空间发展，现在研究更大范围的区域城镇发展。针对更大的空间范围进行规划时，涉及许多基础数据的来源。例如人口规模、建设用地的计算等。为了探索更大范围小城镇培育的问题，建设部在河南南阳、湖北襄阳地区，以及京津唐地区开展了跨省的小城镇规划试点。在城镇体系规划基础上，探索编制小城镇专项规划、村镇体系规划等，作为落实深化的措施（图5-1）。

① 俞燕山．中国小城镇发展问题研究[M]．北京：中国农业大学出版社，2001：103-153.

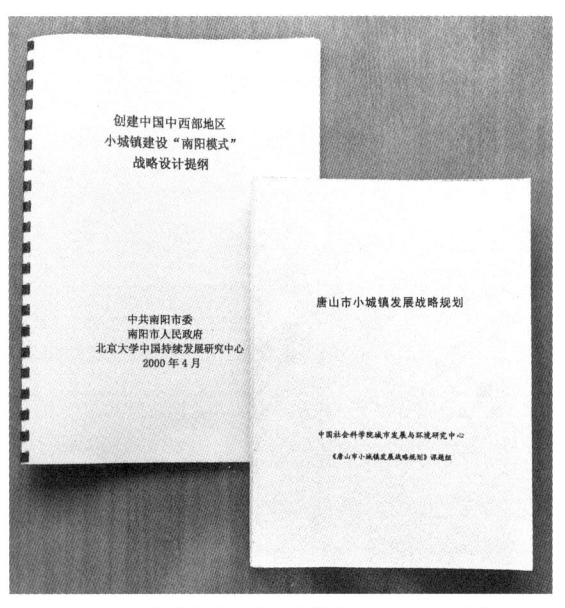

图 5-1 将地市范围的小城镇作为规划研究对象

南阳市位于河南省西南部，市域面积 2. 66 万平方公里。有乡、镇 225 个，其中建制镇 102 个。襄樊市位于鄂西北部，总面积 1.97 万平方公里。有建制镇 102 个，乡集镇 27 个。南阳和襄樊的试点很有代表性。他们创造的经验对于全国都有一定的指导和参考意义，他们所面临的问题在全国也带有普遍性。小城镇建设是经济发展的结果，而不是人为的，我们要"见苗浇水"，不能"拔苗助长"。两市为中部地区和农业地区如何发展小城镇探索了路子。

南阳市提出以中心城区为龙头，以县城为骨干，以小城镇为依托的城镇体系。坚持突出重点，抓点带面，鼓励支持有条件的小城镇优先发展。他们在建设部、国家体改委等确定的贾宋和官庄、穗东等 8 个试点镇的基础上，又确定云阳、西坪、荆紫关、张店等 14 个镇为市级试点镇。成立了市委、人大、政府、政协四大家领导参加的小城镇建设领导小组，并把小城镇发展总体目标逐年细化分解，纳入年度目标考核管理，组织开展以创建星级小城镇为主要内容的达标活动。

襄樊市把村镇建设作为实现全市国民经济和社会全面发展的一项重要内容，并与推动农村产业化、乡镇企业二次创业和乡村城市化进程结合起来。提出优化区域城镇体系，推动区域经济发展的总体目标，编制了市域城镇体系规划，明确 2000 年至 2010 年十年小城镇发展战略。确定石花、太平、吴店等 5 个镇建成 5 万人左右的城镇，兴隆、仙人渡、孟楼等 17 个镇建成 2 万 ~ 4 万人的区域中心城镇。为重点抓好这 22 个中心镇，成立了由市委副书记任组长，分管市长和两名秘书长任副组长，市建委、体改委、政研室、计委、农委、乡镇企业局、规划、土地、工商、文明办、公安等单位主要负责人参加小城镇发展战略领导小组，负责组织、协调、检查和督办。

唐山市成立专门课题组，编制了小城镇发展战略，对小城镇发展的各方面，特别是经济社会发展作了全面系统的分析。唐山市是大北京城镇密集地区的重要组成部分，这一地区与我国长江和珠江三角洲比，市区以外的农村地区与市区的发展差距较大，对市区内部的健康持续发展构成重大影响。国务院对唐山市总体规划的批复中要求，要在总体规划指导下，编制县市域城镇体系规划。可见，政策环境同样要求市区以外地区加快发展。因此，小城镇发展战略研究是市政府制订经济社会发展规划的前期准备，是组织实施好国务院批复的唐山市总体规划的参考资料。实际上，这个研究涉及唐山市在省内甚至京津冀地区的战略定位，与大北京地区的战略规划一起考虑后，也可以供河北省城镇体系规划参考。

城市规划与村镇规划的合并。

作为小城镇规划的行政管理部门，建设部采取一系列措施推进小城镇规划。这些措施是与当时面临的问题相关联的。最直接的是城市规划与村镇规划的部内矛盾。受城乡二元分割的影响，小城镇概念被人为地分为城乡两部分，建制镇属于城市范畴，集镇属于农村范畴。讨论问题往往不是从实际的情况出发，而是从概念上先入为主。相关法律、法规和技术标准对城市问题考虑较多，而对与农村密切相关的小城镇的情况兼顾不够。

城市包括建制镇。但是，20世纪90年代，建制镇已经从以县城和工矿区为主体，发展为以实行镇管村体制的乡改镇为主体。这一变化未在立法和标准制定中引起足够重视，导致城市法规和标准不太适用于建制镇，而建制镇单独立法和制定标准又十分困难的局面。另外，城市建设由于规模大、工程管理复杂、专业人才多，分工很细。而乡村建设由于项目规模小、相对简单、专业人才缺乏，不能分工太细。因此，1993年出台的《村庄和集镇规划建设管理条例》是将规划与建设管理放在一起的。建制镇虽然属于城市范畴，没有包括在条例的适用范围，但是1995年建设部第44号令发布的《建制镇规划建设管理办法》，仍将规划与建设管理各个环节的要求写在一起。

事实上，在调整设镇标准后，特别是在市场经济条件下，乡与镇的建设没有明确的界线。为了适应新形势要求，中央政府在机构、立法、编制、管理、学科等方面做出了艰巨的努力。1998 年，原建设部将其城市规划司与村镇建设司合并，成立城乡规划司（后又在此基础上增加“村镇建设办公室”，两块牌子、一套人马）。城乡规划司组建后，一些涉及城乡关系、原先多年努力没有结果的规划编制办法陆续形成共识，得到专业上的认可。例如《村镇规划编制办法》《县域城镇体系规划编制办法》等。

促进村镇规划与城市规划的融合，希望通过更大空间范围的规划实践，寻找规律，探索不同类型区域规划的合作。目标是在一个省级单元，尝试将县市一级作为管理的整体对象，将传统的城市规划管理的职能，延伸到周围的乡镇、村庄。希望通过小城镇作为城乡联结的纽带，探讨城乡统一规划管理的可能性，缓和技术力量不足矛盾，推进城乡规划体系的建立。2000 年，国务院办公厅印发《关于加强和改进城乡规划工作的通知》（国办发〔2000〕25 号）。城乡规划融合的实践，为把《城市规划法》修改为《城乡规划法》、将城市规划学科扩展为城乡规划学科打下了坚实的基础。

县域规划受到重视。

1998 年 11 月，为贯彻落实中共十五届三中全会精神和国务院领导关于“小城镇建设，要结合实际，先进行调查研究，提出新时期保证小城镇健康发展的指导思想和政策措施”的指示精神，建设部由五位部领导带队组成 5 个调研小组分赴浙江、福建、山东、江苏、广东 5 省，就小城镇发展的情况和问题、如何正确引导和促进小城镇健康发展，特别是需要制定和完善哪些方面的政策措施进行了专题调研，12 月又邀请中西部地区部分省市和在京的有关专家召开座谈会，广泛听取各方面的意见，并向国务院进行了汇报。在这声势浩大的高规格调研中，提出的第一个问题就是小城镇规划。

相当一部分小城镇存在规模过小、布局分散、建设混乱、发展无序、资源利用率不高、缺乏整体感和当地特色以及环境污染、乱占耕地等问题。其直接原因是规划工作没有跟上。一是有关各级领导对城镇规划工作重视不够，存在重建设轻规划的倾向。二是编制规划人员严重缺乏，规划工作经费不足、技术资料不准、不全的现象普遍存在。三是规划水平不高，深度不够。有些乡镇把规划工作简单化，只作总体规划，仅限于用地布局控制，使具体建设项目的选址定点、设计等工作无从依据，很难起到指导建设的作用。四是缺乏区域规划指导，特别是县域规划没有编制，单个小城镇的规划缺乏依据。调研中发现，一些地方的住宅建筑、工业企业遍地开花，每个乡镇都搞水厂、影剧院，重复建设的现象比较严重。五是不按规划建设，规划管理薄弱。有些地方乡镇领导随意改变规划，追求眼前利益，过分迁就投资者的要求，要哪块地，就给哪块地，一个不适当的项目往往就把规划的全局破坏了。一些地方沿公路、沿江河、沿湖甚至在农田中间随意建设的现象比较严重，规划形同虚设。

调研后提出在全国加快县域规划编制工作。要求各省（区、市）人民政府加快完成省域城镇体系规划编制工作，为县域规划编制工作提供必要的依据。争取用两、三年时间，完成所辖范围内的县（包括县级市）的县域规划编制工作。通过县域规划的编制，逐步形成科学合理的城镇体系，重点解决好县域内县城、中心镇、一般建制镇、集镇和村庄的合理布局，科学确定其人口和用地的发展规模，以及水厂、供电、道路等基础设施和学校、医院、文化中心等公用设施的分级合理配置。

在县域规划的指导下，认真作好小城镇总体规划和详规工作，使规划真正起到指导建设的作用。要求将工作重点放在中心镇，积极引导集中建设。明确中心镇是具有一定区位优势和人口、经济规模，对周边乡镇起带动作用的仅次于县城的次中心。中心镇的规划必须经有较高资质等级的规划单位编制，由省级人民政府审批。组织大中城市的技术力量参与中心镇规划的编制工作，认真考虑中心镇的辐射带动作用，为周围集镇和村庄服务。规划认为确需调整区划的，应当积极稳妥及时调整。调研报告提出，原则上村庄不再建厂，经济发达地区的中心镇，新建工业企业一般应到中心镇工业区集中建设。

从长远影响看，这次调研中发现的问题促进了法规建设，要求加紧研究制定具有操作性的部门规章，规范小城镇与村庄的规划编制、房屋产权产籍管理、建筑施工管理等，并尽快组织对有关法规进行修订，使其适应小城镇建设和发展的需要。更重要的是，启动将《城市规划法》修改为《城乡规划法》的可行性研究。从日常管理看，要求县市建设行政主管部门把工作重点放在小城镇规划建设管理上。建议推广山东省在乡镇设立建委，将规划、土地、建筑、市政、房产、环保等职能综合到一起的经验，发展一批立足当地，以小城镇规划设计为主要任务的技术服务单位，自收自支，凝聚必要的技术力量。

5.3.2 不同类型小城镇的规划重构

小城镇规划的理论基础。

从国际视野看，小城镇规划属于区域规划的类型。虽然我国的小城镇是城乡二元制度的产物，但是作为规划干预，其阻止城市化人口进入大中城市的思想受到霍华德 (E. Howard) 的田园城市理论和盖迪斯 (P. Geddes)、芒福德 (L. Mumford) 区域整合思想 (Regional Integration) 的影响。霍华德试图结合城市与乡村的优点解决城市乃至整个社会的问题，著名规划师艾伯克隆比 (P. Abercrombie) 在伦敦规划中提出，把大约 40 万人安置在 8 个新建设的小城镇中，平均每个 5 万人，建在离伦敦 20 ~ 35 英里[①]的地方；另外，把 60 万人迁移至离伦敦 30 ~ 50 英里的现有小城镇和村庄上，成为这一思想的实践家。

克里斯塔勒 (W. Christaller) 于 1933 年提出的中心地理论 (Central Place Theory)，将城市、小城镇、中心村都看作一定地域的中心。[②]这个理论对城镇体系规划，特别是作为农村中心的小城镇规划影响很大。1979 年，联合国亚太经社合作组织出版了《乡村中心规划指南》，把中心地理论作为乡村中心规划的基本理论依据。[③] 1981 年 8 月，该组织在北京举办专题讨论会，来自亚太地区不同国家的专家介绍了各自的农村中心规划情况，分析了农村中心的前景，对农村地区小城镇的分类和识别交流意见。会议对改革开放不久的中国集镇建设产生了影响。1992 年，该组织就农村工业化对农村中心的影响进行整理，出版了《乡村中心规划指南》的续集（图 5-2）。

---

① 1 英里≈ 1609.34m。

② CHRISTALLER W. Central Places in Southern Germany[M]. Englewoods N.J ; Prentice-Hall, 1933.

③ ESCAP. Guidelines for rural centre planning, 3[M]. New York: UN , 1979; ESCAP. Guidelines for rural centre planning：Rural industrization & organizational framework for RCP[M]. New York: UN, 1990.

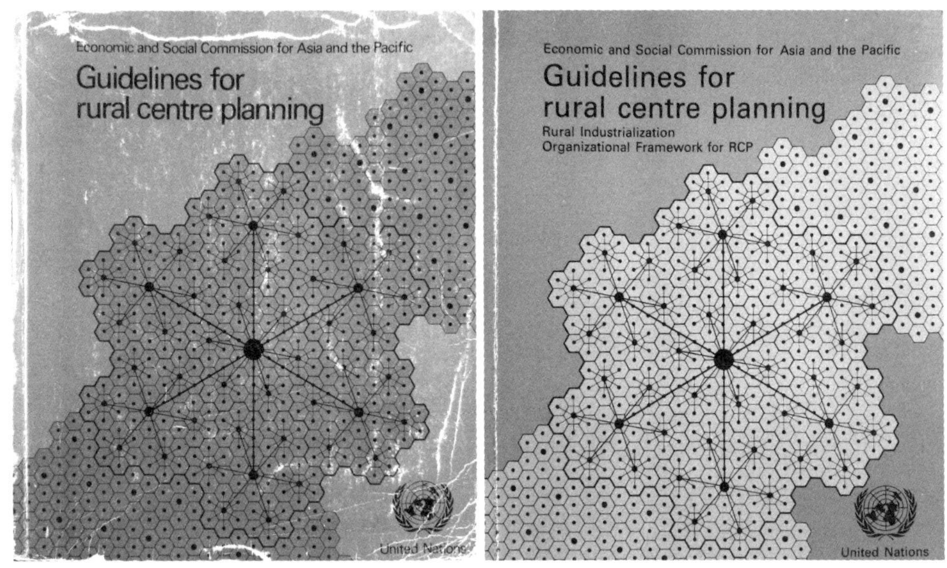

图 5-2　乡村中心规划指南

真正在实践中发挥决定性作用的是费孝通的城乡融合论。[①] 他发展乡村工业的思想和城里人、镇上人、村上人的三分法对小城镇的发展和规划产生了重大的影响。离土不离乡、进厂不进城，为担心大城市发展问题的决策层提供了理论依据。

小城镇量大面广，需要根据不同区域和类型分别进行规划设计。在城市规划下乡的操作层面，考虑到小城镇规模小，受周围环境影响大，从空间层次的角度或者从讨论规划问题的需要出发，可以将小城镇分为位于大中城市辐射范围之内的小城镇、位于大中城市辐射范围之外的小城镇、有特殊区位条件的小城镇等类型。[②]

纳入城市规划的小城镇。

位于大中城市辐射范围之内的小城镇包括几种情况。一是大中城市都市圈内的小城镇。这类小城镇因为直接接受大中城市的经济辐射，在资金、技术、信息等方

① 费孝通．小城镇四记 [M]. 北京：新华出版社，1984.

② 张军．小城镇规划的区域观点与动态观点 [J]. 城市发展研究，1998（1）：18.

面有独特的优势。其中有的小城镇，在未来可能成为大城市的一个组团。这类小城镇的规划，必须在大城市的总体规划中共同考虑，特别有必要编制控制性详细规划，以便于规划管理。关键是当前建设不能给将来的发展创造障碍，造成二次改造。二是可以作为大中城市卫星城的小城镇。这类小城镇距离大中城市的中心比前者略远(一般30～50公里)，但是有较为便捷的交通联系，通常规模较大，基础条件较好，能接受大中城市产业扩散和人口分流的任务，发展前景广阔。这类小城镇的规模、性质、职能都应结合大中城市的规划进行统一考虑。

另外，还有处在前两类小城镇之间的小城镇，接受中心城市和卫星城的双重辐射，本身对镇域范围的影响有限。由于中心城市和卫星城二、三产业的发展需要大量劳动力，小城镇的人口大量向卫星城和中心城市迁移，本身的人口规模反而较小，农业劳动力的非农化大量出现在这些地区。镇域的发展主要是为中心城市和卫星城服务的第一产业(如蔬菜、水果、养殖业等)和为城市工业配套的第二产业。城镇的功能除重点为农业生产服务外，可以发展一些小型的加工工业，其他较大型的产业应集中到卫星城。城镇的公共设施应尽量利用中心城市和卫星城，不宜搞小而全的重复建设。

在城市化地区，特别是经济发展较快的长江三角洲和珠江三角洲，出现了一批规模达到中小城市的特大镇，介于城市与镇之间。从未来发展看，它们将成为小城市甚至中等城市，但是目前的规划建设管理体制受制于城乡分割，仍旧是个镇。如果按照村镇规划的编制办法，内容不能满足镇的发展需要，如果按照城市规划的编制办法，深度达不到指导建设的要求。为了解决这个当前与长远的矛盾，不少地方进行了规划方法的探索。例如，广东省顺德市的北滘镇，在已经按照规定编制了1995年总体规划的基础上于1998年就进行修编。修编规划内容包括了全镇域的规划和中心镇区的总体规划。从村镇规划技术层面，镇的总体规划只要求做到镇域层面，镇区称为建设规划，即修建性详细规划的深度。但是像北滘这样的大镇，全镇1997年户籍人口达91934人，如果不编制中心镇区的总体规划，直接编制详细规划有一定的困难。

高速铁路和高速公路对于沿线小城镇发展的影响巨大，由于将50万人口的大城市更加紧密地联系起来了，火车和汽车在小城镇停留的机会更少了。大中城市吸引投资机会增加，小城镇经济增长受到了负面影响。资源型小城镇、靠房地产起家的，都难以为继，随着能源价格下跌，生存发展空间压缩。而大城市周围的小城镇因城市扩展蔓延已经成为城市发展的优先空间，其特殊的土地管理体制，吸引了大量资本进入。

县域范围内的小城镇。

随着中国特色社会主义事业的不断发展，作为城乡过渡状态的小城镇，总体改善，但是快速分化，区域条件对于小城镇的影响更加显著。东南沿海部分经济相对发达地区的小城镇事实上已经发展为小城市，正面临着城镇管理体制的约束和产业转型升级的压力。而中西部地区的大部分小城镇由于缺乏非农产业支撑，无法吸引到足够的人口和资金，虽然在小城镇发展战略提出时，希望将小城镇看作“城市之尾、乡村之首”，但是，众多的小城镇位于大中城市影响范围之外，相对比较独立，其发展只能放在县域范围内考虑，实际上主要功能还是乡村之首。在可以预见的时期内，只能长期作为农业服务中心。

每个居民点均不是孤立存在的，由于村庄规模比较小，单独的一个居民点难以适应现代社会人们生产生活的基本需要。因此，小城镇的发展目的就是区域整合，通过培育乡村中心，完善城镇村体系，以城带镇、以镇带村，促进城乡共同发展。农村中心规划既要服务农民的日常生活，更要促进农业现代化。通过总体布局，提供为农业产前、产中和产后服务的各项设施，解决生产资料供应、科技咨询，以及农产品加工、保管、运输、销售等环节的问题，建立社会化服务体系，促进农业向综合化、社会化方向发展。通过良种培育、饲料加工、疫病防治、新技术推广等措施发展生态农业，通过通信、广播、印刷等措施，发展信息农业；通过农业机械生产、维修、家具加工、零件供应等措施，发展农业机械化。

根据其在县域范围内的地位，这类小城镇又可分为三种：一是县城镇，是全县的政治、经济和文化中心，交通便捷，其服务范围可覆盖整个县行政辖区。二是县城镇以外的中心镇，是县域范围内的次级中心，常位于位置适中、交通条件较好的地方，尽管在行政级别上与其周围乡（镇）并无区别，但实际上担负着为周围几个乡（镇）服务的职能。三是一般镇，是一个乡（镇）的中心，其职能是为本乡（镇）

服务，人口规模和经济规模小于中心镇。

此外，还有一些具有特殊区位条件的小城镇。例如传统物资集散地。在长期的历史发展过程中逐步成为特定区域的流通中心，其辐射影响范围，具有相对稳定性，不受行政区界线的限制。还有位于重要交通干线沿线，或者其交叉点的小城镇，包括铁路、国道、重要航道沿线和交会口的小城镇。由于优越的交通、信息、市场等条件，通常是发展工业和第三产业的理想场所。再者位于边境线附近的小城镇，包括国境线和国内省、市界线等。由于边境地区分属不同的行政区范围，存在关税差别（不同国别之间）、经济政策差别（不同地区之间），因而边境贸易活跃，必将促进作为其依托的边境线附近的小城镇的兴盛和发展。

特殊情况的小城镇。

移民建设的镇是特殊的政策类型。最初，由于大型工程而提出。最有影响的是三峡工程库区移民。库区长达 600 多公里，涉及四川、湖北两省 19 个县市，按照 1985 年统计淹没区人口近 73 万。考虑到迁建征地等因素，最终需要安置 113 万人，其中城镇占 54%，农村占 46%。移民安置甚至是比三峡工程本身更大的难题，最让人担心，最没有把握。移民上百万，历时十数年，中外水库建设史上前所未有。移民工作制约工程，必须在工程一开始就移民，首先需要搞好规划。早在 1984 年，中国城市规划设计研究院就对相关县城镇的移民选址等进行了可行性研究。1992 年，建设部村镇司组织重庆建工学院的师生对大坝工程范围最先涉及的中堡村、太平溪镇进行规划。规划方案由村镇司司长主持评审，确定了性质、规模、用地标准、布局、建筑与基础设施、近期安排、地方特色等主要方面。翌年，重庆建工学院城市规划与设计研究院对太平溪镇近期移民迁建进行了详细规划，并由湖北省移民局和长江水利委员会组织了评审。

另一个重要实例是 1998 年的水灾后重建。根据计划（国家发展计划委员会计农经〔1998〕2580 号），南方四省的移民建镇（村）的任务是，湖北省迁移群众 5 万户、21.8 万人，新建镇、村共 80 多个。湖南省迁移群众 5.2 万户、19.6 万人，新建镇、村共 150 多个。江西省迁移群众 11.5 万户、46 万余人，新建镇、村共 590 多个。安徽省迁移群众 1.6 万户、6.6 万人，新建镇、村共 90 多个。可见移民建镇，其实包括村庄。移民镇的规划，与设计和施工紧密联系，由于时间紧，任务重，技术力量和基础资料缺乏，个别村镇的规划未经规划单位编制，也未经县（市）政府审批，仅由几个领导商定，就开始施工。另外，由于资金困难，新建公共设施大部分没有开工建设，整体环境的水平难以在短期内提高。个别较大的镇需要编制总体规划与详细规划，地形较复杂的需要有竖向设计。为了缓解技术力量严重不足的困难，有的组织省内规划单位进行对口支持；有的聘请了外省规划专家进行技术咨询；还有的组织大专院校师生赴灾区进行社会实践。为更好利用资源，移民建镇开展了村镇布局规划，配套基础设施一次规划，逐步建设。

5.3.3 特色小镇的规划问题

以特色和小规模融入市场。

特色小镇不是传统的小城镇、不是开发区，也不是风景旅游区，而是集聚特色产业和新兴产业，集聚特色发展要素的创业创新平台。各种要素集中后，构成一个创业创新的生态群落，成为跨界融合的共创空间。特色小镇虽然规模不大，但并不是环境封闭的“小而全”。相反，它要以特色产品融入市场功能和区域文化之中。

规划中，要对小镇进行产业发展的内外部条件分析，在差异化发展原则下，筛选出具有优势和潜力的产业，作为特色主导产业。在此基础上，为产业集聚和产业链的形成提供政策条件，打造产、销、贸、展于一体的产业孵化模式，促进产业创新。强调以产业发展为先导，突出专业化优势，体现信息化、系列化、高端化，要改变以模仿、复制低端工业品为特点的传统小城镇发展模式。在特色小镇规划中，无论是自然、文化还是产业都以特色为市场竞争的条件，以无法复制的独特性作为前提。

然而，过分强调特色小镇的上述特点，以区别于作为特定行政管理单元的小城镇，具有鲜明的特色产业以及一定人口规模和经济规模的建制镇，明显受到了部门主义的影响。特色小镇建设不能只考虑居住环境建设，走房地产开发的老路，那样无法提供足够的就业机会，无法保持长期繁荣。但是，特色小镇建设也不能只考虑产业发展，过分地强调特色小镇建设不同于小城镇建设。如果每个特色小镇机械地划出几平方公里的土地，不考虑工作与生活的关系，与传统的开发区思维就没有本质的区别了。

特色小镇的产业结构决定其就业结构，就业结构决定其收入水平，收入总量与消费结构影响了小镇的基础设施与公共服务设施的提供。规划时，需要与居住的供给状况、消费能力和社会服务水平结合考虑。特色小镇建设必须走产、镇融合之路。核心问题是产业、就业、居住、消费互相促进，生产、生活、生态，产业、文化、旅游等实现跨界融合、共享。要让文化、资源、建筑成为服务产业链的环节，特色成为比较优势和竞争力的体现。

远近结合是难点。

虽然特色小镇建设起因于促进经济发展，开始只是提供一个产业发展的用地，政策要求在规定时间内做到一定的产业规模，逐步向“产业特而强、功能聚而合、形态精而美、制度活而新”过渡。但是，特色小镇的远期同样要有一个良好的宜居环境，各项公共服务和基础设施能符合居民的要求，最终还是需要处理好居民的“诗意栖居”问题，本质上仍是居民点体系建设的组成部分。因此，规划中的远近结合是难点。

从长远看，作为政策对象的特色小镇，与作为居民点的小城镇之间存在着有机的联系，属于产业先导的新镇建设。与特色小城镇的区别只不过是在现有的基础之上发展，还是选取一个新的地块发展。特色小镇近期规划，要聚焦于发掘特色产业，打造创业创新平台，吸引人们特别是青年人来镇上定居，不能上来就作为功能齐全的城镇来开发。但是，以人为本的规划指导思想并没有改变，规划不能停留在经济发展这样的单一目标，要有一个长远的蓝图，处理好产、镇关系，就业与居住关系，综合考虑各项城镇基本功能，安排好公共服务和基础设施，改善整体人居环境，最终实现收入高、成本低、活动易、环境美、条件好的规划目标。因此，特色小镇规划是产业发展、设施安排、环境改善、文化保护、新技术应用、机制创新等内容的综合。

与乡村工业化和乡村城市化背景下的小城镇建设有所不同，在后工业社会，农业建立在生产规模、高度机械化的基础之上，工业与服务业成为社会经济的核心。更重要的是，特色小镇居住的人口不再是进城农民，而是到小镇上工作的创业者。他们的就业机会、收入水平、劳动强度，政府部门提供的营商环境、创业成本、审批效率，当地的教育水平、医疗条件、基础设施和公共服务决定了特色小镇建设的成败。特色小镇规划是城乡关系的重构，是传统小城镇的转型升级。

农业生产者成为企业员工，农业生产以市场交换为目的。各种非农的生产都不再仅仅是为了满足当地的消费需求，而是全球意义上的市场竞争。规划任务的重点从物质环境设计，转向政策引导。特色小镇规划的实施，根本就不是法定的，而是政策的。特色小镇建设完全市场化、公司化运作，要充分发挥企业主体地位和市场在资源配置中的决定性作用。不再搞行政级别、强镇扩权、领导配备等。特色小镇不审批，是政策鼓励条件下公开的竞争和创建，是由产业转型升级和新型城镇化战略结合提出的重大改革措施，是从村镇经济到县域经济到都市区经济的发展，是从成本驱动到投资驱动到创新驱动的转变。

5.4 选取发展重点的规划

5.4.1 小城镇争议的原因

争议的焦点。

最初，小城镇是作为“农村之首”的集镇和作为“城市之尾”的建制镇的代名词。后来，逐步成为一个具有浓厚的“中国特色”的常用词。从全球看，发达国家的小城镇往往指较小规模的城市性质的居民点，是高度城市化过程中形成的；欠发达国家的小城镇具有城乡两重的性质，就这一点看，与我国的情况有类似之处。有学者从区域角度研究乡村城市转型的，例如McGee研究亚洲提出的DESA-KOTASI，实际已超出居民点范畴。可是，各国的具体情况因人口密度和经济结构差异而大不相同，并不具备可比性。更重要的是，我国把小城镇作为农村经济和社会发展的大战略，其他国家很少有把小城镇作为一个专门的学术问题来讨论的。

作为城乡过渡状态的居民点，小城镇同时具有城市和村庄的特点，值得注意的是，它们正在逐步失去其乡村的特点，向城市过渡。这个动态的特征，使得小城镇规划的内涵和外延随着经济、社会的发展不断变化。关于小城镇的一些不同看法必须放到城市化过程中来认识。小城镇发展战略的推崇者主要是长期从事农村工作的专家，认为这是中国特色城镇化的必由之路。其反对者大多是长期从事城市研究的专家，他们怀疑城市发展方针，认为“严格控制大城市，合理发展中等城市，积极发展小城镇”的方针不符合城市发展规律；担心一哄而起的分散发展模式导致土地、能源等资源的浪费，对生态环境造成巨大压力甚至破坏。

这个争议只是表面现象。由于实行特殊的城乡二元经济社会政策，我国的城市化是政策导向的，政策干预下的城市化成了城镇化。城镇化的含义与城市化不同，乡村城市化、城乡一体化、郊区化等都有各自的特殊含义。支持发展小城镇，不等于说，现有乡镇都要大发展。反对发展小城镇，不等于说，现有乡镇都不要发展。从全国整体看，现有的小城镇不可能都大发展，也不可能都不发展。

在市场经济条件下，究竟是优先发展大中城市，还是优先发展小城镇，不大可能完全由政府决定。城市发展方针即使修改为“合理发展大城市，积极发展中小城市，有选择地发展小城镇”，其思路都是一样的，都是过于相信政府干预的作用。其实，小城镇是否要发展，并不是需要讨论的问题，没有哪一个学者认为居民点体系只有大中城市和村庄，而没有中间层次的小城镇。争议的焦点是，小城镇在居民点体系中的地位，政府重点支持哪一类的发展，其目标是什么。

混淆了三种概念。

关于小城镇发展问题已经争议了几十年，主要原因是争议双方混淆了小城镇的不同概念，误将作为居民点和管理单元的现有小城镇，与作为政策对象的小城镇混为一谈。双方都没有很好理解小城镇作为居民点、作为管理单元、作为政策对象三者之间的区别和联系。如果有一致的概念，双方的观点有可能是类似的甚至是趋同的。

作为居民点，小城镇属于居民点体系的中间环节，上有城市，下有村庄，中间称之为镇，一开始称集镇，后来称小城镇。居民点是由众多的自然、社会和人文因素逐渐促成的，不管称作什么，它们都是“客观的存在”。作为居民点，古今中外都有小城镇，规模不大，是为“小”；性质不明，是为城镇，处于“城乡过渡的中间状态”，区别于城市和村庄，没有什么好争议的。无非是从科学研究角度如何划定具体范围。当我们讨论居民点的小城镇时，强调的是人居实践，是居民愿意在哪儿住的问题。

作为管理单元，小城镇属于与“乡”平级的行政建制，这是中国特色的行政体制，强调的是便于社会的治理。由于管理单元可以不断进行调整，具有更多政治的人为的因素，争议就来了。例如，建立人民公社，多大规模？“改乡为镇”，有什么条件？还有“撤乡并镇”“移民建镇”，是根据交通通信条件的改善或重大工程需要做出的管理单元调整。这些都是重大的政策选择，因为涉及利益关系和权力结构会有很多矛盾，看法不可能都一致。有的人认为应该做，有的人认为不应该做，引起争议就很好理解了。

作为政策对象，小城镇战略是政府开展工作的手段，强调的是政府对居民点体系的作为。政策对象是可以灵活使用的，例如，设立综合改革试点镇、选取重点镇、命名历史文化名镇、搞特色小镇等。这些政策对象，很可能与行政单元重叠，也可能另外划了一块。不管怎么说，这个地方就采取这个政策。根据改革发展的需要设定政策对象，虽然也是治理的手段，但是相对讲，更是临时性的，具有更多的公共权力动态干预的特征，必然会产生不同看法。因此，关于发展小城镇的争议，并不是居民点意义上的小城镇，而是管理单元和政策对象的小城镇，争议主要是由于对城镇化重点的不同看法引起的。作为发展战略的小城镇，只能是政策对象，而不是居民点和行政管理单元。这时候我们把它称为小城镇、大战略。如果不是大战略，小城镇就不发展了吗？

动态地理解小城镇的功能。

不论是日常乡村生活的体验，还是理论上中心地理论的归纳，人们对于农村中心的作用是有共识的。小城镇是农村中心的主要类型，分析各种不同观点要考虑是哪一类、哪一级的小城镇。将小城镇作为大战略，重点是发展县城关镇，还是建制镇，还是乡镇？由于发展的对象不确定、优惠政策不到位，虽然已经推动了许多年，但是，实际产生的效果并不明显。农村问题专家谈论集镇的作用是强调较低等级的农村中心，城市问题专家谈论县城的作用，强调较高等级的农村中心。

根本的问题是，不同等级的农村中心功能不同，而功能又可以区分为经济、政治、文化、教育、卫生等不同方面，需要根据农村生活的不同需要用不同的方式处理。即使从经济功能的角度，也还可以分为乡镇企业型、农业服务型、交通枢纽型等。不论哪种情况，从小城镇在居民点体系中的作用看，它们既不可能消失，也不可能承担过多的功能。不管政府是否将它们作为发展战略，作为居民点的小城镇是不断发展变迁的。它们有兴有衰，延续时间长的，或许成了历史文化名镇，这与政府是否授予它们某个称号是没有关系的。

对于小城镇功能的认识，与城镇化理论研究有关。中国一直未能形成独特的研究思路，一方面是为中国特色作解释，另一方面是引进国际的研究成果，没有在特殊性与普遍性关系方面取得突破。例如，有一种说法，认为从世界上其他国家城市发展情况看，中国城市数量太少了。这是行政管理单元的概念，从居民点意义上，这个问题根本就不存在，那么多镇就不是城市？事实上，城市化是普遍规律，我们不能以中国历史和现状情况为借口，迟迟不出政策，满足于行政区划名称的变更。另一方面，我国长期实行城乡二元的制度，小城镇生活在夹缝之中。户口管理适度放开后，城乡居住环境问题更加突出。进入城市地区的小城镇，“城市不像城市、农村不像农村”。农村地区新兴的小城镇，“走了一村又一村，村村像城镇，走了一镇又一镇，镇镇像农村”。因此，不能按照西方殖民主义的城市化过程来衡量中国的城镇化。

需要注意两种特殊情况，一是划入城市规划建设用地范围内的集镇，不宜再称作小城镇，因为它们已属于城市的一个部分，不再单独构成居民点，需要按照所在城市的规划进行改造。二是乡政府所在地的集镇和其他不同功能的集镇，从行政管理意义上，可能是几个村庄组合，但是它们属于乡村中心，具有乡村城市化过程的基本特征，仍应称作小城镇。整体看，全国小城镇的情况是十分复杂的，无论是从性质还是从规模看，有的已接近中等城市，有的还只不过是低等级的农村中心。

5.4.2 小城镇规划的实质

小城镇发展的实际情况。

小城镇包括建制镇和集镇。建制镇包括县城、工矿镇，以及实行镇管村体制的建制镇。集镇包括乡政府所在地集镇和其他不同功能的集镇。这个定义体现了“中国特色”的城镇化过程。由于建制镇镇区、集镇相对而言用地规模不大，又不完全等同于城镇建成区的概念，兼顾了小城镇发展管理单元概念，为政策对象的选取指明了可操作的范围。这样做，有利于更好地理解小城镇发展战略所遇到的问题。然而，不论小城镇如何定义，全国现有的小城镇不可能都得到发展，实际的发展情况证明了这一点。

从全国范围看，在国家实施小城镇发展战略后的 18 年中，小城镇人口集聚程度仍不高，经济特色尚不鲜明，公共服务水平和基础设施提供能力都比城市低，小城镇发展战略并没有达到预期的目的。根据 2016 年住房城乡建设部对全国 18099 个建制镇、10883 个乡的统计分析，建制镇的建成区总人口 1.62 亿人，总面积 397.0 万公顷，平均每个建制镇建成区人口只有 8900 人，占地 219 公顷，每平方公里只有 4902 人；乡建成区总人口 0.28 亿人，总面积 67.3 万公顷，平均每个乡建成区人口 2600 万人，占地 62 公顷，人口每平方公里只有 4450 人。

住房和城乡建设部曾于 2016 年对全国 121 个建制镇的情况进行了抽样调查，调查发现，小城镇镇区人口的 70% 为农村户口拥有者，务农、打工、经商、上班各占四分之一，人均月收入还不到 1500 元。居民家庭基本是生存型消费，恩格尔系数 45%，相当于中国城市 20 世纪 90 年代水平。43% 的居民从不外出就餐，76% 的家庭从不外出旅游。小城镇人均住房面积达到 40 平方米以上，公共基础设施与城市有差距。调查表明，小城镇开发强度总的来讲很低，平均容积率只有 0.7，建筑平均层数为 2.4，建设用地中农村集体土地占 62%，国有土地不足 40%，居住用地占建设用地比例达 50%，自建房屋的比例高达 84%。更重要的是，小城镇大多建立在一个或几个大村庄的基础上，保留了较多的农村印记。这就解释了小城镇镇区建设用地中集体土地占比高的原因，一半以上镇区建设用地中的集体土地占比超过 70%。另外，小城镇镇区传承了村庄灵活自由的特点，空间布局形态相对松散，建设用地与非建设用地犬牙交错，闲置空地也较常见。在小城镇的建成区中，建设用地平均约占 73%，非建设用地约占 22%。小城镇镇区的住房调查也显示有 72% 的住房为自建房。① 这些数据特征均表明，小城镇规划根本没有发挥应有的作用。

小城镇规划的多种理解。

在居民点体系中，作为乡村中心的小城镇受到了特别关注。与城市或乡村一样，小城镇属于一个研究领域，不可能归于某一个专业或学科，用一种方法来开展研究。但是，小城镇研究，常常与政府工作混为一谈。不同部门和行业缺乏有效的沟通合作，中央和地方政府的责任分工不够明确，政府、市场、民众互动的机制不够完善。小城镇可以作为居民点、作为管理单元、作为政策对象分别理解。作为规划研究对象的小城镇，重点应是小城镇在居民点体系变迁中的规律，特别是吸引人们在小城镇居住的原因。这样，才能摆脱部门主义和学科偏见，为管理单元的调整提供有价值的参考意见，为政策对象的选取提供可靠的决策咨询，真正发挥学术的作用。

与小城镇概念多元的理解对应，小城镇规划的范围同样存在着广泛的争议和误解。狭义的小城镇规划，指行政上与乡平级的建制镇的规划，包括镇域规划和镇区规划。这种情况下，小城镇规划等同于镇的规划。广义的小城镇规划，向上可以扩展到县城的规划，因为有不少的县级市是“县改市”，这类小城镇规划与县级市规划类同；向下可以延伸到集镇的规划，因为有大量的镇是“乡改镇”，这类小城镇的规划与乡规划交叉。建制镇实行镇管村体制，镇域内包括集镇、村庄居民点，以及其他政策对象，小城镇规划还可以更广义地理解。

作为居民点，小城镇规划包括建制镇的镇区规划、集镇规划；作为管理单元，包括镇域规划、乡域规划；作为政策对象，包括特色小镇规划、田园综合体规划等。这样一来，就与原有的村镇规划产生了广泛的概念同构。正因为如此，村镇建设一词，更名为小城镇建设；村镇规划，更名为小城镇规划。更进一步，由于建制镇包括县政府驻地镇，小城镇规划扩展为县域规划或者县域城镇体系规划。又由于县级市不少都由原先的县改为市，县级市的市域规划，乃至大中城市行政辖区范围内，

① 赵晖，等．说清小城镇：全国 121 个小城镇详细调查 [M]. 北京：中国建筑工业出版社，2017.

也有不少小城镇规划的内容，甚至县及市本身的规划成了“小城”的规划。

事实上，四十年来，与小城镇相关的规划出现过许多不同的提法，需要知道其相互关系。由于镇与村关系密切，人们经常将村镇规划作为组合词使用。由于“改乡为镇”，而且乡镇是同一个行政级别，所以也有乡镇规划的提法。当将县域及其以下区域区别于城市建制时，又有了乡村规划之说。因为乡村居民点规模普遍较小，乡村规划经常与乡村设计一同开展，就有了村镇规划设计一词。中央提出小城镇发展战略后，集镇规划的概念逐步被小城镇规划所取代。于是，法定的村庄和集镇规划、镇规划与文件中的小城镇规划同时使用。大量关于小城镇规划的误解由此开始，引起了概念的混乱。

选取重点才是关键。

小城镇发展战略没有达到预期目标的主要原因是，地方政府普遍误将作为居民点和管理单元的现有小城镇，与作为政策对象的小城镇混为一谈。对小城镇狭义和广义的看法，虽然范围不同，其实思路是相同的，就是都将现有的居民点和行政管理单元作为考虑问题的基本前提。然而，关于小城镇规划范围的争议，实际上是关于发展重点的争议。从现有居民点和行政建制角度对小城镇规划的界定，恰恰是小城镇规划成为问题的起因。如果将现有的乡镇作为规划对象，不管是狭义还是广义理解，都没有抓住小城镇规划的要害。

如果将所有作为居民点的小城镇，即建制镇的镇区、各种类型的集镇，作为小城镇规划的对象，那就无异于原有的镇区建设规划。如果将所有的建制镇和乡作为小城镇规划对象，必然导致小城镇规划与法定的镇规划、乡规划无法区分，也就失去了小城镇规划提出的意义。必须明确，小城镇、大战略中的小城镇是作为政策对象提出的，其界定属于某种政策的适用范围。小城镇所包括的具体对象并不是最重要的，无须人为划分。关键是要通过小城镇规划的手段，在不同地区的不同发展阶段选取发展重点。只有把小城镇放在县市域甚至更大范围的城镇体系中进行考察，才能认清每个小城镇的功能定位，调整优化小城镇的布局，规划的科学性才能增强。因此，小城镇规划不是逐个镇编制的规划，而是重点镇发展的区域规划。应当从更大的区域范围，选取建制镇和集镇的发展重点。

小城镇规划的提法，起源于学术界城乡关系的讨论，兴盛于政府小城镇发展战略的实施，应理解为城乡规划专业实践的一项任务，也是政府组织开展的一项工作。从学术研究角度看，小城镇规划不构成学科和专业；从社会共识角度看，小城镇规划没有专门法律法规和技术标准的支持。小城镇规划是区域规划在一个特定领域的延伸和具体化。要区分位于大中城市规划范围内的小城镇、作为大中城市卫星城的小城镇、主要是为乡村服务的独立小城镇、在城镇体系中具有特殊区位条件的小城镇等不同情况，分别在不同的空间层次开展小城镇的规划。这样，才能符合中央“避免一哄而起”的基本要求。

在网络社会和生态文明中，城镇体系不再是自上而下的等级结构、职能结构，而是层级弱化的扁平的网络结构和生态系统。小城镇发展必须放到这样一个背景中重新观察。原有的小城镇及乡村居民点体系，是与农业文明相适应的，需要根据工业化和城市化要求进行调整，根据网络社会和生态文明要求进行优化。任何政策都不可能使原有小城镇都得到发展，衡量政策成功与否的标准是目标对象是否达到预期状态。从全国看，只能是一小部分镇规模有所扩展，大多数维持原规模提高品质，还有一部分必然要衰退。小城镇发展的长久动力源自有更多的人选择在小城镇上满足其生存发展的需要。

特色小镇规划的路径。

特色小镇建设中，“小而特、小而优、小而精、小而美”成为新的营造价值观。在人居环境方面，追求生活导向、步行尺度、紧凑型的空间场所，通过形光色等建筑特点，积累形成新的特色和亮点。在社会生活方面，追求文化品位、品质价值，以及企业与居民的文化认同、兴趣共鸣和心灵归属。人们认识到，小镇不一定要发展为城市，在小尺度、近距离、微景观的空间环境中，同样可以生活得很好。亲近自然、乡土情调、传统文化、熟人社会，成为新的吸引力。由于城市的空气污染、交通拥堵，到乡村、小镇过周末，已成为许多中产阶级的选择，同时交通通信条件的改进使得在小镇设立第二居所甚至工作场所成为可能。随着技术手段和管理能力进步，一些智慧小镇兴起，开始与互联网、物联网、大数据结合，从根本上改变了大城市生活方式和区位优势的观念。小镇超越了传统产业发展阶段，直接进入网购、文化创意、旅游、养老养生、现代设计的传统手工业、乡村酒店等，形成了三产融合型生态、轻资产发展模式。值得强调的是，在选定小镇的空间范围后，这些都是依靠市场形成的。

政府通过命名特色小镇推动特色小镇建设，与小城镇发展战略实施中通过命名重点镇的方式防止遍地开花，是类似的思维模式。其实，大多是对现状的认可，并不等于是对今后的长远预测。从发展过程看，特色小镇也好，重点镇也好，是竞争出来的，不是命名出来的。个别的小镇由于获得了某个重大项目的机会，迅速发展起来，这并无示范意义。所谓特色，是产生比较优势的前提条件，也是竞争力的具体体现。无法复制的独特性，很难由政府确定。这如同选拔运动员，只能是自身已经表现出某方面的优势条件，再搞强化训练，才有成功的可能性。因此，特色小镇的规划干预更多的是一种“价值引导、品质提升”。

6 统筹协调中的乡村规划

从城乡关系角度，讨论城镇体系规划、城中村改造规划的作用，以及建立城乡规划体系面临的重点和难点问题。长期实行的城乡二元经济社会制度导致了农民工居住环境和城中村问题，需要通过城乡融合发展、就地城镇化政策等逐步解决。城市规划与乡村规划是整体的，要对规划的空间层次提出划分原则，处理好“面”规划与“点”规划的关系，尊重市场规律，对城乡居民点体系进行重构。

6.1 城乡融合

6.1.1 城乡关系的重新认识

乡村优先论。

城乡关系是一个经典议题，主要有三种情况，一是马克思主义者所批判的历史上长期的城乡对立；二是理想主义者所希望的城乡融合发展；三是强调城市与乡村不同的功能，提倡城乡统筹、协调发展。

为了建立独立的工业体系，新中国成立后建立了城乡二元的经济社会制度、体制机制和政策框架，与改革开放后市场化的走向出现了矛盾，对进一步的发展造成了阻碍。主张优先发展乡村的学者强调，乡村是社会稳定的基础，而且无论城市化或者城镇化发展到哪个阶段，乡村将会永远存在。没有乡村的发展，中国的现代化不可能真正实现。乡村优先论，不仅是学术争论，而且对政策产生了重大影响。

20世纪80年代，中央曾连续五年发布“一号文件”，强调农业生产、农村经济的重要性，并对农业农村发展和乡村建设等方面做出了统一安排。随后的十多年里，虽然我国的城市和小城镇从数量上有了很大的增长，但基本上是通过标准修改（乡改镇）和名称修改（县改市）实现的。事实上按照与GDP发展水平比较，我国的城市化是滞后的。到20世纪90年代，与国际平均值比较，其滞后程度还在拉大。

进入21世纪之时，农村改革和发展面临众多新的难题。从1997年开始，农民收入增幅连续4年下降。虽然实施了小城镇发展等战略，1997年至2003年，农民收入增量只有城镇居民收入增量的五分之一左右，连续7年每年增长不到4%。城市改革的延宕使得农村富余劳动力无处安排，非农化与工业化的成果被平均掉了。城镇用地制度不能维护农村经济主体的财产权益，无力制止滥占耕地的行为。曾经有学者呼吁，应将土地转移过程中的增值收益主要返还给农业和农民。[①]

与此同时，农村的各项社会事业也陷入了低增长期，城乡发展严重失衡。粮食主要产区普遍出现“有饭吃，缺钱花”，“吃饱了饭，看不起病，读不起书”的现象，农村社会矛盾日益突出。在这一背景下，中央从2004年开始，每年再次发布以“三农”为主题的中央一号文件，强调“三农”问题在中国社会主义现代化建设中具有的重要地位。这些中央一号文件主线就是统筹城乡发展，构建强农、惠农、富农的政策体系，目的是加快实现农业现代化、农村全面小康和农民增收致富。所谓的统筹，其实际含义是加快乡村的发展，是城市时代到来时强调乡村重要性的一种体现形式。

城市优先论。

在不同阶段，国家对城市发展的重视表现为不同方式。中国现代工商业意义上的城市是在半殖民地时代被动形成的，处于世界市场体系的边缘。新中国成立后，受苏联的影响，国家要将消费城市变为生产城市。1954年，中央召开第一次城市工作会议，确定了“城市建设为国家社会主义工业化、为生产、为劳动人民服务”

① 温铁军．农村城镇化进程中的陷阱[J]. 战略与管理，1998（6）：43-55.

的基本方针。这时，对城市的重视体现在对工业生产和新建工矿区的重视。1955年，国家基本建设委员会明确，今后新建的城市原则上以建设小城市及工人镇为主，并在可能的条件下建设少数中等城市，没有特殊原因，不建设大城市。

20世纪80—90年代，有一种流行的观点，认为如果一亿农民进城，相当于要建设100个100万人口的大城市，因此，不主张农民进入大中城市，担心粮食供应和国家财政根本无法承受。主张发展大中城市的人认为，这样的算法只关心国家财政的投资，根本不关心社会的总投资。仅仅因为国家财政拿不起钱来建设城市，就不让农民进城，完全是计划经济时代所形成的思维模式惯性。农民们有钱建设大量乡镇企业和住宅建筑，以及公共建筑与基础设施，如果将它们集中起来，大中城市就自然形成，只不过是分散还是集中的问题。[①]

更重要的是，大量投资所建设的乡村公共建筑和基础设施，过于分散，是巨大的浪费。应将经济规模效益作为考察城镇规模合理性的主要因素。大中城市创造的就业机会，小城镇无法比拟。改革开放后城市优先论，指对发展大中城市的重视。21世纪是城市的世纪，不仅指城市化进入快速发展时期，更是指大城市数量和规模的持续增长。这时，优先发展城市的重点放在特大城市及其地区，而不是将资源分散投向小城市和小城镇。

城乡融合发展。

我国处于社会主义初级阶段，城乡发展不平衡、不协调，是经济社会发展中存在的突出矛盾之一，是全面建成小康社会、加快推进社会主义现代化必须解决的重大问题。关于城乡关系的争论从未停止，在逐步认识城市化发展规律的同时，关于城乡关系也出现了大量似是而非的概念，但是并没有人公开主张保持城乡对立。不同观点的区别主要体现在对城乡融合、城乡统筹、城乡协调，城市化、城镇化、逆城市化等概念的不同看法。

由于城乡二元结构没有根本改变，城乡发展差距不断拉大的趋势难以根本扭转，因此，不少学者认为，必须健全促进城乡一体化发展的体制机制，推进城乡一体化

① 郭书田，刘纯彬，等. 失衡的中国 [M]. 石家庄：河北人民出版社，1990：97.

发展。城市发展与乡村变迁都与城镇化进程有关。城镇化，不仅是城市问题，而是各个空间层次综合变迁的过程，要将城市群、大中小城市，以及小城镇和乡村的发展统筹考虑。2013 年，中央召开了城镇化工作会议，全面部署城乡统筹协调发展。2015 年，中央召开了城市工作会议，明确了城市作为核心竞争力的地位。随后，国家发布了“新型城镇化规划方案”，其核心是推进人的城镇化，而不是土地的城镇化。从城市优先发展，到城乡协调发展；从大城市过度扩张，到大中小城市和小城镇共同繁荣；从少数人先富起来，到追求社会公平，促进产业发展、就业转移和人口集聚相统一，逐步成为共识。

改革开放以来，我国的农村发展虽然有很多困难，但是已经取得了巨大的成就，特别是党的十八大以来在统筹城乡发展、推进新型城镇化方面取得了显著进展。在此基础上，党的十九大做出重大决策部署，中共中央、国务院于 2019 年印发《关于建立健全城乡融合发展体制机制和政策体系的意见》，针对城乡要素流动不畅、公共资源配置不合理等问题，要求从根本上消除城乡融合发展的体制机制障碍，重塑新型的城乡关系，走城乡融合发展之路，促进乡村振兴和农业农村现代化。这可以看作是一个新时代的开始。过去的城市化、城镇化、城乡统筹发展等提法，最终演化成了城乡融合发展这个概念。①

人居角度的城乡关系。

从人居实践角度看，城乡只是不同的居住形态，本来就是一个整体，中间并没有明确的界线。各种关于城乡关系的概念本质上是人居整体形态的描述方式。受城乡关系不同观点的影响，与城乡建设有关的讨论长期集中在是优先发展大城市，还是大中小城市与小城镇协调发展，具体的政策往往与公共资源的投向有关。

早在 1982 年，吴良镛在《世界建筑》和《建筑师》丛刊举办的大型学术报告会上作了题为“关于城乡建设若干问题的思考”的报告，分析了人口城市化对城市的冲击，提出把城镇建设成为社会主义“两个文明”（物质文明和精神文明）的中

① 温铁军说，当我们讲城乡融合发展的时候，它既不是过去的那个城市化（urbanization），也不是过去的城镇化（townization），而是一个叫作 urban rural integration 的概念。

心，建议“以大中城市为基础（依托）形成各类各具特色的经济文化科学技术等中心，组成合理的城镇体系，逐步形成城乡之间、地区之间的综合性网络，促进城乡经济和社会协调发展”，在“努力搞好中心城市建设和改建”的同时，“十分重视小城镇的建设”。[①] 在农村改革取得成功之时，提出重视城市、城乡协调发展，还是很有远见的。

经过随后三十多年的努力，我国已经把相当于美国加日本人口总量还多的人数吸引到了城镇。从城市外观看，面貌日新月异，各项设施标准普遍高于乡村。实际情况是城市发展快、农村发展慢，城乡融合关键是城市带动乡村发展。在这个时期，既需要保持一定的城乡生活水平的落差，促进城市化；也不能加大城乡差距，导致社会动荡。城市化地区都经历过农村劳动力转移到非农产业，农村居民变成城市居民的发展阶段。在城市化过程中，以城带乡是普遍规律。市场经济改革过程中，出现了土地城市化快于人口城市化的现象，对小城镇进行的政策干预并没有达到预期目的，促使我们重新认识城市与乡村的关系。

同时必须看到，由于经济增长速度很快，城市规模总体上粗放发展，城市政府普遍缺乏管理现代城市的经验，住宅紧张、交通拥堵、垃圾围城、空气污染等大城市问题日趋严重。此外，城市基本公共服务缺乏，城市建筑本土文化不够自信。这些城市病在大城市尚未得到有效的解决，部分中小城市，甚至县城，也得上了城市病。

在城市病扩散的同时，不少地方的乡村同样处于混乱状态。虽然建设了大量房屋和道路等基础设施，贫穷落后的乡村面貌有了很大改观，但是，由于管理能力和技术力量严重不足，许多新建房屋大而不当、质量低劣，公共厕所、垃圾与污水处理等设施缺乏，乡土传统文化破坏严重。农村改革成功的利益已经远去，乡村人才和资源流失，出现了城乡差距扩大趋势。从更大区域范围看，村庄空心化、小城镇发展乏力，与城中村违法建设、城市基础设施不足、区域环境污染等一起构成城乡问题。

城乡统筹要以打破城乡二元结构为出发点，最终实现缩小城乡差距、城乡共同富裕文明的目的。城乡统筹、协调、融合，城乡一体化发展等，不应当成为城乡二

① 吴良镛．关于城乡建设若干问题的思考 [J]. 建筑师，1983（1）：31-45.

元经济社会结构的“遮羞布”。事实上，城市病与乡村衰退互为因果，城市发展与乡村振兴是同一个事情的两个方面，乡村人居改善的长久动力源自城镇化过程中城乡关系的改善。乡村问题不只是在乡村人口占绝大多数的时候应该重视，乡村问题在任何时候都是无法回避的。

6.1.2 就地城镇化政策

以县城作为载体的县域城镇化。

在流动人口规模快速增加的同时，流动的半径范围扩大，主要集中在大城市和东部发达地区。城市问题通常是由于城市人口快速增加、相关的公共服务供应跟不上而引发。于是，限制人口增加、加大城市建设的投入，成了主要的解决问题的办法。然而，各项法规和政策对大城市的限制似乎没有任何作用，大城市的发展总是更快一些。这是一个悖论。限制人口增加，同时加大对城市建设的投入，城市环境就会得到改善，城市的吸引力反而大增。城乡的生活质量差异是城市化的主要动力，城市化快速发展，城市问题就依然存在。明白了这个道理，就能更好地理解为什么城乡统筹发展被狭隘地理解为加快乡村建设的原因。

如果乡村城市化处理得比较好，产生就业机会，就会吸引部分人留在传统的乡村地区，而不是全部涌入现有城市，特别是大城市。这样的思路形成的惯性思维统治中国决策多年，逐步演化为就地城镇化的政策。在小城镇发展战略作用弱化后，人们开始对过于分散的乡村城市化有了新的认识，以人为本的新型城镇化成为现代化的必由之路。政策目标是，一方面，争取将 1 亿有条件在城市落户的农民在所工作的城市落户；另一方面，是将就地城镇化作为落实新型城镇化、促进城乡融合发展的重要举措。

所谓就地，主要是指在县域范围内。县，是我国历史上最稳定的基层治理单元，县域的生活环境相对宽松宜居，有独特的传统农业和生态资源，还可以发展休闲旅游、特色农业、现代物流、健康养老、农耕文化体验等新产业，形成新业态。住房城乡建设部的课题研究表明，随着城市就业竞争加剧，农民工就近流动的态势明显，县域城镇化的动力得到增强。

随着县城、重点镇在保障群众生活、就业、住房、交通等方面作用越来越大，“县—镇—村”联动性越来越强，县域内的城乡联系更加紧密，“城乡双栖”“工农兼业”“城乡通勤”现象日益明显。尤其是位于大都市圈和城镇密集地区的县，农民既可以去城镇就业、消费和享受公共服务，也可以利用当地生态、文化资源发展乡村旅游和休闲服务业。在中部和北方乡村供暖条件较差的地区，下乡居住享受乡村生活的同时，进县城居住过冬，也成为不少居民的选择。

正如城市不能独善其身，乡村也不能单独改善。由于特殊的城乡二元结构，随着工业化的成熟，我国的城市化进入高速发展阶段，作为各种活动载体的人居环境问题更加突显出来。如果乡村工业化没有伴随健康的城市化，就将成为改造的对象，而物质环境改造的成本高、涉及范围大，转型是十分困难的。一般来讲，当一个国家的城市化率达到70%左右，会出现逆城市化现象。然而，人口从城市向乡村反流，或者在两者之间摆动，并不符合我国城镇化发展阶段的特点。受政策阻挡，我国的城市化率一直滞后于工业化。直到2020年才突破60%，据测算，到2035年将有可能超过70%。[①] 这些数字还只不过是统计口径意义的，如果不包括长期居住在城市中的农民，速度将大为下降。

1949年以来的城乡二元体制、计划生育政策和市场化改革塑造了中国独特的城市化进程。与县域内其他的村庄和集镇相比，县城具有较完备的公共服务设施、优良的人居环境，生活成本较低，理应成为农业转移人口安置家庭、定居的首选地。住房城乡建设部的调查表明，近三分之一的镇上居民希望到县城生活。因此，人口在县城和乡村之间摆动，新型城镇化并没有真正实现。要不断加强县城在就地城镇化过程中的核心作用，将县城建设成为吸纳农村劳动力转移的首选空间、实现农民现代化生活的有效载体，在承载返乡回流人口创业、统筹协调城乡发展方面发挥更重要的、关键的纽带作用。

县及县城发展的政策困难。

长期以来，我国县和县城在全国整体发展中的定位是不够清晰的，从“农业支

---

① 王凯，林辰辉，吴乘月．中国城镇化率60%后的趋势与规划选择[J]．城市规划，2020（12）：9-17.

持工业、农村支持城市”，到“以工促农、以城带乡”，再到“把城乡发展一体化作为解决三农问题的根本途径”，县和县城发展的政策导向已经出现多次明显的变化。然而，在工业化加速发展和以城市为竞争主体的背景下，县域经济发展总体上比较困难，县城经济发展水平也不高，带动就业能力有限。加上一些城市热衷于通过行政区划调整来提高城镇人口规模，2010 年至 2018 年末全国共有 99 个县撤县改区、30 个县撤县改市，进一步导致县政府工作重心从重视“三农”、统筹城乡转向关注非农经济和城市发展。

随着不断推进的撤县设市、设区等行政区划调整，县始终处于发展动力不足、效率不高、品质不优的局面。在市管县的体制下，县的财政收支、土地资源配置、公共服务和基础设施投资等方面，与城市相比，均处于弱势地位。与此同时，在按层级分配资源的体制下，县级责任却越来越大。一是高素质人口大量外流。从县域流出的劳动力基本为青壮年和知识水平较高、能力较强的群体，高中以上受教育人口大量流向大城市，多数返乡农民工受教育水平不高；拥有较高素质的乡贤，受城市户籍限制返乡渠道不畅，导致基层人口素质和自治能力持续下降。二是自上而下的建设用地指标分配机制导致优势资源和用地向大城市集中，县域发展空间受到限制。三是财税收比例占比低，融资难度大。县域经济贡献全国 GDP 总量的 24%，但税收收入仅占全国的 7.2%，使得县域公共财政负担较重、财力短缺问题突出，县城的住房保障水平低。

为解决在县城工作、子女就近上学等问题，城乡“双栖”、城乡通勤人口对县城住房需求不断提升。但是，公共服务设施供给不足，市政基础设施建设水平相对偏低，各类设施统筹难度大，建设运行成本高，生态环境保护压力大，居民文化生活相对单调，社区级文化设施建设缺乏。县城内的城中村、老旧小区数量庞大，配套设施不完善、居住环境脏乱差，部分居民仍住在棚户区中，基本居住功能不齐，居住安全得不到保障，与人民群众的美好生活需求不相适应。要推动城乡融合发展见到实效，需要健全体制机制，促进农业转移人口市民化。这些处于低收入家庭边缘，难以稳定进入城市生活的人，亟需构建更有针对性的住房保障体系，加大对新就业职工、外来务工人员等新市民和部分城乡“双栖”群体的住房保障力度。

6.2 城市中的乡村

6.2.1 农民工及其居住环境

农民工的产生及总量变化。

在很大程度上，中国的现代化是占人口大多数农民的现代化。由于长期实行城乡分割的制度，在社会主义市场经济体制建立过程中，逐步形成了一种特殊的中国国情，城市居住者分为原有的城市居民和进城的农民，乡村居住者分为传统的农民和乡镇企业的职工，即所谓“双二元结构”，或“三元结构”。核心的问题是人的就业和居住环境。

通常将进入城市就业，但是其固定住所仍在农村的劳动力，称为“农民工”。客观上，农民工的产生，增加了农民家庭的收入，缓解了城市就业结构性失衡和部分行业用工短缺的问题，为经济发展提供了低成本劳动力资源。因此，农民工很快成为城市经济和社会生活中不可缺少的组成部分,在经济发达地区的城市更是如此。城市居民不愿意干的脏活、累活、险活，技术简单、收入又低的活，劳动密集型的工作，基本上成了农民工的就业机会。可见，真正的挑战并不是选择发展大中城市，或者小城镇和乡村，而在处理好城市与乡村的关系。这种关系浓缩在人的关系上。

传统中国农民一直生活在社会的最底层，贫穷且无基本权利保障，他们中的大多数长期居住在破旧的住宅中，生活在缺乏基本服务的村庄上。直到新中国成立，农民才分得土地，真正翻身作了主人。1949 到 1957 年间，我国人口是可以自由迁徙的。1954 年、1955 年和 1956 年的迁徙人口分别达到 2200 万、2500 万和 3000 万，可以说，相当活跃。但是，受后期政策的影响，农民生活改善不大。加上在实行人民公社制度的二十年间，国家多次采取下放城市居民到农村的政策，农村发展机会尽失。因此，直到“文革”后期，我国仍有近 2.5 亿人没有解决温饱问题。

改革开放后，农民的生活普遍得到改善，部分人逐步走向富裕。20 世纪 80 年代后期，沿海地区经济快速发展，劳动力需求日趋旺盛，但是国家不愿改变二元的经济社会制度，于是，逐步采取了“不改变农民身份”“不改变城市供给制度”为前提的农民进城务工就业政策。然而，政策上“摸着石头过河”，没有取得大的进展。尽管城市生活非常需要，大量农民工长期工作、生活在城市，城市却没有正常吸纳他们。

1989年后，农村劳动力打破城乡和区域的封锁，流动就业，形成举世瞩目的“民工潮”，外出农民工增加到3000万人，占当时乡村非农劳动力的35%。农民家庭就业、乡镇企业就业和外出务工就业成为三个不可或缺的基本方面，同时改变着城市劳动力市场。1993年达到6200万人，2003年达到1.1亿，分别占当年乡村非农劳动力的56%和62%。至2004年，如果按照外出3个月以上作为统计口径计算，进城市务工的农民1.18亿，在乡镇企业就业的农民1.36亿，考虑到有些外出务工农民是到异地的乡镇企业就业，难免有一些重复计算，农民工总人数约2亿人。[①] 2010年后，农民工总量增速有所回落，但是，根据国家统计局年度农民工监测，2004年，全国农民工总量超过2.7亿，其中外出农民工近1.7亿。2021年两会上国务院总理答记者问时说中国有近2.7亿农村在城市务工人员。

农民工的社会地位及其影响。

由于农村不可能吸收所有的劳动力就业，大量的农村劳动力进入城市后，却不能像城市户口拥有者那样得到同样的待遇，产生了独特的社会现象。农民工由农村老家进入城市后，原有的人际关系发生了革命性变化。农民工是大中城市流动人口的主体，游离于城市体系与农村体系、体制内与体制外、正规市场与非正规市场、传统行业与现代行业之间，实际处于边际人的地位。作为这个社会的特殊群体，他们为城市创造财富，却无法享受城市的住房、教育、医疗和社会保障政策。

在城市生活的农民工，社会地位普遍不高。社会学研究表明，他们在融入城市后，很难找到真正可以信赖的朋友，感到无法掌握自己的命运。毫无疑问，农民工对于城市居民而言是一个弱势群体。特别是刚进入城市时，无依无靠，生硬地介入了城市生活。由于城乡二元的体制“天生”剥夺了他们作为城市居民的基本条件，他们拥有、依赖和可支配的物质和社会资源十分贫乏，唯一的优势就是他

---

① 关于农民工数量的研究，参阅翟振武，段成荣．农民工问题现状和发展趋势；韩长赋．关于农民工问题调研后的思考。见国务院研究室课题组．中国农民工调研报告[M]. 北京：中国言实出版社，2006：523，63.

们相对年轻，体力比较充足。[1] 因此，农民工从事的工作基本上集中在体力劳动领域。

由于社会已经习惯于长期实行的二元管理体制，缺乏城乡统筹的思想基础。政策研究与学术讨论，以城论城、就乡论乡，多年来难以根治。农民工及其家人近 3 亿人在城市劳动、生活，却不能像城市居民享受同等的公共服务，打工的收入水平使得农民不敢在城市消费，形成了巨大的“消费塌方”。这些问题表面看是城市的，实际上却是城乡的。更大的挑战是，如何处理好城市建设发展与乡村建设发展的关系问题。因为这个问题不仅是扶贫济困，而是涉及新型城镇化的健康推进，涉及经济社会的可持续发展，涉及小康社会全面建成后的中国发展。

城市住房的购买力对于中国的经济发展影响巨大。如果房地产市场萧条，住房供应过剩，保障房建设就会成为政府的负担。由于受到计划生育政策的影响，城市人口结构已发生重大变化，一个普通家庭由上一代的 3 个孩子，变成了这一代的独生子女，城市自身内部产生的劳动力减少。住房的刚性需求需要依靠在城镇化过程中进城的农村人口才能托起来。但是，城乡分割的土地体制和土地财政政策，推高了房价，在城市周围地区以外生活的农民基本上无法获得财产性利益，收入太少。农民工的收入水平往往也无力购买住房。单纯依靠高收入人群购多套住房的做法，不可能促进城市房地产市场的健康发展。

农民工的居住环境。

居住问题是城乡关系最为直观的体现。住房和城乡建设部政策研究中心曾对移居城镇的农民住房问题进行专题研究。研究将城市移民区分为从农村流入城市的和其他的两类人群，再将农村流入城市的人群区分为农民工和“农转非”“村改居”等方式转为市民的农民。改革开放后的 30 年间，我国城镇人口增长 4.4 亿，基础设施配套齐全的城市建成区面积扩大了 4 倍。但是，这个成绩的取得主要是通过补历史旧账、行政区划变更和政府推动的城市结构调整实现的。如果不包括农民工，

---

① 世纪之交，这一类的研究多了起来，例如个案研究，参阅王春光．社会流动和社会重构——京城“浙江村”研究 [M]. 杭州：浙江人民出版社，1995；总体研究，参阅柯兰君，李汉林．都市里的村民——中国大城市的流动人口 [M]. 北京：中央编译出版社，2001.

我国的城镇化率将下降10个百分点左右。[①]

图 6-1　城市范围内的农村和农民研究

城市对于农民工的定居和生活并没有清晰的政策思路，政府没有考虑农民工巨大的居住需求。由于大量农民工无处居住，而聚集于城中村，或城乡接合部，那里增加了大量的出租房屋。因为只有这样的住宅环境条件是可以支付的。根据住房和城乡建设部政策研究中心的抽样调查，至2009年，仍有80%的进城务工人员居住在农民的出租屋内，绝大多数的人均居住面积小于5平方米。建筑工棚的人均居住面积仅为1平方米左右，而且市政服务设施、卫生条件等都比较差。这些房屋往往违法建设、质量低劣。不少城市都曾试图对此进行改造，面临的困难都超出了预期（图6-1）。

城乡过渡的居住环境形态的出现、城中村的发展、边缘区的建设，与外来人口租用住宅、临时搭建的住宅是同一个问题。农民工在乡村没有就业机会，无奈到城市工作，其收入水平租不起住房，更买不起住房。在这种情况下，政府却不允许在城市占地建房，造成大量成家的新移民只能在城内过集体生活，形成了民工潮外来者密集居住区，表面上比贫民窟好看的集体宿舍（工棚），并把家庭留在农村，而且自己也不可能扎根于城市，通常在“出卖青春”之后便回乡度过余生。

住房由政府包下来的做法，已不适用原有城市居民，更不可能为新进城市的农民工及其家庭所采取。开发企业不可能将消费对象定位于可支付能力较弱的农村进

① 住房和城乡建设部政策研究中心．移居城镇的农民住房问题研究[Z]．国家软科学研究项目报告，2008.

城的“弱势群体”。原有城市社区本身发育并不充分，更是不可能服务于这一“外来群体”，有的甚至进行排斥。由于城市的排斥，部分农民工选择回村生活。住房问题之外，还有夫妇生活问题、留守儿童问题等。

经过多年的努力，农村居民才获得了进入县级市以下的城市和建制镇落户的政策许可。大量在大中城市打工的农村劳力，他们在城市的居住条件恶劣，基本上都住在城中村、城乡接合部和工地。可是，却把有限的收入积累用于在农村老家建设面积很大的房子，长年无人居住，造成巨大浪费。与大力发展城市的政策不同，强调通过对乡村的投入实现城乡统筹和协调发展，客观上却使中国农民进城务工者长期成为“两栖人”。

6.2.2 城中村问题

城中村的狭义和广义理解。

城中村可以狭义和广义地理解。狭义的城中村，原本是城市建成区边缘的村庄，在城市发展过程中，全部或大部分耕地已经被征用，但是，当地的农民却仍然留在原居住地，并且保留一部分供他们建房居住的宅基地。这里的城中村，指村落由于农民转为居民后仍在原地居住而演变成的居民区，亦称“都市里的村庄”。

广义的城中村，指由于城市发展速度过快，将原有城市周边地区的村庄包围起来。虽然城市扩张迟早会使用这些土地，但是，因为各种各样的原因，在征用过程中，有的不大顺利。因此，这些村庄还来不及改造成城市的一部分，无法按照现代城市进行日常的管理，于是，这一部分农村土地只好保留其原有的性质，继续实行原有的土地资源管理方式。其地面上的居民点，也只好保持农村居住形态。生活在其中的农民仍按照乡村建制进行管理。

改革开放以来，随着我国工业化、城镇化、市场化快速推进，许多城市出现了不同形式的城中村，一些处于城市建成区边缘等待改造，一些已经位于规划区内、周围被城市已建设用地包围，但是在土地权属、户籍、行政管理体制上仍然保留着农村模式。城中村还有另外两层含义。一是从人的角度看，城市居民中生活着部分农民。这些农民即使长期在城市生活工作，身份却不能改变。二是从物的角度看，城市中需要长期保留部分村庄。此两者，有密切关系，但又不完全相同。

从行政意义上讲，城中村有的尚未改制，有的改制后还没有改造。因此，城中村形成了一种独特的城乡过渡状态的社会现象和物质形态。从整体空间看，城市的外围城中村最多，从全国分布看，沿海经济发达地区更多。虽然保留村庄的形态，城中村已经不宜再按照村庄进行管理。城中村的规划建设管理，关系到统筹城乡发展，是中国特色城镇化的组成部分，既要正确处理和保护农民合法权益，也要防止城市基础设施投资带来的土地增值被无贡献的原住民独得。

城中村问题的表现形式。

城中村作为问题首先是环境混乱引发的社会管理问题。城中村居住者多元，除当地村民、市民外，这里是外来人口的主要居住区，在沿海一些城市达 60% 以上，最高的城中村达 90% 以上。① 大量农民工也选择在城中村居住。由于城中村居民只是空间上的集中居住者，无法形成城市新社区。

以厦门市为例。厦门虽然面积不大，但空间层次多样化，基本情况在全国具有普遍性。据市规划局资料，厦门本岛 132 平方公里，2002 年有行政村 21 个，自然村 92 个，农村面积共 63 平方公里，占全岛面积的 49%。其中，已经形成的城市建成区约 15 平方公里，还有约 37% 的本岛面积属于城中村。城中村有农村常住人口 5.8 万，约 1.6 万户。部分行政村已有小量转为非农业的人口，还有农业人口 4.09 万，占全岛户籍人口 52.12 万的 8%。厦门岛内可供征用开发的城市建设用地总量约为 23 平方公里。在 23 平方公里范围内，统计有农村总建筑面积 700 万平方米，人均达 119 平方米。1998 年至 2001 年间，厦门市城监支队曾对本岛农村逐户清查，11 个村 4228 户中，存在非法占地违法建设行为的 3112 户，占 74%。一些村庄甚至出现了大规模、群体性抢占抢建现象。全岛实际违章建筑面积高达 300 万 ~ 400 万平方米，其中，住宅建筑约占 7 成。

从行为主体看，有的是居民家庭的个人行为；有的是单位以改善单位职工住房困难为由建设住房，低价出售，从中渔利；还有些房地产开发商在建设过程中擅自

① 建设部课题组．城中村规划建设问题研究 [M]. 北京：中国建筑工业出版社，2007：5.

增容，在建设主体工程时利用周围绿化和配套设施用地建设店面等出租经营，也有的临时建筑过了批准的使用期限不拆除，或售楼处长期存在；还有个别部队等特殊单位未经过批准，用营房用地与开发商合作搞房地产，用于出租和出售；甚至有些部门打着公益事业和宗教活动场所建设的旗号搞违法建设。

从行为类型看，有的用集体土地进行非法房地产开发和经营，有的非法租赁集体土地，或用集体土地作抵押贷款，以土地入股开办各种实业。由于城中村集体土地区位独特，处于城市边缘，具有稀缺性，与国有土地使用权相比，又相对低廉，市场需求旺盛，导致宅基地与工业和商业用地相互交织，不仅影响城市美观，也阻碍城市化进程，制约着城市的健康发展。全国缺乏这方面的专门统计，从建设部门调查研究和每年处理的违章建筑情况看，各类违章建筑有很大一部分处在城乡接合部的城中村内。这些违章建筑没有任何报批手续。由于房屋密度高、基础设施不完善，采光通风等卫生条件差；各种管线杂乱无章，排水、排污不畅，垃圾成灾，街巷狭窄、拥挤，存在严重的安全隐患。因此，城中村的治安状况较差，个别的流动人口成为犯罪群体。城中村的土地使用存在大量乱占、乱圈现象，违法建设十分严重，改造更为艰难。

城中村居民的利益关系。

城中村被一些学者认为是具有中国特色的贫民区，其形成原因同样很有特色。人们大多关注城市功能和形态的问题，较少认真分析利益关系。正是复杂的利益关系使得城中村改造十分困难。通常情况下，城市管理者希望划入城市范围的村庄能尽快改造完成，而社区层面却并不支持。主要原因是，改革开放以来我国城市化进程快速发展，生活在城市边缘的村民整体上成为经济发展的受益者。首先是农产品商品化带来明显的实惠，其次是城市扩展引起的土地升值带来巨大的利益。所以，“城中村”的居民一般都有雄厚的集体资产和较高的个人收入。从个体理性选择的角度看，城中村这种特殊的建筑群和村落体制的形成，实际是农民在土地和房屋租金快速增值的情况下，追求土地和房屋租金收益最大化的结果。

二元所有制结构使得村民可以低价甚至无偿取得土地的使用权，由各户村民自行建设后出租，获得尽可能高的租金，土地和房屋租金收益最大化的结果导致城中村问题进一步加剧。富起来的城中村农民参照城市企业事业单位建立各种福利制度，如养老基金、子女读书基金。与此同时，他们又享受农民的政策，如计划生育、宅基地。在这种情况下，改变农民身份，意味着放弃唾手可得的利益。城中村的利益关系在历史上是从没有出现过的现象。城中村的当地农民与外来的农民工两种类型的农民在城中村聚集，形成了一种极为复杂而独特的强烈对比。

城中村可以从我国城乡二元管理体制及土地的二元所有制结构加深理解。从地域角度讲，它属于城市的范畴。从管理角度说，它仍保留了传统农村的因素。城市土地属于国家所有，而农村土地属于集体所有，两者的转换过程产生巨大利益。城市政府依靠它形成土地财政，农民集体与个人依靠它形成城中村的收益。从社会学角度讲，城中村是二元所有制结构并行存在、共同发挥作用的“边缘社区”。

6.3 城乡规划的推进

6.3.1 区域规划的实现形式

城镇体系规划。

与单个乡村居民点规划的道理一样，城市中密度最高的城区的规划同样需要依据。这些依据的获取，离不开对行政辖区范围居民点体系、相邻的城际关系和城乡关系的认识，因此人们常说，一个好的城市规划必定是区域规划。但是，在操作层面，区域规划需要更为具体的实现形式。在多大范围进行规划，可以算作区域规划，而其中小范围的规划就可以不算？区域中的什么内容需要区域规划，而其他的可以在下一个空间层次安排？这些问题涉及“点”与“面”的相对关系，需要在实践中反复探索。

在全球意义上，人们逐步认识到，当今世界，国与国之间的竞争很大程度上表现为城市的竞争，特别是城市地区之间的竞争，城市群是参与国际竞争合作的重要平台之一。所以，要培育壮大城市群。通过加强和完善城市群规划，创新发展体制机制，提升中心城市的综合承载能力。在此基础上，更大范围的区域规划受到重视，例如京津冀协同发展、长江经济带、黄河沿线发展，全国“两横三纵”的城镇化格局，乃至“一带一路”的倡议等重大战略部署陆续出现。大范围的区域规划主要是机制建设。实际上，不同类型的区域规划都要通过城市规划和具体项目的安排，才能发挥作用。在操作层次，实施区域规划主要指在区域内加强基础设施建设，协同治理“城市病”，保护与传承历史文化，提升城市品质，搞好城市的精细化管理。在区域的框架内，城乡统筹才能有更好的前景。

改革开放后，农民物质生活的改善成就巨大，有目共睹。但是，城乡基本公共服务差距很大。如果不由城市向乡村延伸或提供服务，乡村无法单独建立基本公共服务体系，在乡村自身范围内无法统筹城乡。城乡统筹的规划理念与城乡分割状态下的城市规划和村镇规划的思路不同。实践需要真正的城乡规划，而不是处理好城市地区的规划和乡村地区的规划关系。因此，区域规划的实现形式需要进一步多样化，规划的空间层次要根据城乡统筹发展的需要进行划分。

1984 年国务院颁发的《城市规划条例》要求在城市总体规划编制中，将行政区域作为统一整体，合理布置城镇体系。1989 年版的《城市规划法》进一步要求，编制全国城镇体系规划和省、自治区范围的城镇体系规划，明确直辖市、市、县政府所在地镇的总体规划必须包括行政辖区范围的城镇体系规划。城镇体系规划成为实现区域规划的合法形式。作为主管部门，建设部随后制定了《城镇体系规划编制办法》，对不同空间范围的城镇体系规划提出更为具体的要求。

城市规划实践中，城镇体系规划逐步地成为区域规划的代名词。许多城市试图通过编制城镇体系规划，将主要居民点之间的关系纳入城市总体规划的视野。县城的总体规划将县域范围的城镇体系规划作为重要内容。城市规划从此开启了对接村镇规划的渠道。另一个重要的外在因素是“县改市”。这个行政体制变革，模糊了人们心目中的城乡空间界线。县级市中实际上包括了农村。从地表空间规划角度来看，这恰好为“一级政府、一级规划”的空间管制模式创造了条件，成了推动村镇规划向更大空间层次推进以及传统城市规划冲出市区范围，共同进行全域规划的一个重要因素。

以县域作为统筹对象。

比较而言，在众多不同类型的区域规划中，更加直接的城乡统筹规划是县域层面的规划。县域指县的行政辖区，由于县改市，延伸到县级市的行政辖区，为表述方便简称县域规划。通过编制和实施县和县级市规划，在其行政辖区范围内建设城乡统筹的服务管理平台，推动城乡基础设施建设协调发展，指导县城、乡镇、村庄的规划建设。这不仅是20世纪80年代开始的县域规划探索的延续，更是在新的形势下对大中城市吸纳农村劳动力缓慢的一种补救措施。

早在1982年，城乡建设环境保护部城市规划局就在湖南省湘乡县召开座谈会，邀请四川省介绍乐山市、大足县的全域规划编制经验和做法。翌年，中国建筑学会城市规划学术委员会在四川省乐山市召开小城镇规划学术讨论会，交流了县域规划编制经验。建设部随后开设了若干经济较发达地区城镇化途径和发展小城镇的技术经济政策研究课题，专门设立了县域规划的专题，进行了全面的探讨，形成了资料专辑。专家们普遍认为，发展小城镇必须搞好县域规划。20世纪90年代，不少专家对县域规划的认识趋向宏观综合，认为县域规划是有关地区的宏观发展设想最终落实到地域空间的，兼定性、定量、定向工作为一体的区域综合发展规划。它不是某一部门或某一方面的专业规划，任何仅仅是定性定量或定向的规划，也都不能视之为完整意义的县域规划。[①] 还有一些城市在法定规划以外编制了"城乡一体化"的规划，对空间协调进行了初步的探索（图6-2）。

温岭市城乡一体化规划

●空间协调发展规划●

(一九九八 —— 二0二0)

南京大学城市规划设计研究院

浙江省温岭市人民政府

一九九九年六月

图6-2　浙江省温岭市城乡一体化规划

从村镇规划实践的角度而言，乡镇范围规划已不能满足乡村城市化发展的需要。于是，村镇规划专业人员也开始探索县域范围的居民点体系规划问题。例如，原中国建筑

① 晏群. 关于开展市（县域）规划的若干问题的思考[J]. 城市规划，1991（5）：25-27.

技术研究中心村镇规划设计研究所编制了江苏省昆山县规划，对县域范围城镇村体系布局进行探讨。 随着小城镇问题讨论的深入，重点镇的发展成为关键。重点镇不可能在乡镇域范围内产生，乡镇规划没有区域协调的作用。省级政府管辖范围太大，市县之间矛盾多，协调过程复杂，成本太高，很难真正形成共识。如何科学地选取重点镇，促进其健康成长，必须要有县（市）范围的城乡规划作为依据。县域规划对于防止恶性竞争，保护空间资源，避免小的局部失误带来大的全局被动都有一定的作用。更加重要的是，规划实施中，县级政府对于行政分割的交通沿线建设，港口、饮用水源等重要基础设施的选址，以及乡镇行政区划和土地的调整所进行的协调更为直接有效。

我国的县域经济和城镇化发展水平区域差异显著。东中西部、城镇群内外、平原和山区的地理条件、资源禀赋、历史发展基础存在较大差异。县城发展目标要依据所处区域条件和发展阶段，尊重城镇化和经济发展规律，才能合理确定。从政策设计角度，对于城市群内部，或者人口密度较大、资源环境承载力较强、发展潜力较大的县，可以按照中小城市的标准，重点加强人口和产业集聚；对于生态环境脆弱、人口密度较小、缺乏比较优势的地区，需要重点做好生态环境保护和城乡基本公共服务保障。原则上，建成区常住人口 20 万人以上的县城，可以按同等规模的城市要求配置基础设施和公共服务；常住人口 5 万人以下的县城，只能先补齐基本功能的短板；比较而言，常住人口 5 万 ~ 20 万人的县城，更需要加快提升就地城镇化的承载能力。

长期的城乡二元制度造成思维的巨大惯性。在省级以下单元，重视区域规划、城乡统筹发展，被狭隘地理解为在城市地区之外，抓好小城镇和新农村的建设。由于小城镇发展没有实现预期的目标，提高以县城（县级市）为载体的就地城镇化水平成为新的选择。实际上，这可以看作是回到小城镇发展战略希望的正确路线。缩小城乡差距，无法通过维持现有乡镇的功能实现。如果建成一批县城（县级市），作为返乡农民工和农村转移人口的定居、养老首选之地，将农村劳动力吸引到那里就业生活，令大城市居民向往，确实是一举多得。经过一段时间努力，基本补齐公共服务和基础设施短板，更加宜居。同时，以县域为单元的城乡建设统筹机制、公共服务网络初步建立，辐射带动作用更加突出。

乡村城市化试点。

为探索中国特色乡村城市化道路，应对城乡分割、地域分割的方法，加强小城镇建设，早在20世纪90年代，建设部就选取一些经济条件较好的县（市）作为乡村城市化的试点，包括张家港、绍兴、无锡、顺德、荣城、福清、巩义、郫县等。试点的主要目的是更好处理乡镇与乡镇之间发展建设重复的矛盾，避免在人口和用地规模上出现局部之和大于整体的问题。因此，需要发挥县（市）规划指导单个乡镇规划的作用，探索城市规划与村镇规划的融合，研究县（市）域范围城乡规划建设管理工作的统筹和改进，以及如何实现与经济、社会、环境发展的良性互动。

建设部印发的《乡村城市化试点县（市）工作要点》和《试点县（市）乡村城市化指标体系（试行稿）》的通知（建村〔1996〕526号）中要求，各试点县（市）要编制和完善城镇村各项规划，特别是要研究探索县（市）域城镇体系合理布局、公用设施的最佳规模标准、乡村城市化的指标体系和提高小城镇规划、建设、管理水平的政策与措施。乡村城市化试点县（市）的规划可以看作政府推动、学术界支持的传统城市规划与村镇规划融合的实践探索。虽然一些县（市）的规划对农村的调查研究不够深入，对农民住宅建设用地（宅基地）调整考虑不切实际，但是，毫无疑问，这是将城市规划和村镇规划整合为城乡规划的良好开端。每个试点县（市）都制定了工作方案，并经建设部批复，随后组织了年度的检查和交流，并扩展到政府部门组织的对乡村城市化的理论研讨。

关于规划的名称有不同看法。一是主张简称“县域规划”，便于宣传，比较好记。但是，这容易与当时计划部门牵头编制的区域规划相混淆。尽管县域的区域规划也很有必要编制，但是，将内容扩大到经济与社会发展等领域，从基层的实际能力和部门的职责分工看，基础资料水平、规划人员的知识结构难以满足要求。需要研究的内容过多，工作机制也不健全，很难牵头完成。

二是主张按照已有实践称作“县域城镇体系规划”。但是，当时的县域城镇体系规划大多结合县城的总体规划而编制，是城市总体规划审批的一项内容。组织开展县域城镇体系规划意味着对许多城市和县城的总体规划进行修编，可能会引起操作上的混乱。另外，县域城镇体系规划内容比较狭隘，大多数质量不高，缺乏实施的机制。

第三种意见认为，没有必要对名称进行统一，关键是看具体的县域有什么需要规划编制的内容。但是，其核心内容是县域城乡建设与发展的空间关系协调，要处理好单个乡镇不能解决的问题，例如重点小城镇选取、公路沿线建设、全县基础设施的配置和生态环境保护区划定等。清华大学编制的无锡县（锡山市）域规划、张家港市域规划，中山大学编制的顺德县域规划，都打破了城乡樊篱，统筹考虑全县（市）社会经济发展需要、城镇化水平、基础设施与公共建筑的配置、环境保护、土地利用等内容（图 6-3）。受建设部城乡规划司委托，南京大学结合编制江宁县域规划，起草了《县域规划编制要点》。

图 6-3　乡村城市化试点县市部分规划成果

2000 年，为促进名称使用的规范化，建设部在 “关于公布乡村城市化新增试点的通知” 中明确要求，31 个新增加的试点县（市、区）都要编制县域城镇体系规划。在县域城镇体系规划指导下，调整完善乡镇域村镇总体规划和村镇建设规划。同年，建设部印发《县域城镇体系规划编制要点》。可见，传统城市规划自上而下、新兴村镇规划自下而上向同一个目标迈进。

城乡规划融合成为大势所趋。2000 年，国务院办公厅印发《关于加强和改进城乡规划工作的通知》（国办发〔2000〕25 号）。2002 年，国务院印发《关于加强城乡规划监督管理的通知》（国发〔2002〕13 号），同年建设部等 9 部门对通知的贯彻落实提出要求。这一时期对城市规划扩展为城乡规划进行了广泛而深入的探索，为后来研究起草《城乡规划法》积累了宝贵的经验。

6.3.2 城中村改造规划

城中村改造规划的难点。

严格讲，城中村改造规划属于城市发展的范畴。但是，城中村本质上是在城市化过程中逐步形成的村庄类型，既受到城市的影响，又无法摆脱原有农村的习性，二者混合产生独特的空间现象。城中村改造难度极大，是全国几乎所有城市特别是大中城市都面临的重大课题。城中村规划的难点在于城中村土地所有权状态复杂和违章建筑过多。

《土地管理法》第二条规定，中华人民共和国实行土地的社会主义公有制，即全民所有制和劳动群众集体所有制。城中村同时具有两种土地所有制，是小空间范围土地二元所有制结构。《土地管理法》第九条规定，城市市区的土地属于国家所有，农村和城市郊区的土地，除由法律规定属于国家所有的以外，属于农民集体所有；宅基地和自留地、自留山，也属于集体所有。这一条规定在《中华人民共和国宪法》中得到确认。城中村内全民所有制和劳动群众集体所有制土地的转换成为规划能否实施的关键。

最初，城中村位于城市管理范围的边缘，由于城市发展需要而被划入城区后，成为城市管理的对象。当地政府以公共利益需要为名征用集体土地，拥有国有使用权后，却转让土地使用权获得商业上的利益，形成土地财政。问题在于，集体所有权的土地可以向国家所有权土地转化，反之则不行。转化的条件是根据国家，而不是集体的需要而定的，方式为出让。同时，集体所有权主体之间也不能相互转化。由于两种所有权的权能不平等，集体所有权向国家所有权转化是单向的，产生了两方面问题。一方面，现实中征地赔偿款偏低、侵害农民权益的事件时有发生。另一方面，集体土地所有者在所有权交易中讨价还价，甚至漫天要价，并产生“钉子户”。因此，城中村的土地普遍存在国有所有权与集体所有权混杂现象。

城中村土地的所有权状态大体可以分为三类：一是已“撤村建居”，土地已被国家全部征用，村已经被城市完全包围，原农民已全部转为居民，只是保留着农村的生活习惯，不再享有集体土地所有权。二是正在“撤村建居”。土地大部分已被征用，但原农民未转为居民，土地所有权国家与集体交叉混杂。三是尚未“撤村建居”，但是已列入城市框架范围，土地仍属于集体所有。第一种情况不再是我们讨论的范围，后两种情况需要编制城中村的规划。城中村规划的特殊性在于处理好各方面的利益关系。

城中村外来人口多，很多村民甚至靠出租违章建筑为生，建筑密度高，土地与房屋产权普遍混乱。一些保留乡、村行政建制的城中村尚有农民集体企业财产，是当地农民赖以为生的基础，处理这些财产，解决安置农民就业是巨大的难题。国家拆迁政策和土地政策的调整，居民和农民产权和维权的意识提高，拆迁、征地难度更大。因此，改造城中村必须因地制宜。在统一制定政策前提下，区别不同情况，确定不同的改造方式。

从居住需要角度讲，城中村的违章建筑是一个历史问题，不能希望在很短的时间内全部解决。解决这个问题首先要知道产生问题的根本原因。表面上看，政府不作为是关键，使得利益驱动成为诱因，加上制度还不健全，在早期阶段没有及时得到制止，大量的违章建筑就产生了。这里忽略了一个十分重要的基本原因，就是有巨大的居住需求。这个需求通过正常的渠道得不到满足，使得当地农民可以利用自家的住房出租而营利。如果将农民的出租房屋改造成城市公寓，就要考虑这些农民工租赁者是否有能力并愿意为此支付租金的问题。因此，居住有需求是内在驱动力，分工不明确是外在催化剂。

城中村改造规划成败的关键。

众所周知，土地的价值通常是由区位条件决定的，区位条件除自然因素外，多数情况下可以通过基础设施而改变。由于城中村已经处于城市之中，自然因素的影响小于其他的地区。可以认为，在同样的经济水平上，规划是土地价值的决定性因素。计划经济时代形成的城市规划体制，主要是针对国家土地建设新城，通常是规划师编制规划，辅助政府官员进行决策，较少考虑原有居民的利益。这与城中村规划完全不同。如果规划在城中村中开出一条道路，实际意味着从政策上为驱逐原居民提供了依据。

城中村土地所有权问题之所以难以解决，不是因为空间布局，而是因为复杂的利益群体。从专业角度，城中村原居民基本上没有能力决定自己的居住环境，政府的服务宗旨和规划师的价值观成为决定城中村规划的关键。因此，城中村改造方式多样，无论哪种方式，必须由政府统一组织，统一规划。从政治上讲，目的是将利益分配权掌握在人民手中。从科学上讲，目的是不让开发商的利益观掌控城中村改造的过程。土地的一级开发、征地拆迁和市政配套工程建设由政府统一负责，可以避免更多的后遗症和遗留问题。

采用政府搞规划设计，完成市政管线道路，适当补贴，居民组织住房合作社自己建房的办法进行改造，有助于调动当地居民的积极性。除了原已批给开发商的土地外，不鼓励采取商业开发形式。从整个城市的利益看，一定范围的土地供原有居民居住，会比改作其他用处更加不合理，政府需要计算这个范围的土地利益的结构。农民获得土地的方式是政府政策，即当时将这块土地保持原有用途是合理的。变更政策时要考虑目前和规划期限内的利益关系合理性。城中村规划编制要研究居住需求、现状权属关系。大量的外来人口，是城市经济的重要基础。在计算人均社会、经济、环境指标时可能没有计入，但如果因此低估他们的劳动，就会做出错误的决策和规划。城市规划特别是详细规划中，要把城中村的土地权属作为重中之重进行深入细致的调查研究。

城中村改造规划有两个前提条件，政府的高度重视和人民群众的迫切要求。从规划落地的角度，首先需要搞清楚的问题并不是资金投入，而是居住者的收入水平，即可支付能力。政府财政、开发商投资、集体积累都只不过是特定阶段的“外力”，如果建设的居住环境超过居民的可支付能力，就将出现更换居住者的问题。因为标准过高，必定由更富有的人入住，或者要长期保持补贴，难以为继。事实上，农民要求进城的时候，脚下土地还没有形成真正的资产，还不是利益来源。农民不愿意改变身份，是因为土地有了增值的可能性。

城中村改造规划是群众利益的一次大的调整，势必造成各种矛盾冲突。建立健全城中村改造工作的协调机制，各相关部门和城区、施工单位形成整体合力，编制的规划才有意义。城中村改造规划的目标应是多元的，村民要得到满意的居住和生活环境，开发商要得到合理利润和回报，政府要得到城市投资环境的改善。否则光凭政府一方面的力量是难以为继的。不少城市为此做出了积极的探索。从组织方式讲，既有政府主导、开发商主导，也有村集体主导。从规划布局讲，既有新村模式，也有新城模式。比较一致的是，坚持维护村民的合法权益，提升村民的生活质量，是城中村改造成败的关键。

城中村改造规划难度最大的是，土地已全部或大部分被国家征用，农民已全部转为城市户口，但是宅基地还未被征为国有，实行村管理方式的地区。因为这些地区的村民们平均生活水准已超过城市居民。很多农民有自己的企业，或是从事房屋租赁。货币安置又很难使农民满意。北京市提出，对已撤销了乡、村行政建制，没有农民集体财产和宅基地产权的地区，等同于城市的危旧房改造区，妥善安置农民工外来人。对已农转非的农民宅基地，按征用农民土地给予足够的补偿。对无业、无生活来源的农转非人员，建立相应社会保障制度。珠海市提出，对旧村居民所有合法房屋按面积进行补偿，使居民通过旧村改造“旧房变新房，小房变大房”。对特困户提高周转期的搬迁费用补助标准，对弱势群体在楼层选择上给予优先考虑，对子女入学由教育部门就近安排。对参与旧村改造的开发商，根据旧村的区位和房屋拆迁量，确定每拆除 1 平方米房屋可以免交 2 ~ 3 平方米的商品房开发楼房面积的地价，差价由开发商用于安置被拆迁村民。

6.3.3 城乡统筹规划

规划区的划定及其作用。

从城市到城乡，一字之差，规划究竟发生了什么变化？或者说，从立法角度，调整对象从“城市”扩展为“城乡”，意味着什么？从空间范围观察，首先涉及对“规划区”作用的认识。1989 年版的《城市规划法》第二条规定，制定和实施城市规划，在城市规划区内进行建设，必须遵守本法。明确了法律调整范围，一是制定和实施城市规划，二是在城市规划区范围内进行建设活动。《城市规划法》第三条规定：本法所称城市规划区，是指城市市区、近郊区以及城市行政区域内因城市建设和发展需要实行规划控制的区域。城市规划区的具体范围，由城市人民政府在编制的城市总体规划中划定。也就是说，城市规划区范围外的土地利用和建设活动，不属于这部法律的调整范围。

受《城市规划法》思路的影响，村镇规划同样建立了规划区的概念。《村庄和集镇规划建设管理条例》（简称《条例》）规定，制定和实施村庄、集镇规划，在村庄、集镇规划区内进行居民住宅、乡（镇）村企业、乡（镇）村公共设施和公益事业等的建设，必须遵守本条例。明确了法规的适用范围，一是制定和实施村庄、集镇规划，二是在村庄集镇规划区内进行建设。村庄、集镇规划区外的建设，不属调整的范围。《条例》明确，村庄、集镇规划区是指村庄、集镇建成区和因村庄、集镇建设及发展需要实行规划控制的区域。村庄、集镇规划区的具体范围，在村庄、集镇总体规划中划定。也就是说，在乡村范围内，同样不是所有的乡村地域都实行规划管理。村庄、集镇规划区范围外的土地利用和建设活动不适用本条例。

城市规划区具体划定的主体为城市人民政府。划定的时间为编制城市总体规划时。村庄、集镇规划区具体划定的主体为乡级人民政府。划定的时间为编制村庄、集镇的总体规划时。城市、村庄和集镇规划区是规划审批的内容之一，需要经过批准后才具备法律效力。《城市规划法》以及《村庄和集镇规划建设管理条例》确立的规划区，不仅明确了规划部门、建设部门行使监督管理职权的地域范围，即城市规划实施管理的"一书两证"和村庄、集镇规划实施的土地利用和建设管理制度的范围，也成了相关法律法规的立法基础。[①] 规划区概念，对于城乡规划的编制、实施和监督管理都具有重要意义，同时，在协调城乡规划与相关规划关系、界定规划建设部门与相关部门的职能关系等方面，也发挥了重要作用。

规划区引发的问题。

在规划实施中，规划区也暴露出一些问题，主要包括：规划部门的监督管理范围仅限于规划区，缺乏对规划区外土地利用、建设行为的约束，这在制度上产生了规划管理的"真空"地带。同时，也造成了城市规划仅对城市规划区内具有指导作用的认识。原则上，城市建设应当在城市总体规划确定的规划区范围内进行，除部

① 多项国家法律、法规，以及部门规章、地方性法规和规章有涉及规划区的内容。例如，《土地管理法》规定，"在城市规划区内、村庄和集镇规划区内，城市和村庄、集镇建设用地应当符合城市规划、村庄和集镇规划"。《城市房地产管理法》规定，"在中华人民共和国城市规划区国有土地（以下简称国有土地）范围内取得房地产开发用地的土地使用权，从事房地产开发、房地产交易，实施房地产管理，应当遵守本法"。《铁路法》规定，"在城市规划区范围内，铁路的线路、车站、枢纽以及其他有关设施的规划，应当纳入所在城市的总体规划"。《建筑法》规定，"申请领取施工许可证，应当具备下列条件：在城市规划区的建筑工程，已经取得规划许可证。"

分重大项目如水利、电力工程，公路、铁路等线性基础设施，农业设施外，规划区外不得进行建设。但是，《城市规划法》对此并未做出明确规定。由此，导致城市规划无法调控规划区外大型基础设施建设，规划区外公路、铁路等两侧建设混乱、随意圈占土地、设置开发区等问题大量出现，且难以予以处罚。

城市规划区的划定带有很大的随意性，部分大城市将整个行政区域划定为城市规划区，造成实施管理中诸多新的问题。① 将行政辖区划定为城市规划区，虽然解决了规划区外土地利用、建设缺乏监管的问题，但是引发了城市规划对村庄和集镇建设管理的困难。《村庄和集镇规划建设管理条例》规定，城市规划区内的村庄、集镇规划的制定和实施，按照《城市规划法》的规定执行。受管理力量的局限，规划部门对行政区域内大量村庄、集镇、建制镇的土地利用和建设活动，难以实施有效的规划管理，大量土地利用和建设活动没有依法办理规划许可，不仅降低了城市规划的权威性，还导致了城市规划部门的行政不作为。

将大量远离市区的村庄、集镇划入城市规划区，忽视城市和乡村的客观区别，要求农民自建住宅、乡村公益设施等都按照《城市规划法》规定办理“一书两证”，不仅没有必要，实际上也不可行。由于城市规划管理、村庄和集镇规划管理通常分别由规划局、建设局负责，致使出现城市规划区内的村庄、集镇规划区两个部门都有权管理的情况。城市、镇、集镇、村庄作为居民点，在编制规划时都应当划定相应的规划区。大的规划区范围内的居民点规划，不再单独编制总体规划并划定小的规划区。但是考虑到乡村技术力量弱，辖区范围小，村庄分散等特点，村庄规划区范围在编制乡镇政府所在地总体规划时划定，决定哪些村庄从规划期限看，不再需要编制规划。一些城市在城市规划区内的建制镇、村庄、集镇，仍然编制了规划，并相应划定规划区，从而出现规划区内又存在多个小的规划区的情况，造成管理矛盾。

---

① 例如，武汉市总面积为 8392.8 平方公里，规划区面积为 1064.4 平方公里。青岛市总面积为 1946.22 平方公里，其中城市市区面积 1316.27 平方公里，实行规划控制的区域面积为 629.95 平方公里。西安市城市总体规划的中心城市规划范围总面积 1532.4 平方公里，因城市建设和发展需要实行规划控制的区域为 9983 平方公里。南京市总面积 6516 平方公里、天津市 11919.7 平方公里均实行行政辖区为规划区。重庆市行政辖区面积 8.23 万平方公里，城市规划区范围同都市圈范围一致，面积 2500 平方公里。

规划区遇到的实践问题，从理论高度看，需要解决一个基本的认识，是将乡村规划看作城市规划的延伸，还是搞成另外一个规划？如果城市规划适用于村庄和集镇，等于否定规模等级对规划的影响。当然，城市本身也有规模大小的区别，但那是量的区别，与村庄和集镇存在着质的区别。单个村庄和集镇无法构成一个完整的生活单元，需要形成体系共同构成；而城市大小的不同只是完整的生活单元的数量不同。长期从事城市规划与转而从事村镇规划的专业人员对此看法不同。前者主张不要在乡村地区另搞一套规划，后者认为城市规划不能适用于乡村地区。

城乡社区规划的探索。

在城乡二元制度框架内，即使是针对县（市）同一个空间范围的规划，也以城乡分割的体制为前提。由于行政分工问题，城市规划主管部门组织编制的城镇体系规划很少考虑乡村发展问题，建设主管部门组织编制的村镇体系规划很少考虑城市发展问题。由于两者的空间联系事实上不可分割，规划管理中必定产生矛盾。城市与乡村只是不同的居住形态，就人的步行尺度而言，社区才是基本单元。乡村生活之所以没有城市方便，就是因为在社区尺度上，步行距离太远。在县（市）域的范围内，建设完整的城乡社区，将它们作为服务居民的基础单元，有利于提高就地城镇化的质量，改善居民的日常生活。

完整社区是在适宜居民步行范围内，有完善的配套设施、适宜的活动场地、健全的服务体系以及共同的社区文化，居民归属感、认同感较强的居住单元。城乡社区规划是对现有的城市和乡村按照步行尺度对社区进行的改造和优化。规划首先要以完整社区为标准，对现状进行调查或体检评估，查找突出问题和短板。

完整社区的范围，与地形条件、居民认同感和管理需求等因素有关，一般应以社区居民特别是老年人和儿童的适宜步行时间和距离确定。通常情况下，步行时间10分钟，用地规模为8～20公顷，人口规模约0.5万～1万人。一般6～8个完整社区组成一个功能组团，人口规模约3万～8万人。对于小微地块开发，要严格遵循功能组团管控要求，制定合理的开发方式；尽量避免过小地块单独开发。功能组团同时也是设施网络配套单元，应满足15分钟生活圈的基本要求。规划中，按照行政区划、人口分布、主导功能、路网结构、服务设施等因素，将空间规划对象划为若干功能组团，合理确定功能单元管控的内容，推广功能单元整体开发模式。

在城乡社区规划的基础上，以完整社区建设为切入点，统筹全县（市）基础设施和公共服务布局，强化县城（市区）与区域发展廊道和更大中心的紧密联系，建立以县城（市区）为核心的“30分钟交通圈”，构建“县城（市区）—功能组团—完整社区”三级公共服务供给体系。依据社区人口的结构特征，以实际服务人口的规模确定公共设施供给总量，以居民满意度为标准评估公共服务供给水平和效率。建立居民联系和共识，培育社区文化，引导和影响城乡居民行为习惯，营造和睦的邻里关系和融洽的社会氛围，以增强城乡居民的认同感、归属感。

风景名胜区规划的归属。

风景名胜区是人居环境的一个特殊组成部分，与乡村关系密切。风景名胜区具有观赏、文化或科学价值，自然景物、人文景物比较集中，环境优美，通常比村庄和集镇拥有更大的规模和范围，可供人们游览、休息或进行科学、文化活动。虽然风景名胜区的常住居民人数有限，但是随着社会经济的发展，人民群众生活水平的提高，旅游事业发展十分迅猛，外来游客活动强度明显增强。据统计，1992年前确定的国家级风景名胜区，用同口径对比，每年旅游人数约增加1000万人次，到2003年已超过1亿人次，当地居住人口的数量已经无法与旅游人数比拟。

风景名胜资源具有稀缺性和不可再生性。与城市规划、镇的规划、村庄集镇规划比较，风景名胜区规划服务的人不是当地的居民，更多的是短暂停留的游客；所采取的措施不是以建设为主，而是重在监督和保护。在设施建设和服务方式上，更加强调自然与人文资源以及生态环境的和谐和永续利用。风景名胜资源经常跨行政区域分布，风景名胜区的规划不能被省域城镇体系规划、城市规划、镇的规划所替代。

风景名胜区规划是城乡统筹的典型。资源的保护和利用，与区内居民点的发展休戚与共、相辅相成。风景名胜区内的土地大多数属于农村集体所有，资源保护的全民责任和当地农民致富的利益矛盾必须认真对待和处理。风景名胜区规划必须处理好风景名胜资源的公共使用与当地富民政策之间的关系，既要满足旅游观光、休闲度假等需求，又要促进当地经济发展，更要保证风景名胜资源的永续利用。风景名胜区规划只能独立存在于城乡规划体系中，作为城乡体系中一个独特的组成部分，风景名胜区的规划重点是对核心景区进行控制和旅游城镇建设加以引导，核心是严格限制核心景区内的各类建设，结合各项专项规划，严格实行统一规划，防止城市化、人工化和不恰当的商业化。风景名胜区内的小城镇应重点发展旅游设施建设，发展服务业。①

城乡规划体系的建立。

经过五十年的探索，初步形成了由城镇体系规划、城市总体规划（大城市增加分区规划）和建制镇总体规划、城市详细规划（分为控制性详细规划和修建性详细规划）和建制镇建设规划、村庄和集镇规划、风景名胜区规划等规划的我国城乡规划体系。但是，这个规划体系仍旧是建立在城乡二元体制基础之上的。由于二元体制的巨大惯性，1985 年颁布的《风景名胜区暂行管理条例》，1989 年颁布的《城市规划法》，1993 年颁布的《村庄和集镇规划建设管理条例》，其城乡分治的思想依然占据主导地位。三农问题、富余农村劳动力流动和富裕农民的发展空间被忽视，规划的编制强调空间形态，缺乏强制性要求，还不能适应投资主体多元化和为多种经济成分服务的需要，规划的科学性和适应性等有待改进。城乡规划的作用愈显重要，二元的法律制度已经不适应市场经济的快速发展。

《城乡规划法》中城乡规划体系包括城镇体系规划、行政建制市规划、行政建制镇规划、集镇和村庄规划、风景名胜区规划。城镇体系规划分为全国城镇体系规划纲要、省域（包括省、自治区、直辖市）城镇体系规划、县域城镇体系规划。城市规划、镇规划、风景名胜区规划一般分为总体规划、详细规划。直辖市以外的城市、镇、集镇，虽然要求编制行政辖区范围的城镇、村镇布局规划，但不再称之为城镇体系和村镇体系，以免空间层次过多和自成体系。将镇的规划从城市中单列出来，以体现镇内涵的变化。确认实践中提出的控制性详细规划、修建性详细规划两个名称，但是修建性详细规划不再作为政府规划必须的内容。乡村规划的内容进一步简化，以适应技术力量比较薄弱的现实情况。然而，二元体制存在一天，就会继续影响城乡规划。

① 这部分的内容有些来自建设部城乡规划司向国务院法制办关于城乡规划法的立法说明。

镇作为联系城乡的桥梁，对于实施城镇化战略具有特殊重要的作用，也是城乡统筹发展的一个关键节点。居民点从特大城市到小村庄，其界线划分是根据管理需要而定的，并没有统一的标准。1984 年国家调整设镇标准后，各地“撤乡改镇”速度大大加快，实际的驱动因素在很大程度上是受城市建设维护税率的影响。虽然在性质上属于城市，镇有为农村地区服务的职能，不能按一般城市的标准和要求来规划建设。镇的巨大地域差异，使得镇规划在城乡规划中具有特殊的意义，是研究城乡规划体系需要统一认识和深入探索的焦点，必须在城乡规划编制中给其以应有的地位。探索符合中国国情的镇的规划，是城乡规划法的重点和难点。镇规划应根据其不同的特点各有侧重，明确必须控制建设活动或禁止建设的地域。规模大的建制镇需要编制控制性详细规划。各级政府特别是县级政府要探索镇规划为农民服务的工作机制。对于镇管村的规划，要按照《村民委员会组织法》要求，由村民在民主协商的基础上决定，强调村民自治，不能按城市规划的理论和方法去规划、建设和管理。

6.4 适应市场化的规划

6.4.1 城市化理论的中国化

人本角度的城乡一体化。

国际上的城市化研究，最初主要是对发达国家工业革命后城市化进行的观察，20 世纪后半叶，发展中国家的城市化快速增长，并向主要的大城市集中，推动了全球范围城市化的研究。总体上讲，城市化研究由西方学者主导，提出的理论成果基于全球化背景，人口基础决定城市分布，剩余产品分配决定城市等级体系，市场经济决定城市发展。即使是对发展中国家城市化的研究，其实也是西方学者居多，本质上是欧洲中心论所控制的殖民文化，是在依附型的理论框架下所开展的城市化研究。用线性发展的思维分析问题，认为西方是发展的方向，世界的城市化是基于殖民地供应的各种资源和消化部分产品而实现的。

学术界对于城市化的利弊是有不同看法的。联合国人居中心在其组织编写的《人类住区报告 1996：城市化的世界》前言中写道，“在我们即将迈入新的千年之际，世界真正地处在了一个历史的十字路口。城市化既可能是无可比拟的未来之光明前景所在，也可能是前所未有的灾难之凶兆。”，还说，“乡村地区居民外流已成为人类历史上最大的流动潮，他们本是为了寻求更好的生活，可其结果是用乡村贫困换来了城市贫困，而且住房，或者说缺少住房，是他们面临的最显著的问题。”[①]

中国学者对于城市化理论的认识，大多处于介绍和解读西方学者成果的状态，或者是，“西方理论、中国证据”，一直未能形成独特的研究思路，缺乏影响全球的学术贡献。我国实际的城市化进程一直由政府政策控制，并不受学术研究的影响。事实上，发展中国家如果用西方的方式发展，永远不可能再有机会了。与西方对外扩张的海洋文明有所不同，中国是世界上人口最多的国家，人均资源贫乏，农业文明影响久远，工业十分落后，如果不能走出一条自己的发展道路，根本无法改变“落后挨打”的局面。对我国城市化进行研究必须看到这一外围情况和时代特点。

我国曾经长期实行计划经济，随着户籍制度的实施，适应并强化了二元经济和社会结构，这是工业化初期国家发展道路的选择。结果是，工业化没有伴随城市化，导致乡村工业化和乡村城镇化。1984 年，中央《关于经济体制改革的决定》确定建立公有制基础上的有计划的商品经济。虽然人口开始流动，但是，当时城镇化的快速发展是通过调整行政区划实现的。随着市场经济体制的不断完善，中国城市发展面临一个特殊矛盾，就是如何调整与重组长期计划经济体制下形成的城市空间，校正中国工业化和城市化的关系，以适应新趋势与新发展的需求。

从乡村变迁的角度看，农村户口拥有者分别处于城市与乡村地域范围的不同形态的居住环境之中，但是他们的身份一直属于农民。用以人为本的理念来认识中国乡村的人居形态，不仅是指乡村地区的人居环境或者居民点体系的布局，而且也应

---

① 该报告有中文版，参阅联合国人居中心（生境）. 全球人类住区报告 1996：城市化的世界 [M]. 沈建国，于立，董立，等译. 北京：中国建筑工业出版社，1999. 前言

当延伸至农村户口拥有者的居住环境形态。因此，居民点体系的重构不是指在现有的乡村搞乡村建设、在现有的城市搞城市建设，而是必须在现有的城乡搞城乡建设。这不是文字游戏，而是一种思维方式。

需要注意的是，将 urbanization 译为中文城市化，导致将城市化过程误解为中国的设立行政建制市的过程，而就地的城市化成了城镇化。一些伴随着城市化一起发生的问题或者需要进一步城市化才能纠正和克服的问题，成为城市化的“罪状”。对于城市化持人为阻止的态度，没有及时推进，或用乡村城市化、城乡一体化、郊区化等不同发展阶段的概念对已经发生的现象做出被动的解释。与乡村城市化不同，城乡一体化，指的是城市与乡村在政策上一并考虑，城市与乡村的居民一视同仁，公共服务延伸到乡村。但是在实际政策操作过程中，却极易模糊城乡界线，避而不谈城市化的人口到底在哪里生活和工作。事实上，城乡一体化不能作为城市化的替代，而是作为城市化的一种表现形式，并需要研究如何规范。

正视二元居住环境的新形态。

城市化导致大量乡村土地的性质发生变更，资源和要素不断向城市集中。在快速城市化的过程中，由于人口流动加剧，我国传统的城市与乡村两分的二元居住环境正处于急剧变迁之中，出现了复杂的过渡时期的利益关系。从乡村进入城市工作的农村流动人口，没有真正城市化，不能完全成为城市人，形成了所谓的“半城市化”现象。“半城市化”是一种介于回归农村与彻底城市化之间的状态，表现为各系统之间的不衔接、社会生活和行动层面的融合难，以及在社会认同上的“内卷化”。一些“不城不乡”“亦城亦乡”、临时住处与“家”相互分离的居住环境形态不断涌现，并逐步成为社会关注的焦点。这些居住环境的新形态，基于原有的二元居住环境，同时又对相对稳定的二元居住环境造成冲击，是乡村流动人口在寻求满足居住空间需求满足过程中的“创造”。农村流动人口的“半城市化”，是二元体制条件下特有产物，对中国社会发展提出了严峻的挑战，对中国社会结构的转型和变迁是相当不利的。

传统农村主要是农业生产者的居住环境。随着农村非农产业的发展，特别是乡镇工业化的逐步推进，农村已经不仅是农业生产者的居住地了，而是变为多种产业形态并存的乡村。更为重要的是，大量农民工进入城市打工，却又不能成为城市的居民，于是，其打工收入的很大一部分就用于在家乡建设自己的住宅，改善居住环境条件。而他们自己只能在城市租赁环境条件最差的住宅或者栖身其他住处，例如工棚等。同时，随着城市发展划入城市管理范围的村庄成为“城中村”，通常与“非正规的”租赁住房问题结合在一起，面临着复杂的改造任务。

虽然一再强调严格控制大城市，但是农民进城主要还是进入大城市。可是，在大城市的规划中，却没有考虑农民的居住环境空间。小城镇被看作“农民的城市”，但是，又不能像城市一样进行管理。因此，绝大多数农村进城的“打工者”租住在违章建筑和农民住宅中。可见，城中村的发展、边缘区的建设问题，与外来人口租用住宅、临时搭建住宅，其实是同一个问题。二元人居政策使得“半城市化”现象不可避免。政府分工不明确，导致规划服务跟不上，只是外在的催化剂。居住需求才是内在的驱动力。

事实上，城乡融合发展并不是城市化或者更了名的城镇化就可以实现的，它们是与市场化、非农化结合的产物，需要通过制度和政策的创新推动。随着城市住宅制度的改革，住宅建设的投资主体多元化，建设速度明显加快，实物分配转变为货币分配，大量公有住宅被出售给住户，公房租金和维修费用问题逐步缓解，物业管理兴起。同时，随着交通和通信等基础设施的持续改善，以及互联网技术普及与电子商务的发展，人们在大中小城市与城乡之间的流动更为便捷。城市与乡村二分的中国转变为城乡中国的时代正快速来临。

在城乡中国，城市的都市区化、区域化与乡村城镇化同步发生。网络社会背景的城镇化路径显然不是工业时代西方城市化道路的简单重复。具有明显中国特色的小城镇、城中村、空心村等问题，伴随着乡村中心培育、传统村落保护和旧城更新等世界性问题，都必须放到城市化过程中的城乡中国背景下才能认识清楚。城市规划必须直接面对这些问题，放弃城乡两分的学术竞争状态，真正成为城乡规划。

6.4.2 建构城乡规划的条件

二元体制下形成的规划体系。

在新中国成立初期特定的历史条件下，我国利用农产品城乡价格“剪刀差”积累资金，推进工业化，形成城乡分割的局面。城市规划工作的重点是国家投资建设相对集中的地区，通过借鉴苏联的规划理论与方法，依据经济社会发展计划，编制城市总体规划和详细规划，确定建设项目在空间上的安排，并配套规划建设非生产性的城市基础设施、公共服务设施、居民住宅等，有效地保证了156项重点工程的建设，促进了一批重点城市的迅速发展。农村人居环境改善主要依靠农民的自我积累来实现，只在少数地区开展了人民公社所在地的集镇规划和新村规划。

改革开放以来，经济建设成为国家的工作重点，农村改革的成功导致城市规划之外出现村镇规划。与传统的城市规划比较，城镇化过程中城乡过渡状态的村镇规划面临着更多的不确定性。这不仅涉及从计划经济向市场经济、从粗放型经济向集约型经济增长方式的转变,而且还有待于相关制度和规划技术的进一步改革与完善。从性质角度看，由于乡村工业化和乡村城市化的过程缺乏总体政策设计，作为学科和专业实践的城市规划就无所适从。特别是1984年后，乡镇企业发展受到了中央重视，乡办、村办、组办、户办、联合办“五个轮子一起转”，乡村工业化加速。由于就业场所多样化导致空间布局过于分散、重复建设十分严重。不仅工业建筑、住宅遍地开花，公共建筑与基础设施也大多是小而全。这个特点，使得单个居民点规划的定性变得不大可能。

村镇规划的定量问题同样十分困难。规模的确定包括人口和用地两个主要方面：首先是人口规模的计算，农村户口的人不论是在城市从事第三产业，还是在乡镇企业中从事工人一样的劳动，都不能改变农民的身份，不能切断与农村土地的关系，不能实现真正的城市化，也就不能视同城市人口。如果规划中不包括新增人口，用地就成了问题，用地规模不能满足基本生活需要，城镇将十分拥挤。如果计入所在城镇的规划，就成了城乡两头都占用土地，总量不能平衡。

在改革开放过程中，城市规划的本质同样发生了重要变化，已经从根据计划的实施制定城市规划，演变为统筹资源、环境和人口问题，在处理好经济和社会发展、建设和保护资源与环境关系的基础上制定规划。虽然城市规划开始重视区域，增加了城镇体系规划，但是，对农村情况变化兼顾不够，乡村内容极少考虑。传统的县级市规划、县城规划，只关注总体规划区范围的问题，划定规划区范围成为开展规划的前提条件。三农问题、富余农村劳动力流动和富裕农民发展空间被忽视。规划编制强调城市性质、规模、空间形态布局，缺乏城乡统筹的政策分析、公众参与和保护控制的强制性要求，与城镇化、市场化的需要，以及多种经济成分、多元投资主体的要求不相适应，导致城中村、城乡接合部等地区的规划问题长期得不到解决。

人口流动就业和环境保护问题都不可能在单个城市的规划区范围内解决。建设用地问题更是矛盾重重，如果不在更大范围考虑，无法实现指标的占补平衡。可见，城市规划面临着变革。因为县城有直接为周围乡村服务的功能，在县城总体规划中增加了县域城镇体系规划内容后，这个问题就更加难以避免了。基于城乡二元体制而制定规划的法律法规产生的问题，促使人们思考完善城乡规划体系，将城市规划与村镇规划合二为一的可能性。城乡统筹规划，不仅要考虑城市发展，还要重视乡村发展，要把增加农民收入放在突出位置。通过城乡规划，为农村富余劳动力转移创造条件，在增强城市中心地位的同时，反哺农村，带动周边地区的发展。

市场化变革中的规划发展。

在传统的城市规划之外发展村镇规划，是中国特色城乡规划实践的重要组成部分。这是因为城乡二元体制的巨大惯性导致的，是体制造成了部门主义，而不是部门主义造成了规划的城乡两分的体制。在计划经济时代，城市规划是国家计划的延伸，无论是确定城市性质、规模，还是考虑空间布局、建设顺序，都是由政府提供决策支撑和实施保障。这种情况下，城市规划区之外的地方没有必要规划。

有计划的商品经济开启后，农村在供销社之外，有了农贸市场，原先“黑市”上的很多商品可以合法化进行交易了。农村非农产业特别是乡镇企业的发展，使得商品内容丰富多彩。实行社会主义市场经济后，绝大多数建设活动由投资者决定。这种情况下在城市规划区之外产生的各种规划实践，与其说是乡村规划，不如说是市场经济条件下的城市规划。城市规划需要适应市场安排建设，并对市场产生的建设问题进行纠正，这与计划经济情况下根据分工进行的规划完全不同。

1988年通过的《宪法修正案》，使国有土地有偿使用成为一项基本的法律制度，为城市的快速发展提供了新的动力，也推动了城乡规划体系的形成。城市规划不再只是对计划建设项目进行的空间安排，而是考虑城市建成区与周边空间的相互关系，采用各种定性定量技术，加强对开发建设的指导和控制，并将保护自然资源和人文资源提上日程。特别是城市规划向区域城镇布局拓展，通过编制行政区范围城镇体系规划，对区域内城镇的规模、功能和空间结构进行分析，指导城市的发展。

1993年，中共中央印发了《关于建立社会主义市场经济体制若干问题的决定》，进一步明确经济体制改革的方向是建立社会主义市场经济体制。沿海城市进一步开放，各类开发区兴起，经济迅速增长，投资多元化，房地产开发、旧城改造迅猛发展，城市的规划建设管理得到了高度重视。同时，由于管理体制和法制建设相对落后，开发建设活动对于自然环境、历史文化遗产、风景环境资源的破坏日益加剧，城市与周围地区的关系日趋紧张。

市场化过程中，城市规划的作用和地位不断提高，越来越体现出公共政策的属性。规划既然是政府对环境、资源和城乡土地利用配置的一种干预，就必须"一级政府一级规划"，而不应该划分城乡，才能在保证社会财富增加的同时，减少对资源、环境的破坏，实现城乡社会的安全、健康、平等与公平。更重要的是，村镇规划经过20年的实践形成丰富的乡村地区规划经验，具备了与城市规划对接的专业技术条件。这样一来，城乡规划体系的形成就顺理成章了。

政府部门和学术界对传统的城市规划体系进行了认真反思。一些地方出现的忽视城镇化发展规律，随意圈占农地，城市盲目扩张；超越经济和资源承受能力，提出不切实际的城市发展目标；随意修改经过批准的规划等问题，除了从地方政府的城市建设指导思想找原因，也应该看到城乡规划专业上的不足。

党的十六大提出了全面建设小康社会的目标和科学发展观，按照五个统筹的要求，更大程度地发挥市场在资源配置中的基础性作用，健全国家宏观调控机制，完善政府社会管理和公共服务职能，强调以人为本，提倡公众参与，要求依法管理，接受社会监督，对城乡规划工作提出了新的更高要求。为适应全面建设小康社会的发展需要，《城市规划法》必须修订充实，改进和完善城乡规划体系，坚持城乡统筹发展，适应政府职能转变。要通过城乡规划，为农村富余劳动力向非农产业和城镇转移创造更好的条件，制定城乡可持续发展共同遵守的社会准则和实施监督管理的依据，构建适应社会主义市场经济条件下政府对于城乡发展进行宏观调控与行政管理的机制。城乡规划要以整体利益和公共利益为准则，对存在的各种利益矛盾进行调节和平衡，充分发挥城乡规划对于建设活动的引导和规范作用。

一级政府一级规划的空间关系

许多人在城市规划和村镇规划的关系上纠缠，其实两者原理相通、标准有异、方法不同。有兴趣的读者可以找一个县规划编制研究，把其中的县，替代为县级市，看所有内容有哪些需要改变，就明白了。在背景情况没有实质的改变之前，超前地将城市规划与村镇规划合二为一，不是一件容易的事情。城市规划对市场的适应，比村镇规划的规范化重要得多、紧迫得多。

从政府工作看，市规划、镇规划、乡规划、村规划只是管理分工，规划原理都属于学科意义上的城乡规划。但是，在二元经济社会政策条件下形成的各项规定不可能由规划师改变。农村与城市两种户口的拥有者、国家所有与集体所有两种土地制度，不能在同一市场上进行竞争。因为乡村人口服务农业的比重高，从业分散，因此，居民点布局分散。于是，空间的层次划分和各层次规划的内容与城市有所不同。不能以编制城市规划的方式编制乡村规划，不能用城市标准要求乡村。城乡规划的形成，首先是要有城乡统一的市场，有一级政府一级规划的体制。

在国家层面，重点安排好重大区域的功能，协调省级单元矛盾。在省尺度，协调县（市）的矛盾；在县（市）尺度，协调乡镇的矛盾；在乡镇域，协调村庄的矛盾。如果在县（市）层面强调县（市）本身，在乡镇层面关注乡村本身，就会出现无锡县、吴县这样的城市规划，或者河南、湖北两个孟楼镇分别规划的情况。[①] 当城市规划的总体规划区扩展到整个行政辖区范围之时，就产生了“面”规划与“点”规划的区别，实质也就是城乡规划的形成。所有的点，对于下一个空间层次，都是面；所有的面，对于上一个空间层次，都是点。作为政策对象的空间（新区、特区、

① 无锡县和吴县后来很快分别成为无锡市和苏州市的一部分，这个问题就迎刃而解了。而孟楼镇由于处于两省交界处，虽然几乎是同一个居民点，却分别由不同的省管理，无法共同编制审批法定的规划。

开发区、风景区、历史街区等），在总体规划面前，都是局部。不同的空间尺度需要解决不同的问题，不能用同样的内容进行刚性传导。

另外，在城镇化过程中，今天的城市就是昨天的乡村，今天的乡村可能是明天的城市。对于处理时间、空间的城乡规划，如果放在同一市场，城市规划与村镇规划的区别就会变得没有意义。这时，不仅“县”替换成“市”，规划没有什么本质区别，乡和镇的规划也是同样的道理。正如城市规划是要为居住在城市规划区范围内的人们提供合适的活动空间，乡村规划必须为居住在乡村规划对象范围内的人们提供合适的活动空间，城乡规划的目标是改善城乡人居环境，促进规划范围内经济、社会、环境的协调、健康与持续发展，支撑人民更加美好的未来生活。

城乡都是人居住的地方，是人居环境的形态。如何保证城市、集镇、村庄各级居民点和各类区域健康持续发展，如何实现政府综合协调职能，日益成为城乡规划的主要任务。从规划学科专业发展看，本来并不存在城市规划与城乡规划之分。空间相关的规划设计都是通过对空间的有效分割和建立联系为人提供方便舒适更加健康的生活和工作环境，以提高人的生活质量和工作效率，推进社会的文明进步。

7 振兴活化中的乡村规划

从维护乡村基本功能角度，讨论与乡村有关的部门规划、空心村改造规划与传统村落保护规划。回顾社会主义新农村建设、美丽乡村建设、美丽宜居乡村建设，到乡村振兴的过程，分析乡村人居环境的隐忧，认识乡村对于生态文明和网络社会的时代作用。村庄将随城镇化过程逐步减少，这是历史的必然。乡村规划要直面乡村衰退，规划师要认清政府目标，承担专业使命，成为乡村的“局内人”，为未来乡村居者服务。

7.1 乡村振兴

7.1.1 从新农村到美丽乡村

社会主义新农村建设的探索。

社会主义新农村，并不是一个新的提法。早在 20 世纪 50 年代，我国就提出了“建设社会主义新农村”的号召。80 年代初，提出了小康社会的概念，“小康不小康，关键看农村”，社会主义新农村建设是小康社会建设的重要内容之一，甚至是关键。

新中国成立后的工业化道路构成中国特色社会主义的重要内容，农村的工业化和非农化进程决定农村小康是否能够实现。自从1978年农村经济体制改革，中国经济的快速增长持续了近40年，增长速度年均达10%。3亿农村劳动力从传统的农业进入非农部门。同时，中国的人居环境发生了巨大的变化，城乡面貌日新月异。城镇化进程快速发展，数以亿计的传统农民客观上已经成为或者正在成为城市居民。乡村地区也建设了大量房屋和道路等基础设施，贫穷落后的农村面貌有了很大改观。乡村人居也因此经历着革命性的变迁。

但是，进入新世纪后农民增收遇到困难，引起了中央和全社会的关注。2004年、2005年的中共中央一号文件分别就促进农民增收、加强农村工作、提高农业综合生产能力提出意见。希望通过支持粮食产业的发展、调整农业结构，推进农村税费改革，多渠道促进农民增收。同时，加强农业和农村基础设施建设，开展乡村道路、农村水电等"六小工程"，为农民增收创造更多的条件。要求坚决实行最严格的耕地保护制度，搞好乡镇土地利用总体规划和村庄、集镇规划，鼓励农村开展土地整理和村庄整治，推动新办的乡村工业向镇区集中，提高农村各类用地的利用率。

2005年10月，党的十六届五中全会通过的《"十一五"规划纲要建议》，将建设社会主义新农村作为我党的重大历史任务，提出"生产发展、生活宽裕、乡风文明、村容整洁、管理民主"的具体要求。2006年中共中央一号文件《关于推进社会主义新农村建设的若干意见》进一步论述了经济、政治、文化和社会等方面的建设措施，以最终实现把农村建设成为经济繁荣、设施完善、环境优美、文明和谐的社会主义新农村的目标。中央农村工作会议要求，积极稳妥推进新农村建设，加快改善人居环境，提高农民素质，推动"物的新农村"和"人的新农村"建设齐头并进。2007年10月，党的十七大报告提出统筹城乡发展，推进社会主义新农村建设。"十一五"期间，全国很多省市按照中央要求建设新农村，取得了一定的成效。

与20世纪50年代不同，新世纪的社会主义新农村建设，是在新的历史背景中，在全新理念指导下的一次农村综合变革的新起点。从2006年开始，中共中央印发的三个一号文件，采取了一系列务实的措施，持续深入推进社会主义新农村建设。

要求“实行工业反哺农业、城市支持农村和多予少取放活的方针”，切实加强农业基础建设，强化现代农业物质支撑和服务体系，加快高标准农田建设。逐步提高农村基本公共服务水平，推进城乡基本公共服务的均等化。改善农村人居环境，加快农村社会事业发展，加快农村基础设施建设，扩大农村危房改造试点，增强县域经济发展的活力。

美丽乡村建设成为国家战略。

最早提出美丽乡村概念的是浙江省安吉县。2008 年，安吉县制定“中国美丽乡村”计划，出台《建设“中国美丽乡村”行动纲要》，提出用十年左右的时间，把安吉县打造成中国最美丽乡村。“十二五”期间，受安吉县美丽乡村建设成功经验的影响，浙江省在全省制定了《浙江省美丽乡村建设行动计划》。从 2011 年开始，广东省的增城、花都、从化等市（县）启动美丽乡村建设；2012 年，海南省也明确提出将以推进“美丽乡村”工程为抓手，加快推进全省农村危房改造和新农村建设的步伐。其他各省市也陆续提出自己的美丽乡村计划，虽然在称谓上有所不同，例如安徽省使用“美好乡村”建设，但是在全国范围内，“美丽乡村”逐渐成为这一时期乡村建设发展的代名词。

2015 年，党中央肯定了地方美丽乡村建设的实践，明确提出“美丽中国要靠美丽乡村打基础”。至此，美丽乡村建设上升至国家整体战略层面，全国各地掀起了美丽乡村建设的新热潮。从新农村建设，到美丽乡村建设、美丽宜居乡村建设，党中央对乡村发展有了新的定位，主要是增加了提升质量和保护文化等可持续发展的内容。

总体上看，中共中央的一号文件可以分为两个阶段。前九个贯彻党的十六大、十七大精神，以多予、少取、放活为方针，实现工业反哺农业、城市支持农村的战略。为此，取消了已经存在了数千年的农业税，以及对于农村集体而言非常重要的“三提五统”，彻底减免了农民的经济负担，同时加大了转移支付力度，各级政府对于乡村地区发展和公共事业担负起更为重要的职责。党的十八大以后，从 2013 年起至 2017 年，连续发布的五个一号文件持续推进美丽乡村、美丽宜居乡村建设，致力于以改革激活农业农村发展的内在活力，推进农业农村的现代转型，促进“四化”同步发展，让广大农民更加平等参与现代化进程、共同分享现代化成果。

当然，美丽乡村建设并不意味着只关心乡村。在美丽乡村建设实践在全国展开的同时，2012 年的中央经济工作会议要求提高城镇化质量。2013 年中央政府要求推进以人为核心的新型城镇化，提高城镇人口素质和居民生活质量。2014 年出台新型城镇化规划，作为应对全球性金融危机和经济危机、解决“三农”问题的路径，提出把促进有能力在城镇稳定就业和生活的常住城镇的农村人口有序实现市民化作为首要任务。要求根据资源环境承载能力，构建科学合理的城镇化的整体布局，促进大中小城市和小城镇合理分工、功能互补、协同发展，将城市群作为主体形态。因此，美丽乡村建设并不是“重乡轻城”，而是在城镇化大背景下对乡村功能的重新认识。

7.1.2 乡村的全面振兴与活化

乡村振兴战略的提出。

乡村功能不断退化是一个伴随城市化过程的世界性问题，可以看作是人类社会发展进步过程中的普遍现象。工业革命开始后，因为工业生产的效率大提高，需要大量乡村劳动力，乡村社会就开始瓦解。工业化促进了城市的发展，进一步吸引乡村人口随着劳动力进城居住，城市化加速。与此同时，农村的衰退便开始出现。这种情况，在每个工业化和城市化国家都是曾经经历的。然而，我国乡村功能的变迁有一定的特殊性。主要表现在，我国人口总量大，乡村人口比重大，新中国成立后实行城乡二元的经济社会政策。

20 世纪 90 年代中期开始，在全国总人口和城镇人口持续增长的同时，农村人口不断减少。根据中国人口和就业统计，2010 年后城镇人口开始超过农村人口，与全球同步进入了所谓的城市时代。但是，1982 年至 2012 年，我国城镇非农业户籍人口增加与城镇人口的增加是不一致的，而且两者的差距逐年扩大。1982 年，城镇人口为 2.1 亿，城镇非农业户籍人口为 1.8 亿，到了 2012 年，这两个数字分别为 7.1 亿和 4.8 亿。与此同时，农村人口大量减少，但是农业户籍人口却从 8.4

亿增加到 8.8 亿，不减反增。这说明，大量农村宅基地的拥有者不在农村居住，而且这些人主要是 25 ～ 45 岁的劳动力。由于他们没有得到城市非农业户口，他们的宅基地仍旧必须计入其户口所在地的农村建设用地。

党的十九大提出乡村振兴战略，以“产业兴旺、生态宜居、乡风文明、治理有效、生活富裕”作为总要求，加快推进农业农村现代化。2018 年的中共中央一号文件《关于实施乡村振兴战略的意见》对实施乡村振兴战略做出了全面部署，并强调持续推进宜居、宜业的美丽乡村建设，实施农村人居环境整治三年行动计划，将农村垃圾、污水治理和村容村貌的提升作为主攻方向。中央提出乡村振兴的五大要求，即“乡村产业振兴、乡村人才振兴、乡村文化振兴、乡村生态振兴和乡村组织振兴”，对实施乡村振兴战略目标和路径做出了更为明确的指示。同年 5 月 1 日，中央政治局会议审议通过《乡村振兴战略规划（2018—2022 年）》和《关于打赢脱贫攻坚战三年行动的指导意见》。实施乡村振兴战略，事关党和国家事业的全局，顺应亿万农民对美好生活的向往，是党中央对“三农”工作做出的重大决策部署，是决胜全面建成小康社会、全面建设社会主义现代化国家的重大历史任务，是新时代做好“三农”工作的总抓手。

2021 年 4 月，全国人大通过了《乡村振兴促进法》，将乡村振兴的目标定位于促进农业全面升级、农村全面进步、农民全面发展，加快农业农村现代化，全面建设社会主义现代化国家。法律对乡村概念进行了界定，指城市建成区以外具有自然、社会、经济特征和生产、生活、生态、文化等多重功能的地域综合体，包括乡镇和村庄等。该法与以往城市规划法律法规中反复强调的镇属于城市有所不同，将县以下的乡镇作为乡村范畴，更加接近我国乡村的实际情况。①

实施乡村建设行动。

乡村建设行动是对乡村功能的强化，重点是完善乡村水、电、路、气、通信、广播电视、物流等服务于农村生产生活的各类基础设施。长期以来，我国基础设施

① 有些学者在研究中将“镇”的含义区分为城镇、乡镇、村镇三种类型，从行政建制上对应于镇的镇区、乡人民政府所在地集镇和乡镇域范围内其他的集镇，由于无法区分是组合词还是单词，很容易造成误解，就不在此展开讨论了。

建设的重心在城镇，乡村建设相对滞后，导致城乡基础设施和公共服务水平差距较大。进入新世纪以后，特别是党的十八大以来，乡村建设全面提速，农村生产生活条件明显改善。但是总体看，我国乡村的基础设施水平和公共服务能力都还不能适应乡村振兴战略和现代化国家建设的需要。

至 2019 年，全国仍有 12% 的行政村生活垃圾没有得到集中收集和处理；约四分之一的村庄生活污水未得到处理，拥有卫生厕所的农户比例仅为 60%。为进一步夯实乡村振兴的基础，党的十九届五中全会提出实施乡村建设行动，就是要通过开展大规模建设，力争在“十四五”时期使农村基础设施和基本公共服务水平有较大改善。在经济下行压力较大的背景下，这也是扩大投资空间、改善投资效率和促进国民经济循环的迫切需要。希望通过乡村建设，更好发挥投资的关键作用，又不会形成新的过剩产能，同时能显著改善民生，提高广大农民群众的获得感、幸福感、安全感。

2021 年，全国人大会议通过关于国民经济和社会发展“十四五”规划的建议，将实施乡村建设行动作为未来五年全面推进乡村振兴的重点。国务院领导发表署名文章，提出了科学推进乡村规划建设、持续提升乡村宜居水平、推进县乡村公共服务一体化、全面加强乡村人才队伍建设等四项任务，将乡村规划建设放在首位。同时，需要重视传统村落的保护，保持乡村特色、地域特色和民族特色，把现代文明同田园风光有机结合起来，需要坚持多渠道筹集建设资金，积极引导社会资金和民间资本参与乡村建设行动。

从社会主义新农村建设到美丽乡村建设，再到实施乡村振兴战略和乡村建设行动，中央对乡村振兴高度重视，根据形势变化重新定位，政策层层递进，目标更加明确。

7.2 乡村人居环境的隐忧

7.2.1 空心村现象的蔓延

空心村的表现形式和影响因素。

所谓空心村，指一个村庄范围内，居住人口逐步减少，建成环境退化的现象。空心村的表现形式多种多样，有狭义和广义之分。狭义的空心村，指内部衰退的村庄。由于分户需要或者宅基地调整困难，一些村庄中农民新建的住宅主要集中在村庄外围，而村庄内部却存在大量空闲宅基地和闲置土地，从形态上形成了外围新、中间旧，外围实、中间虚的空心村。广义的空心村，指人口少、房屋多的村庄。随着城市化和工业化，大量的农村青壮年劳动力进入城市打工，长期在城市生活，导致农村的人口数量和结构发生变化。除了在春节期间，大部分时间里村内常住人口只有老人和小孩，形成人口意义上的空心村。

学者们认为，随着城镇空间拓展，作为对偶性命题，农村居住空间总体上以萎缩和稀释为主，富裕地区出现低效蔓延，虽然是村民和集体的理性选择，但是空间失配造成社会单体福利受损。因此，基层政府必须直面村落收缩的趋势，正确引导鼓励对过于分散的村落进行“空间集聚”和调整权的“层级上收”，在城镇人居空间“精明拓展”的同时，搞规划引导的乡村人居空间“精明收缩”。[①] 但是，空心村的影响因素很多，不仅与资源环境禀赋、农业生产发展、城镇化与工业化推进、社会文化变迁、基础设施建设、居民生计多元化转型有关，还受到二元制度的制约，特别是土地制度、户籍制度使得问题更加复杂化。事实上，空心村现象是“农村空心化”。[②]

在户口等二元制度还没有改革到位的情况下，传统乡村发生了快速的非农化、工业化和城市化。在促进农民就业和增收的同时，加快了农村空心化发展，致使空心村问题日趋严峻。除了物质环境的因素，更重要的是农村社会生活问题。例如，

---

① 赵民，游猎，陈晨．论农村人居空间的“精明收缩”导向和规划策略 [J]．城市规划，2015（7）：9-18.

② 王国刚，刘彦随，王介勇．中国农村空心化演进机理与调控策略 [J]．农业现代化研究，2015（1）：34-40.

夫妇长期两地分居、老龄化等伴随的夫妻关系、留守儿童教育和老年人照顾等困难。根据河南省的一项调查，外出打工的农民工 57.1% 半年才能回村 1 次，甚至有 26.2% 的农民工 1 年或者更长时间才能回村 1 次。即使是在通信十分发达的今天，29.7% 的农民工 1 月甚至更长时间才与家人联系 1 次。参与调查的村上有 70% 的女性感到孤独。[①] 可见，物质环境意义上的空心村同时也是社会意义上老年人和未成年人等弱者居住的社区。

用人居实践的分析思路，可以从四个方面更好理解空心村。一是物质环境上，农村住宅破旧不堪，年久失修，存在很大的安全隐患。宅基地布局松散，增加了水、电、路、通信、公用设施等基础设施统一建设难度。二是资源利用上，老旧房屋用于养殖，环境卫生条件差。农民建新不拆旧，原有宅基地闲置，另一方面，许多村庄出现无处建房现象，有限的耕地还要用于解决缺房户的建房问题，造成土地资源的浪费；三是体制机制上，分散的部门管理，形不成整体合力。闲置的宅基地多年得不到及时清理复耕，随着基础设施改善的土地升值，邻居之间产生矛盾纠纷，增加社会管理成本；四是乡村文化上，成了落后的象征，对于年轻人没有吸引力。因此，空心村是一种综合的历史和现实现象，是城镇化道路和乡村人居发展路径选择的结果。

空心村的固化。

20 世纪 80 年代，农村改革开放取得成功，大量富裕起来的农民需要建设住宅。但是当时的法律法规还不健全，政策规定尚不明确，政府管理也不到位。加上占用耕地建房投入较低、改造原有宅基地上的住宅相对困难等因素，形成了大量乱占耕地自发建房现象。虽然国家曾三令五申，严格禁止乱占耕地建设，加强了宅基地的管理，但是，仍有不少农民乱占耕地私自建设了未经许可的住宅，同时形成了不规范的产权制度和市场交换制度。

农民的自发建设与没有按照规定及时建立村镇规划建设管理体系也有很大的关

---

① 数据来源于郑州轻工学院徐京波组织的调查，共收回有效问卷 294 份，成果发表于 2016 年 7 月 11 日的《第一财经日报》。

联。虽然政策规定明确，但是部分乡镇政府领导规划意识淡薄，加上乡镇行政编制不足，有的干脆就撤销机构，分流人员。有些乡镇干部随意批新宅基地，又没有按照规定收回旧宅基地，问题严重的乡镇，只要罚交一定数量的钱，或同相关干部拉拉关系、走走后门，就可以自己选择宅基地。部分农民没有公有土地的观念，认为在自己的责任田里盖个房子是自己的事。有的农民传统观念根深蒂固，认为老房子是祖业，再穷也不能拆祖屋。有些农民互相调换责任田建设新房，通过交罚款合法化。还有些地方将建房指标分割减小面积或干脆作废，变相纵容，甚至故意怂恿农民超面积建房和未批先建，从而达到“创收”目的。空心村问题就是在这样的管理状态下逐步形成的。①

众所周知，土地制度和户籍制度是横亘在中国城乡之间的两大鸿沟，是维护国家控制的工业化和城市化的基础性制度。由于城市为国有土地、农村为集体所有制土地，两者的性质皆不得改变，农村土地制度朝着细分产权的方向改革。2014 年，关于修改农村土地承包法的决定明确，对土地承包实行“三权分置”的改革思路，即土地的所有权为村民集体，土地的承包权和经营权为农户家庭，土地的经营权可以流转出租或以土地入股。进城打工的农民，可以把小块土地留给家里的老人耕种，可以把土地流转给专业大户经营，可以土地入股土地合作社，否则出现土地撂荒。快速城镇化导致劳动力外流，农村居住人口减少。大量农民工在城里打工站稳了脚跟，长期居住在城市。但是，政策允许他们保留原来在农村的宅基地和责任田，土地财产却不能转化为融入城市的资本。对流转大量土地的专业大户或合作社来说，流转的只是土地的经营权，无法用土地进行融资或抵押贷款。

由于无法成为城市居民，农民工即使通过辛勤劳动积累了一定的财富，有的甚至购买了城市的商品房，也不能享受同等待遇，这使得外出打工者将收入的很大一部分用于回村改造或新建住宅，长期无人居住，形成空置。于是，出现了“人减房增”的村庄特色。空心村问题就是在这个背景下固化的。由于大量农房只在节日等特殊时段用于全家团聚，不仅引起居住空间的浪费，同时使

① 刘彦随，刘玉. 中国农村空心化问题研究的进展与展望 [J]. 地理研究，2010（1）：35-42.

得农村基础设施建设成本增加，公共服务供给效率低下，导致农村人居环境持续改善的困难。2018 年中央一号文件提出了将宅基地所有权、资格权、使用权“三权分置”的改革思路，所有权为村民集体，资格权和宅基地上所建的农房财产权为农户所有。宅基地使用权可以在集体成员之内流转，宅基地资格权可以出让。虽然适度放活了宅基地和农民房屋使用权，但是，在没有资本进入的情况下，大量闲置在乡村的农房无法完成资产变资金的过程，在城市打工或在城镇购房并居住的农民，还是保留着在农村的住房，农村房屋财产同样无法变成农民融入城市的资本。

户籍制度和土地制度，在给广大农民施加约束的同时，也是对农民利益的一种保护机制。农民的承包地是农民留在乡村的财产，农村的房屋是农民留在乡村的根据地。在目前农民工不能完全融入城市的困境中，老家的土地和房屋成为农民最后的保障防线。这也是很多地方出现的，农民在城镇买了房屋并安居下来，也不愿意把农村户口迁入城镇户口的根本原因。更加严重的是，由于城乡土地价格的差异，用几万元补偿拿到的集体土地转身成为城市开发的国有土地，其价格往往可以猛增，导致在乡村土地征用、房屋拆迁中的上访和群体性事件时有发生。

7.2.2 原有村庄的衰减

村庄减少是大势所趋。

原有村庄可以根据建造时间分为新村和老村，老村又称旧村或古村落，都是为表达一种“历史久远”的时间性。虽然一部分现状村庄成了空心村，但是空心村是对村庄状态的描述，与时间没有大的关系。相对讲，建造时间久远的村庄在物质环境上更加容易衰败。村庄越老，衰退得越快，维护成本越高，减少的可能就越大。

在城市化快速发展的过程中，原有村庄不仅衰退，而且数量不断减少。前些年，有一组数字反复出现在众多的媒体，2000 年，我国自然村总数为 363 万个，到 2010 年，锐减为 271 万个，10 年内减少 90 万个。虽然这只是一个估算，没有说明不同年代和地区统计口径差异的问题，难以核实准确的数据，但是，自然村总数正在不断减少，则是肯定的。

与自然村不同，行政村数量的减少可以准确地统计。据民政部民政事业发展统计报告，截至2003年底，村委会66.3万个，比上年减少1.8万个，下降2.6%；村民小组519.2万个，比上年减少9.4万个。改革开放后，我国的经济条件大为改善，农业生产的现代化、规模化取得了突破性进展，但是，传统农民成为现代公民的目标还没有实现。随着技术进步、乡村基础设施建设的加速和公共服务水平的提高，一个乡村中心服务的范围必然同步增加。为了降低行政管理的成本，提高效率，适当扩大行政管理范围，减少行政管理单元，符合逻辑，是大势所趋。

另外，新村、老村是相对的，民国时期、新中国成立后、改革开放前等不同时期建设的村庄，曾经都是新村，随着时间推移，成了老村。例如，学大寨新村，全国看都已经是老村，成为需要更新改造的对象。总体上讲，村落改造的速度远不如城市快，建设标准也没有城市高。同时，乡村社会因农民工、留守者和老龄化等问题没有得到及时的处理，出现了弱化现象，物质环境和社会文化共同衰退。事实上，过小的规模无法在原有村庄上提高生活质量，适当集中居住有利于改善生活条件，降低物质环境维护成本，提高基础设施的使用效率。因此，村庄减少是城镇化过程中的必然现象。

2009年至2010年，中国村落文化研究中心曾经组织对我国长江、黄河流域以及西北、西南17个省份113个县902个乡镇的传统村落文化遗产进行综合调查。结果表明，2004年2010年间，具有历史、民族、地域文化和建筑艺术研究价值的传统村落从9707个减少至5709个，平均每年递减7.3%，每天平均消亡1.6个。[①]

面对不断衰退的传统村落，以及相关的传统建筑和传统集镇，政府和专业界都认识到，它们都是我国历史文化遗产的重要组成部分，对于传承和发展中华文明，进行爱国主义教育，促进社会主义精神文明建设具有重要的意义，需要采取政策措

① 史英静．“中国传统村落”的概念内涵 [Z]. 乡村规划与建设公众号，2020-04-27.

施进行保护。2012 年，住房和城乡建设部、文化部、国家文物局、财政部联合启动了中国传统村落的调查。将“古村落”也改名为“传统村落”。

对传统村落的不同认识。

需要注意的是，原有村庄、空心村并不等同于传统村落，衰败的老村、旧村，也不一定是传统村落。传统村落，不是行政管理单元，也不是居民点的类型，而是政策对象的概念。现状村庄中有一部分建造时间长、有一定保护价值的村落，经过某种权威机构的确认，才是传统村落。问题在于，如何确认需要保护的传统村落?用谁的标准来衡量?

社会文化学者认为，中华大地是农业文明的根据地之一，传统村落是农业文明的体现，对于维系华夏子孙的共同文化具有不可替代的作用。传统村落属于乡土文化景观，既是一种“活的遗产”（living heritage），也是一种社会系统。作为构成人类文化多样性的重要方面，乡村生活方式具有重要的社会价值，传统村落是其载体，不仅具有一般文化遗产那样的历史文化价值，还具有它们不具备的生态环境价值。总之，传统村落需要保护。

经济技术专家认为，传统村落大多是建立在小农经济、血缘关系基础之上的，是与农业文明、封建社会相适应的居住形态。由于村庄规模太小（如南方山区）、功能单一（如北方平原），难以在自然村落的范围内满足居民现代生活的需要。“鸡犬虽相闻，老死不往来”的生活一去不复返了。传统村落里的物质环境生活质量不高，保护对于村民而言是不公平的。村落的生产和生活都要现代化，村民拥有享受现代文明和科技成果的权利。不能以城市居民的需要替代村民的需要。于是，一些地方以消灭老村旧村为前提，推进城镇化，认为它们在当代社会已经没有存在的价值。众多的传统村落被夷为平地，建设新村或退耕还田，并作为人居环境改善的成果。对此，保护主义者的批评之声不绝于耳。

实用主义者认为，传统村落不是“活化石”，也不是供人参观考察的博物馆，而是一种人居环境形态。人居环境的优劣首先要看其宜居的程度，乡村人居环境的进一步改善需要放到乡村乃至整个国家的经济社会政策中来定位。乡村建设的整体规模和速度取决于经济繁荣程度和生产力发展水平。部分传统村落选址的“风水”

好，其中的一些老宅保存完整，适合开展乡村旅游，可以得到保护。对于传统村落中的部分民居建筑，既然形态上有价值，保护比新建困难，可以通过资本下乡，让“有钱人”来保护和居住。原有村民新建楼房，搞新村建设，新村甚至可以按照老村的模式建设。如果这样，传统村落的物质环境实际上更换了主人，与原有居民之间的联系就此切断。

可见，即使有了保护的思想观念，如果没有正确的具体措施，传统村落保护仍旧面临着困难。中央政府部门大多从权力考虑安排资金的补助，地方政府更加关心传统村落对当地的经济价值和宣传效果，专业队伍通常用城市的做法对传统村落进行改造。因此，对传统村落的完整性和环境景观的整体性进行保护成为当务之急。

从乡村人居变迁的角度看，在实践中如何处理保留与新建的关系构成一个永恒的主题，体现了人们历史意识的变迁。事实上，保护意识是受到更好的教育后才产生的。当这个前提条件不能满足时，关于传统村落的保护同样存在着大量模糊的甚至错误的认识。关于农民的居住环境理念是分化的、矛盾的，年轻人与老年人、发达地区与落后地区对传统的态度完全不同。

7.3 强化乡村功能的规划实践

7.3.1 与乡村有关的部门规划

农业区划与村镇规划。

自改革开放以来，在城乡关系处理上，始终有部门和专家认为，乡村问题与城市不同，需要单独讨论，并将之作为城乡统筹的措施。因此，专门针对乡村的规划实践一直在进行。村镇规划开展之初，就面临缺乏基础资料的严重困难，现状调查因为缺乏足够专业人员和技术工具准备等无法深入。在建设部门内部就规划立法、标准和方法等进行磨合的过程中，其他部门同时下乡开展乡村规划，部门规划之间的合作迫在眉睫。

图 7-1　中国农业资源与区划要览

农业部门首当其冲。由农业部门牵头开展的农业区划，包含大量与村镇规划密切相关的内容。作为农业大国，中华人民共和国成立后开展了农业资源相关的调查，积累了丰富的农业自然资源和生产条件等方面的资料，为新中国的农业、水利等事业发展做出了贡献。农村改革开放后，实行家庭联产承包责任制，政策上既要保护农业，发展林、牧、副、渔业生产，还要大力兴办乡镇企业，促使农业劳动力向非农产业转移，对农业有关的资源进行统筹考虑、综合利用更加重要。因此，从 1979 年开始，国家组织十多万人次的科技人员，进行了更为深入具体的调查，全国各省、自治区都开展了比较系统的农业区划工作，提出了大量的科学研究成果报告和图件资料。例如，《中国农业资源与区划要览》由国务院 7 个部门和 35 个科学教学单位共同完成（图 7-1）。

村镇规划建设主管部门与农业部门密切合作，利用开展得相对较早的农业区划工作积累的资料为农业地区编制村镇规划提供依据。早在 1981 年，第二次农村房屋建设工作会议就提出，应当在农业区划的基础上，对山、水、田、林、路、村进行全面规划，按照有利生产、方便生活和缩小城乡差别的要求，把村庄和集镇建设成为现代化的社会主义新农村。当年，全国农业区划办公室发出《关于开展村镇调查和布局工作的通知》，要求把村镇调查和总体的居民点布局统一纳入农业区划工作，并将经过审定的成果积极提供给各地建设部门，作为村镇规划的依据。至 1983 年底，全国已经有 1143 个县完成了农业区划工作。一些技术力量比较好的地区，例如江苏省武进县和湖北省京山县，在开展农业区划的同时，还进行了村镇建设用地的调查，并根据农业生产和多种经营发展的设想，开展了“一点两线几个面”的规划。所谓“一点”，即居民点；“两线”，指交通运输线路和河道的走向，以及电力电信线路的走向，“几个面”，包括工副业生产基地、重要农业服务设施的配置等。

村镇规划在全国面上开展后，越来越多的规划专业人员逐步认识到必须有县域规划指导才能编好乡镇域总体规划以及集镇和村庄规划，但是，当时只有少数县旗编制了县域规划，多数的县仅仅开展了农业区划。村镇规划利用这些成果，有效地缓解了技术力量和基础资料不足的问题。但是，多数的县级农业区划只关心单纯的农业发展，并没有把山、水、田、林、路、村统一起来考虑，村镇规划客观上又成为农业区划工作的深化，并需要更多部门的合作。正是考虑到这一点，1988 年，建设部、全国农业区划委员会、国家科学技术委员会、民政部共同发布了《关于开展县域规划的意见》，从县域角度提升乡村功能。

县域村镇体系规划。

最初的村镇规划和基本农田保护区规划实践，虽然与强化乡村功能同样是有关的，但是更多地属于在农村经济发展后针对农民建房乱占耕地问题所采取的被动措施。强化乡村功能的规划是指，从村庄这个乡村主体出发而开展的更为主动的规划实践行动。在这个过程中，建制镇仅作为乡村中心参与。这导致《村庄和集镇规划建设管理条例》的产生和建制镇规划立法的困难。

从建设部门内部看，同样存在着大量关于城市与村镇规划的协调问题。城市规划司与村镇建设司合并后，建设部门为寻找城乡规划关系可行的解决办法做出了一系列的努力。从城市规划的角度，先将县的规划分为三个空间层次，即县域、乡（镇）域、镇区（村庄）。由于镇属于城市，但城市规划行政和技术立法都只写到设立市建制的城市，镇的规划就成为困难。与县级市类同，县城虽然是镇的特殊类型，即县人民政府驻地镇，但是县域城镇体系规划写进了法律，与县城总体规划一起编制。2000 年，建设部印发了《村镇规划编制办法（试行）》（建村〔2000〕36 号），镇区作为一个规划层次，是因为乡（镇）域的空间尺度还不利于安排具体建设，镇区仍要划出规划区编制详细规划。村庄可以直接编制建设规划（修建性详细规划），村民小组（或自然村）可以不再单独编制规划。同年，建设部还印发了《县域城镇体系规划编制要点（试行）》（建村〔2000〕74 号），希望在全县范围内确定发展重点，协调城乡之间和乡镇之间的关系，明确职能分工，对重大的基础设施和产业园区进行合理布局，划定促进和限制发展的空间范围，避免遍地开花和重复建设的危害。在这个自上而下的规划安排中，乡（镇）域规划就是为了贯彻落实县域规划的意图，指导镇区和村庄规划的编制，一般不再另外提出基础设施配置的意见，只是细化县域规划内容。

由于乡村发展面临新的问题，中央决定扎实推进社会主义新农村建设，加强乡村规划，保护乡村特色，改善人居环境。建设部门对此迅速应对，2005 年重新独立设置了村镇建设办公室。这从一个侧面反映了管理部门对乡村建设的不同认识和矛盾。2006 年建设部发布《县域村镇体系规划编制暂行办法》（建规〔2006〕183 号），将以往的县（市）域城镇体系规划探索向乡村拓展，要求对全县镇、乡和所辖村庄发展与空间布局、基础设施、公共服务设施配置提出引导和调控措施。

一些不了解乡村实际的城市规划工作者批评在城市规划体系之外另搞一套，实际上，这样的努力早在20年前的1986年就尝试过（图7-2）。在规划下乡过程中，许多规划师发现，以城市为中心的城镇体系规划较多地强调城市功能的延伸，不利于强化乡村的功能。镇与村庄的联系被淡化甚至忽略了，村庄内部主要不是房屋建设的实际情况没有得到认真考虑。镇村体系规划重视自然环境条件的约束，营造宜居环境，统筹处理城乡关系、新旧关系、产业与居民点的关系，特别是不同行政管理单元、不同政策对象之间的矛盾关系，更好地发挥乡村各级各类居民点在生态文明建设和新型城镇化过程的作用。将县域村镇体系规划用于指导乡镇和村庄、集镇规划的编制，有利于促进行政辖区经济发展，统筹城乡建设，加快区域城镇化进程。

广汉县村镇体系试点规划

南北方村镇研究课题四川组

一九八六年十月

图 7-2　20 世纪 80 年代的县域村镇体系规划探索实例

县（市）域乡村建设规划。

大力推进社会主义新农村建设，对乡村规划建设部门提出了新的要求。与以往比较，更加重视规划实施的具体工作。2006年，中央的支农资金总额高达3397亿元。2007年，建设部在广东湛江召开了农村困难群众住房工作座谈会，落实党的十七大提出的住有所居目标。同年，与公安部联合在杭州召开社会主义新农村的消防工作经验交流会。2008年，在城市规划与村镇建设合并后的第10个年头，住房和城乡建设部恢复了村镇建设司。有趣的是，城乡规划司的村镇规划职能还在。没有了规划职能的村镇建设，从村庄整治到危房改造，工作重点发生了变化。两年内，先后制定并发布了国家标准《村庄整治技术规范》，发出关于开展全国特色景观旅游名镇（村）示范工作的通知，以及关于搞好农村危房改造试点的通知，组织落实中央扩大农村危房改造试点的工作要求。

规划是建设的龙头，村镇建设也不例外。没有村镇规划的村镇建设总是感觉缺乏主线。于是，村镇建设司提出了《关于开展工程项目带动村镇规划一体化实施试点工作的通知》，再次将村镇规划与建设结合。关键的问题是，乡村存在着无法通过建设改变的难题。一是人的方面，劳动力外流，老龄化。乡村工业化、土地政策、农村劳动力去路等问题没有实质的改进方案。二是物的方面，村庄空心化。得到补助的乡村地区人居环境条件得到一定程度的改善，基础设施和公共服务水平提高。但是从全国乡村整体情况来看，“农村仍旧落后、农业基础仍旧薄弱、农民增收仍旧困难”。

在这个背景下，2015年，住房和城乡建设部印发了《关于改革创新全面有效推进乡村规划工作的指导意见》，提出编制县（市）域乡村建设规划的要求，在分析乡村人口流动趋势以及空间分布的基础上，划定经济发展片区，确定村镇规模和功能，统筹安排乡村地区重要基础设施和公共服务设施，划定乡村居民点管控边界，确定乡村建设用地规模和管控要求。提出综合考虑居民点体系、用地布局、设施配置、风貌管控和引导的规划目标。要求县（市）域乡村建设规划，作为编制镇、乡、村规划的上位规划，同时作为“多规合一”的重要平台，与经济社会发展五年规划相结合，制定行动计划。

县（市）域乡村建设规划首次明确要在分析自然生态气候、地貌地形地质、资源条件、人口分布、产业基础、交通区位、群众意愿等因素的基础上，将现有村庄分为城镇化村庄、特色村（历史文化名村、传统村庄、文化景观村、产业特色村）、中心村、其他需要保留的村庄、不再保留的村庄等类型，并提出分区分类制定自然景观、田园风光、建筑风貌和历史文化保护等风貌控制要求，以及村庄整治和重点项目、标准、时序的安排。

比较难以理解的是居民点体系与村镇体系的区别。从规划成果看，由于镇属于城市的范畴，县（市）域乡村建设规划主要是针对村庄的分类。如果这样，居民点体系仍然需要通过县（市）域城镇体系规划才能确定。

7.3.2 活化村庄的规划努力

区分保留村庄和迁并村庄。

对于自然形成的已有村庄如何处理，是乡村规划面临的一个长期没有得到解决的难题。20 世纪 90 年代村镇建设用地范围与基本农田保护区“两区划定”工作失败的重要原因之一，正是因为这个难题没有得到及时的处理。县（市）域乡村建设规划中提出的村庄分类，由于分类的参数不清，其实同样没有找到突破口。城镇化村庄完全可能同时是有特色的，并属于中心村之一。焦点问题是现有村庄中的空心村如何处理，是改造使其重新充满活力，还是将零散住户适当集中后复耕，并没有一个可以统一的答案。于是，政府对待村庄规划与建设就有了两个态度和努力方向：一是搞“村村通”等工程，开展人居环境整治，争取补齐乡村基础设施的短板。二是搞“农民上楼”，引导小村和散居农户适当集中，建设新村，或扩大中心村。前者的思路相对简单，花钱立即见效。由于有政府补助，不少地方的农村人居环境得到一定程度的改善。后者则面临大量规划建设问题，特别是土地调整政策。

批评者认为，农村人居环境建设在很多地方变成了现有居住环境条件下的“面子工程”。农房墙体上画图写字，沿着公路、铁路、水路等交通干线的村庄刷墙美化，河道统一驳岸、修栏杆等，其实造成一定的无效投资，甚至是浪费。根据人居实践原理，村庄空心化只不过是物质环境的表面现象，其原因是资源利用不合理，劳动力外流。根本的问题是城乡二元的体制机制。单纯从物质环境入手，通过设计美化，解决不了长远问题。物质环境再次衰退即无效，进入恶性循环。政府对衰退村庄长期进行补助是难以持久的。显然，村庄规划的基本任务并不是在现有村庄的基础上逐个安排村庄的建设，而是要从更大的区域统筹部署村庄的布局。然而，集中建设新村同样面临问题。虽然可以节约土地，便于配置基础设施，但是，不便于耕作，农民也不习惯。分类规划建设村庄，十分必要。

区分保留村庄和迁并村庄是搞好村庄内部规划的前提条件。首先要在乡镇，甚至县（市）规划的指导下，提出规划期内需要保留的村庄和不再保留的村庄两大类。中央农村工作领导小组制定的《国家乡村振兴战略规划（2018—2022年）》中明确提出，“分类推进乡村振兴，不搞一刀切”，提出将村庄分为集聚提升、城郊融合、特色保护、搬迁撤并四大类。前两者属于对发展村庄的促进，后两者属于对衰退村庄的处理，这就足够简明、有力、管用。在此基础上，再进行更细化的分类。例如，保留后的村庄以产业分类制定政策，不再保留的村庄以人口多少或者环境风貌状态分类制定拆迁计划等。这两类村庄的规划完全不同，需要分别制定政策，一拉一推，鼓励农民向保留的村庄集中。

这是一个涉及众多政策和部门的宏大工程。由于共享基础设施、土地整理和恢复耕作的需要，迁村并点不可避免。村庄规划取得成功的关键是，从乡镇或更大的空间范围提出村庄长远发展的规划，信息及时公开。更重要的是明确促进规划实施的政策意义，让每一户农民都知道自己如果准备建设住宅将会有哪些选择，各自有什么优惠和限制的政策。保留村庄和不再保留的村庄定了就不能变，需要有计划地对农村人居环境涉及的空间资源，例如现有的土地、农民住宅、生产建筑和公共建筑、基础设施等进行布局调整。

保留村庄的规划对策。

保留村庄的规划应当明确发展方向，鼓励其发挥自身比较优势，在原有规模基础上有序改造提升，发展专业化村庄。即使保留下来的村庄也要树立“实用型村庄规划”理念与方法，可以将村庄规模分为小中大三个等级、将建设需求分为少中多三种情况，只有大中规模又有较多建设需求的村庄才需要编制现代意义的规划。[1]现有规模较大的中心村同样要为周围的自然村提供服务，作好扩大规模甚至升级为更高等级居民点的规划安排。

对于保留村庄，其最大的影响因素是土地政策。最基本的原则是合理用地、节约用地，各项建设相对集中，尽量利用现有村落的用地范围在内涵发展，新建和扩建尽量利用荒地、薄地、坡地等非耕地。要在规划中明确居住、公共建筑、工业、道路广场等主要用地的比重，并落实到图面上；布置好道路、给水排水、电力、通信等基础设施，以及商店、学校、医院、文化站等社会服务设施。要考虑好建设顺序，适当留有发展余地。要更好地保护环境、改善生态、防治污染和其他公害，并加强绿化建设，搞好村容镇貌。对城市近郊区以及县城关镇所在地的村庄，纳入城市管理，但在形态上保留乡村风貌，建成城市后花园。

村庄的规划要引导农民按照政策要求建设住宅。通过集体统一组织传统农村户口拥有者建设“水平分户的农民公寓”，即多层住宅，是一个节约用地的尝试，但要十分慎重。建设农民公寓，作为宅基分配方式的替代，确实节省了大量的建设用地。由于用的是集体土地，要处理好土地增值的收益分配。要认真听取农民的意见，将住宅的建设与耕地的分布情况和耕作要求结合，处理好集中居住与现有耕作方式的矛盾。要认识到，农民公寓表面上像城市，实际是一种受到地域行政限制的畸形城市化。管理上可以模仿城市，实质仍是农村。

迁并村庄的规划对策

比较而言，迁并村庄规划更加接近政策制定而非物质规划。将村庄放到城市化过程动态分析，所谓搬迁撤并类村庄，重点仍是空心村，即人口流失特别严重的村庄。大量空心村的发展前景是中心村扩大，还是集镇提升，还是城市吸纳，是不可回避的选择。这是退耕还林的规划，也是留守人员生活安排的规划。因此，不保留村庄同样需要精心的迁并过程安排。要认真调查现状，如实评估房屋质量与住户的经济条件。重点是要处理好局部与整体、近期与长远的关系，避免短时间内的大拆

① 白正盛．实用型村庄规划理念与方法 [J]. 城市规划，2018（3）：59-62.

大建。总之，对不再保留的村庄，规划内容是对其过渡阶段的生产、生活提出安排意见。

在乡村现代化没有实现，而新型的网络社会已经开始形成的过程中，采取何种政策应对村庄衰退，涉及基础设施的投向和未来乡村景观的营造等重大问题。在现有政府主导投资的框架内，或由于重大工程，或由于灾后恢复重建，或由于管理范围调整等原因，迁村并点的努力进行过很多次，进行了很多年，但正面的经验却很少。因此，在任何情况下，都不能搞违背农民意愿的强制迁村并点。从全国来讲，生存条件恶劣、生态环境脆弱、自然灾害频发的村庄，总数不是很多，因为本来说不适合居住，工作相对好做。因重大项目建设需要搬迁的村庄，有专门的国家政策支持，工作也要容易一些。

真正难以处理的是绝大多数具有一定的农业生产条件的村庄，农村的青壮年劳动力进城务工经商，人口流失严重。特别是其中的小规模村庄，虽然基本上已经空心化，处于半荒废状态，应该及时撤并，需要通过精准扶贫、易地搬迁安置。但是，村庄中剩下的往往是那些缺少进城务工能力的老弱病残户，仍然依靠土地生活。这些村庄，不仅对于缺少进城机会、相对弱势的农户和农民非常重要，撤并搬迁要十分慎重；同时，这类村庄也给进城的农民工保留了退路。因此，对于撤并搬迁过程中的宅基地复垦，也应加以注意。农民进城后仍保留的农村宅基地，在某种意义上是农民进城的“保险”，不能简单地概括为所谓的“浪费”。地方政府完全没有必要急于复垦。[①]

农村土地政策改革。

城市有着远多于农村的就业机会和更好的基础设施与公共服务，只有大多数农民家庭都全家进城，城市化才得以真正实现，留守农村的农民才更有可能扩大土地经营规模，有更多机会致富。因此，不论是保留还是迁并的村庄，最难以处理的都是土地问题。制约分散村庄集中建设的主要因素是农村的土地政策，土地政策是村庄利用与保护、拆迁与退耕的基础和关键条件。长期以来，我国对与地表空间相关

① 贺雪峰．乡村振兴要充分考虑进城农民的期待与顾虑 [Z]．新三农公众号，2020-12-26.

的村庄研究都是以原有土地制度不变作为前提条件的。事实上，自从人民公社解散开始，农民使用集体土地发展非农经济特别是乡镇企业，中央采取了相对宽松政策，直到 1986 年《土地管理法》出台之前，并没有及时制止。农村土地的资本化事实上成为原始积累和发展的动力。

由于市场要素不能在城乡之间、村庄之间流动，而村庄的非农化已经达到很高的水平，集体收入增加后，在行政村内部进行集中建设成为唯一可能。于是，出现了一批由村庄企业出资建设的“别墅式新村”。1998 年修订的《土地管理法》将农村土地非农化的权力收归地方政府，切断了农村土地自我资本化的路径。土地财政虽然为城市政府建设城市提供了条件，农民却被排除在决策之外。集体所有、队为基础的所有制也就失去了意义。

为了限制城市政府的超征土地行为，中央出台了一系列的土地管理政策。但是地方政府选择性执行，发明了“以租代征”“土地整理”“土地贮备”等做法。随着乡村城市化过程中农村社区的集中建设，农村土地流转、产权重构等提上议程。但是，如果在现有制度不变的条件下谈村庄规划，是没有意义的。

党的十八届三中全会审议通过的《关于全面深化改革若干重大问题的决定》中提出建立城乡统一的建设用地市场，在符合规划和用途管制的前提下，允许农村集体经营性建设用地出让、租赁、入股，实行与国有土地同等入市、同权同价。村庄规划的基本原则与土地部门的用地管理原则是完全一致的，要通过各种类型的村庄规划，真正使耕地总量动态平衡和建设用地内涵发展的政策落到实处。

7.3.3 传统村落保护规划

传统村落属于政策对象。

与城镇相比，传统村落的空间尺度和人工环境的比重都比较小，但是权属关系相对复杂。因此，保护难点不在技术措施的选择，而在利益关系的处理。保护规划编制其实是政策制定，要明确政府干预的目的。总体而言，传统村落保护意识的觉醒晚于城市。最初，一批学者，例如清华大学的陈志华、天津大学的彭一刚，克服各种困难研究传统乡土建筑和村落，得到支持都有一定的困难。[1] 当时的工作局限于“现状描述”，目的是要引起业界和社会的注意，还谈不上具体规划的编制。政府对于这项工作的重视更晚一些，最初同样是为了摸清情况，而不是编制规划。

对于这项工作经历了从历史文化名镇（村）、古村落、传统村落的名称变化，实际上，体现了价值观的转化。这些村落都是旧村，而不是新村，事实上，新村也会随着时间的推移变成旧村。但是，它们都是政策对象，一个强调历史文化价值、一个强调时间积累、一个强调传承。历史文化名村、名镇本来与传统村落没有矛盾，但是用“名镇、名村”容易被误解为重视对村落的宣传和使用。2004 年，建设部与国家文物局印发的《中国历史文化名镇（村）评价指标体系（试行）》（建村〔2004〕228 号），强调的同样是历史久远、文物价值、历史事件名人影响、历史建筑规模、传统建筑代表性、核心区和非物质文化遗产等。与历史文化概念类似，传统区别于古、老、旧等客观描述的概念。古村、老村、旧村，指村庄建成时间相对久远，而传统村落是由政府部门按照预先确立的某种标准进行筛选并纳入保护名录的村落。

2012 年，住房城乡建设部、文化部、财政部发出了《关于加强传统村落保护发展工作指导意见》（建村〔2012〕184 号），明确了规划先行、统筹指导、整体保护、兼顾发展、活态传承、合理利用、政府引导、村民参与的原则，要求各地深入开展村落调查，建立名录制度、推动保护发展规划编制、保护传承文化遗产、改善村落生产生活条件等任务。国家文物局 2013 年开始对古村落保护进行综合试点。2014 年，住房城乡建设部、文化部、国家文物局、财政部印发了《关于切实加强中国传统村落保护的指导意见》（建村〔2014〕61 号），强调传统村落的基本定位和保护措施。可见，传统村落保护规划真正提上议程只有 10 年的时间。

① 陈志华 1989 年开始在浙江省等地做调查工作，成果由台湾的一家出版社出版。彭一刚写出了《传统村镇聚落景观分析》一书，1992 年由中国建筑工业出版社出版。

从人居视野看保护的内容。

传统村落传承了中华民族的历史记忆、生产生活智慧、文化艺术结晶和民族地域特色，维系着中华文明的根，寄托着中华各族儿女的乡愁。与文物完全不同，传统村落中的建筑与社会生活相关，是“活化”的；传统村落及其环境至今还被人们使用着，生活方式、产业模式、工业传统、艺术传统和宗教传统没有中断并继续保持和发展，是“活态”的。传统村落是介于非物质文化遗产和物质文化遗产之间的一种“混合的”遗产类型。有学者认为，传统村落应当与非物质文化遗产和物质文化遗产共同构成三大保护体系，这样使中华民族的历史财富得到全面和完整的保护。[①] 因此，传统村落不是博物馆，而是人居环境。

为何保护与保护什么是一个问题的两个方面，应该由前者决定后者，然后才是如何保护的问题。传统村落，除了形成的年代较早，更加强调拥有较为丰富的文化与自然资源，具有一定的历史、科学、艺术、经济、社会价值。对传统村落的保护规划，期望实现从单纯重视物质遗存向兼顾社会生活的多重目标。一方面，随着工业化、城镇化的快速发展，传统村落人口流失、社会关系被破坏、建筑损毁、村落拆并及整村外迁等问题日益严重。另一方面，从人类社会总的发展趋势看，城镇化伴随网络社会的形成是最为明显的特征。进入城市时代和工业社会的人们经常抱怨“乡愁无处寻”，希望乡村能发挥更多的作用。传统村落是一种新的社会生活中的生存方式选择。

我国已经成为世界第二大经济体，城镇化率超过 60%，小康社会全面建成。在现状村落还在不断稀疏化的情况下，传统村落成为需要保护的遗产。学术界和政府部门普遍认识到，传统村落不同于城市，主要是以农业为基础的传统社会。就功能来说，无论规模多大，村落的社会结构、经济形态、生活方式，以及文化景观都是独特的。但是，就传统而言，从什么时候算起，称为传统？新中国成立之初才建设的村庄、大寨式村庄，是否需要保护？村落中有民居、集镇上有街区，从区域认识村落，是一定的保护范围，其中可能还有河流、道路等，规划中究竟保护什么内容需要认真研究。

从人居原理看，村落保护至少包括四个层次。首先是物质的、可见的形式，这

① 冯骥才．传统村落的困境与出路 [Z]. 建筑联盟公众号，2016-07-17.

是外在的表象，也是保护成果的最终体现。其次是节约、集约、循环利用资源的方式，正是这个营造工艺决定了形式。再次是一种自发的、约定俗成的村规民约、一种传统家庭、家族的生存模式、体制机制，与非物质文化遗产的传承有关。最后，也是最重要的是社会文化，是根植于居民心中的对家和家乡的感情。

明确保护责任与处理利益关系。

传统村落的保护引起了社会各方面的关注，需要价值的判断，更需要明确责任。学术界和国际组织从文化多样性、创作传承角度，提出了保护传统村落的理由。联合国教科文组织世界遗产委员会将传统村落保护作为重要任务来推动。中国古迹遗址理事会成立了乡村遗产委员会，中国城市规划学会城市更新和旧城改造的研究也扩展到乡村保护和更新研究。这些基本上停留在宣传和呼吁的层面。

作为政府管理部门，住房和城乡建设部对传统村落进行了详细的调查，通过公布名录的方式分多批提出保护重点对象；通过宣传、挂牌提示等方式不断提高人们的认识水平；建设数字博物馆以便于研究者查阅；拍摄传统建筑大智慧纪录片，整理建筑文化，召开国际学术会议，努力使中国成为农耕文明保护传承的中心。2020 年，财政部和住房城乡建设部共同组织传统村落集中连片保护利用示范县市的选取，将村落保护利用置于更大的区域范围进行。每个县市都有 3000 万元以上的补助款。在国家传统村落保护的基础上，省级的传统村落保护也陆续开展。例如江苏省颁布实施《江苏省传统村落保护办法》，以省政府规章形式对传统村落进行立法保护，推动保护走上法制化、规范化轨道。

对传统村落保护重要性和价值的认识已比较到位，但是对于保护中的矛盾、难点和真正的问题缺乏深刻的认识。责任与利益的关系错位，没有明确的责任主体，使用者与保护者的分工不清。传统村落的保护涉及方方面面，不仅是专家学者和政府部门的事情。在社会学者眼中，现代社会快速城市化过程中的统村落是在竞争中失去优势的乡村“弱者”的生存环境，保护意味着关怀，属于需要政府照顾的对象。因此，政府推进农村危房改造工程、农村人居环境整治工程等政策措施受到了普遍赞扬。但是，在一些文化学者眼中，传统村落中新建的项目单调呆板，改造过的房屋形式类同，材料缺乏特色，人居环境没有艺术品位。比较而言，过去的才有“味道”，才是需要保护的传统。保护规划需要有服务的对象，村民的想法必须有表达的渠道和评价的准则。

村落作为与传统生产生活方式相适应的人居形式，其选址和布局体现了人、建筑与环境之间和谐共生，是“天人合一”传统生态观的直接反映。虽然可以根据现有的实物遗存和文字材料，对乡村人居传统的基本特征进行归纳，但是，传统村落是社会矛盾的物质环境体现，其得以维持的外在景观与人文传统之间的裂缝不断加深扩宽。只有认真分析乡村衰落的主要原因，及其对乡村人居传统的破坏作用，再看保护规划的实际作用，才会有更加明确的定位。

事实上，每个村落都在创造与保护的张力中变迁，建设发展通常是经济技术因素推动的，保护是社会文化因素推动的，本质上是广义利益关系的平衡。村落的田园生活除了收入来源微薄，环境维护也是重要方面。例如，将污水处理纳入城镇管理，可以降低成本，村庄集中处理需要生物处理法，成本将增加；每户使用净化设备，不仅效果受到限制，成本将进一步增加。如果不考虑房屋用户的经济承受能力，保护工作很难持续。这涉及权属结构，房屋的所有权属于用户，修改权和交易权被保护者剥夺后，需要成本的支付。保护规划要重视物质空间与社会空间的整体运作，重视社会关系的重组和社会秩序的建构。

通过政策设计活化社会文化。

交通条件的改善和通信技术的发展使得乡村居民活动的范围不断扩大。经过多年的乡村规划建设管理实践，人们已经普遍认识到，村庄生产生活的改善必须依赖邻近的乡村中心（即城镇）。因此，对传统村落的保留与改造实际上是在更多范围的空间布局调整。从物质空间环境保护的角度看，是向区域整体保护的拓展。在这种情况下，将西方国家的城市历史街区保护和区域景观保护的经验作为参照根本不管用。因为建造材料和方式不同、生活习惯不同。单纯把发展旅游业作为传统村落的出路，一方面，脆弱的村落无法适应游客量过多的压力，另一方面，众多的传统村落也难以像明星村落那样持续吸引游客。

随着工业化和城市化进程的推进，城市的就业机会和收入水平远高于乡村，城乡的贫富差距增大。劳动力大量涌向各级城镇，由于人才的外流，乡村普遍失去了传统的自下而上的自组织能力，自上而下的全国统一的他组织行为代替了具有个性化的自组织行为，传统文化多样性生成的土壤已经不复存在。乡村没有有钱人来做公共事业，依靠城市支援乡村，无法长期维持。从建设用地角度看，农村土地的“两权分离”和“长久不变”，使得农村的土地权属已经固化，在传统村落开展基础设施建设，改善村民的居住用房和人居环境变得很困难。随着技术进步，乡村与城市连通，原先地区间、城乡间、乡村间因地理分隔导致的文化差异迅速缩小，多样化的乡村正逐渐变得单调。从文化角度看，农民的社会心态发生了很大的转变，而居住环境却要保持原样。保护专家把农民不再是“依附体”这样一个巨大的进步，当成了问题，这本身才是问题。

有效的保护需要整体的政策设计。一是明确价值评估指标体系，需要多个专业的参与。从考古学、建筑学、社会学、人类学、生态学等多个学科角度进行量化的评价。二是明确全社会保护的责任，以及谁保护、谁支付的原则。村民自身无保护能力，但是得到支付后有保护的责任。传统村落的整体性保护，应当强调对农民等产权所有者的利益保护和尊重村民意愿的公众参与保护，注重对村庄、聚落社会网络的保持维护。三是提出政府分工合作原则，明确主管部门。需要充分考虑乡村发展的战略地位，将农村地区发展、乡村环境保护、乡土遗产保护，以及传统村落保护纳入可持续发展战略框架之中，尽可能地避免工业化、城市化带来的负面冲击和影响。

村落整体保护政策应通过多种途径恢复生产活力与宜居性，有条件的地区应当逐步恢复传统产业功能，改进传统农业生产技术，引入文创、休闲、养老等新兴产业，增加就业途径和机会，吸引年轻人回归乡土、回到农村创业和快乐生活。同时，有序引导城市居民“上山下乡”创业、养老或休闲度假。只有为不同类型的传统村落找到适当的发展路径，才有可能真正解决老年化、空心化等问题。传统村落保护、整治的首要目标应当是，让村落能够成为继续适宜人居的生活环境。传统村落和乡土建筑遗产的保护，将直接关系到新农村规划建设的实施成效。过度的旅游开发还带来了景观同质化、消费文化至上等不利于传统村落整体性保护的负面影响。[①]

① 张松．作为人居形式的传统村落及其整体性保护 [J]．城市规划学刊，2017（2）：44-49.

对于传统营造技术的发掘和改良，是保护传统村落行之有效的方法之一。在建造技术方面，需要宣传“高科学、低技术”的理念。例如，不管是针对经济欠发达地区的民生问题，还是作为环境保护需要的新理念，基于本地条件的生土建筑都是生态建筑的重要技术手段。条件与需要的多样化，决定了规划设计与技术策略的多元化，适宜性是传统村落和建筑文化传承与发展的基石。此外，如果是保护传统村落的营造工艺，则需要工匠和工艺的传承，而不仅是实物的保护。

虽然由于城乡规划管理职能负责部门的调整无法及时对强化乡村功能的规划做出评价，这个阶段，乡村规划的重点从小城镇转向村庄也是十分明显的（表 7-1）。

2005—2020 年间推动规划下乡的重要文献 **表 7-1**

年度	名称	等级	编号
2005	关于村庄整治工作的指导意见	建设部	建村〔2005〕174 号
2006	县域村镇体系规划编制暂行办法	建设部	建规〔2006〕183 号
2007	城乡规划法	全国人大	第十届全国人民代表大会常务委员会第三十次会议通过
2007	镇规划标准	国家技术监督局、建设部	GB 50188—2007
2008	历史文化名城名镇名村保护条例	国务院	国务院令第 524 号
2008	村庄整治技术规范	住房和城乡建设部	GB 50445—2008
2010	镇（乡）域规划导则（试行）	住房和城乡建设部	建村〔2010〕184 号
2012	历史文化名城名镇名村保护规划编制要求（试行）	住房和城乡建设部	建规〔2012〕195 号
2013	村庄整治规划编制办法	住房和城乡建设部	建村〔2013〕188 号
2014	村庄规划用地分类指南	住房和城乡建设部	建村〔2014〕98 号
2015	关于改革创新全面有效推进乡村规划工作的指导意见	住房和城乡建设部	建村〔2015〕187 号
2019	关于加强村庄规划促进乡村振兴的通知	自然资源部	自然资办发〔2019〕35 号
2020	关于进一步做好村庄规划工作的意见	自然资源部	自然资办发〔2020〕57 号

7.4 保障社会稳定的规划

7.4.1 乡村功能的长远定位

在城乡中国为乡村赋能。

由传统村落和集镇以及风土建筑为主体构成的中国传统乡村人居是中国特色人居思想的发源地和集中体现地。乡村人居展示的人居与自然的和谐关系，以及就地取材、减少排放、适应变化等具体措施都值得在新时代继承和发展。传统乡村人居是我国历史文化遗产的重要组成部分，保护、传承这些悠久的历史文化遗产，对于进行全民的爱国主义教育，促进社会主义精神文明建设具有重要的意义。但是，生活在传统乡村的中国农民一直处于社会底层，贫穷、受教育程度低，自主性差。今天还能够看到的遗产大多位于经济条件相对落后的地区,或者只有少数乡绅的宅第。中国乡村百年变迁，不仅是由乡村转变为城市的过程中传统乡村物质环境的变化，更是乡村内部的非农化过程和农民社会现代化的过程。它浓缩了几代中国精英的心血，探索的道路是曲折的。

新中国成立后，打破了封建传统，对于农民社会进行了彻底改造。分得土地的农民成为社会的主人。但是，在政策设计时，要求他们“先生产后生活”“先治坡后治窝”，为国家工业化作贡献，并没有建立起属于乡村的社会规范。农民们从封建社会时期的过度依赖家庭和乡绅共同体，演变为社会主义社会时期的过度依赖基层政府和村集体，依附体的政治性质虽然变了，农民性的许多本质特点仍旧存在，农民没有成为完整健全的社会公民。二元经济社会政策也不希望他们有太多的自主选择。农民在个体和家庭层面一直缺乏土地等财产权利的基本保障。改革开放前，我国绝大多数农民根本没有改善居住条件的机会,仍旧长期生活在原有的旧住宅中，居住在基本公共服务严重不足的村庄里。

改革开放后，农民们逐步脱贫，部分农民开始致富。但是，无论是在原地从事非农活动，还是进城务工，仍旧无法改变农民的身份。结果是，由于城市“需要”劳动力，部分农民工长期生活在城市；由于城市对于新市民的“排斥”，部分农民只好在劳动能力失去或者缺乏足够竞争力的情况下回村生活。随着我国城市化进入快速发展阶段，人们开始更多关心乡村变迁，更加重视传统人居环境保护。问题在于，对比起“生存”这个更为基本的需求，其他都是次要的。在城市化过程中，乡村发生着艰难而强烈的变迁，就人居物质环境而言，由于城市地区的扩展，乡村范围缩小，整体上显现空心化的衰退趋势。由于集中居住形式增加，建设用地总量将大量节约。不论哪种情况，乡村生活首先要有生存条件，即就业机会和维持日常生活所必需的物质基础。

在乡村居住的农民分别经历了为国家工业化和城市化作贡献的两个阶段，正在进入一个新的阶段。乡村地区对于一个国家是永久存在的，即使是城镇化达到70%，仍将有4亿多人居住在乡村。关键是如何促使城市化过程顺利进行，稳定后的长远政策目标是什么。在这个新的阶段，需要重新定位乡村功能及其居住者的构成。在城镇化过程中平衡城乡关系，不同于对现有乡村的物质环境进行更新。对物质形态的过度关注，有时会导致对问题本质认识的忽略。城市化的本质是生活方式的变革，生活方式的以人为本，城乡居民享受同样的政策和公共服务，每个公民有选择在城市或者在乡村居住的权利，未来的乡村才能真正产生吸引力。

满足未来乡村居者的实际需要。

由于传统乡村的相对封闭性，个体的成长反映了更多的自然特性。在这种状态下，人的社会性与城市居民不同，乡村人普遍重血缘和地缘关系。人一生下来没有选择地要与父母、家庭成员和邻居们相处，这一点城与乡的区别不大，区别在于城市人有更多的机会与朋友和同事相处，差距就逐步扩大了。真正拉开距离的是教育，家庭教育和社会教育的城乡差距都很大。城市人的学缘相对深厚，与同学相处的时间，接受教育的机会，远比乡村人要多。更进一步，就业工作的机会，存在着天壤之别。工作，不仅是生存的需要，也是释放能量的需要，是保持健康的需要。传统乡村，就业相对单一，缺乏选择机会。其实，城乡差距正是城市化的内在动力。

未来的乡村是为公民生活方式提供的人居环境选择，不仅是为弱势群体提供的庇护所。谈保护的人往往并不在乡村居住，等于是把乡村作为是乡村以外居住者的乡村。乡村人希望出去，就要有留住他们的办法。否则，就要有人来替代他们。两者都不行，只能面对乡村的进一步衰退。城市集中带来的失落，正是乡愁的催化剂。信仰是人的基本需要，是人区别于动物的重要标志。到了这一层次，城乡的差距就无法弥补了。当代乡村，正是因为缺乏信仰，使人觉得没有希望。

今天的乡村，确实成了政府和社会关注的焦点。从物质文明角度，帮助农民脱贫致富，实现了贫困县全部摘帽；从精神文明角度，发展网络消除信息鸿沟，组织下乡采风或演出，丰富农民文化生活。从专业角度看，编著出版传统村庄和住宅资料，开展村庄规划设计竞赛。大学的城乡规划将乡村规划纳入教学内容，有的省还组织公务人员下乡回乡编制发展规划。各种媒体上，经常可以看到关于乡村开发保护的消息，搞田园农业、民俗旅游、新村建设、建筑摄影，等等。但是，这些似乎都是城市居住者的乡村活动，或者是城市支援乡村的活动。真正可以留住乡村年轻人或吸引城市人才到乡村长期居住的措施其实不多。就连在城市工作的农民工后代，大多已不适应原有村落环境的生活。

从更大的背景条件下观察，城市化过程还在继续，传统乡土社会还没有完成向现代城市社会的转换，基于科技的网络社会却已经形成。从这个角度看，现代与传统的分析框架本身也成了一个问题。然而，将地表空间的一部分作为人类活动创造的“场所”，不仅不会因为新技术而改变，只会将新技术纳入到这个过程中。由于个体人的尺度没有也不会有大的变化，新技术改变的只是人的活动方式和范围而已。

在新时代，需要深入思考乡村是谁的问题。乡村需要乡村人，不是供城市人参观的乡村物质环境。乡村不是开发商的乡村和学者的乡村，而是全社会的乡村。即使有了人才队伍，还必须要真心地为乡村居民服务。乡村建设，不是假期下乡寻根怀旧，不是城市生活压力的偶然释放，不是艺术创作时的灵感源泉，而是为乡村居民的生活提供日常依靠。乡村的物质环境条件需要改善，更重要的是，对于未来乡村居民生存、人际交往、学习、劳作、信仰等多层次的客观需求要进行空间的落实。例如，农民上楼，就要考虑与耕作半径的关系，这与城市上班通勤是一个道理。集镇的服务设施，必须考虑人在日常生活规律范围内和特定交通工具条件下的可达性。

7.4.2 乡村人居的规划干预

政府的目标与专业的使命。

从20世纪50年代人民公社时期政府组织城市规划下乡开始，城市规划专业就与乡村结成了不解之缘。2008年，《城乡规划法》实施后，乡规划和村庄规划已经成为五大法定规划的内容。在技术立法方面，从用地分类和规划标准等多个层面，推动城乡规划的全覆盖。乡村振兴、规划先行成为共同理念。同时，乡村规划编制超越了将空间资源统筹、城乡建设布局等作为核心内容的阶段，更多走向了综合发展规划的模式。乡村，成为规划研究中增长最快的关键词。实践中探索了众多规划类型，例如村庄综合整治规划、迁村并点规划、美丽乡村规划、田园综合体规划、县域乡村建设规划等。工科性质的规划与非工科性质的规划形成了竞争态势。2015年，中国城市规划学会成立了乡村规划与建设委员会。著名高校开始承接乡村规划课题和编制任务，乡村规划内容列入教学重点。“规划下乡”，不再需要动员，而是需要价值的回归和规则的制定。

必须指出，绝大多数乡村规划最初都是政府相关部门根据实践提出，而不是专业的贡献。部门规划关系还存在许多问题。例如，规划体系不匹配，需要统一规划期限、协调规模边界、落实项目空间等；技术平台不衔接，需要统一用地分类、图纸范围、信息内容等。管理体制不顺，需要沟通协调，建立部际联席会议制度。“多规合一”，不仅是中央政府部门的改革，还涉及中央与地方政府的关系，政府与其他性质社会组织的分工等问题。

从专业实践看，乡村规划面临着一系列问题。常见的有，在无上位规划时要求编制村庄规划，缺乏最基本的依据，只能考虑所在村庄自身的发展；有的照搬城市规划的理念和方法、脱离农村发展实际，因为基于城市精英决策的理性规划模式，对乡村特点、空间布局等把握不准，忽略了规划主体的意愿和关系，在实施的过程中会遭遇较大的阻力，规划方案很可能“纸上画画、墙上挂挂”，不能实施；有的搞形式主义，导致大量资源浪费。村庄规划中集中建设小区和洋楼，要求统一外墙色彩、河道驳岸，建设宽马路和大广场、配置过亮的路灯等。虽然它在一定程度上美化了村庄，但不可持续；有的规划被利益集团驱使，村民“被逼上楼”。村庄规划成为部分地方政府获取政绩和土地指标或者开发商资本下乡获得建设用地的工具；有的甚至没有合法的规划就开始建设，导致乱建设。认为规划没有用，搞一个对付上面就可以了。

《乡村振兴战略规划（2018—2022年）》提出，各地区各部门要树立城乡融合、一体设计、多规合一理念，抓紧编制乡村振兴地方规划和专项规划或方案，做到乡村振兴事事有规可循、层层有人负责。要针对不同类型地区采取不同办法，做到顺应村情民意，既要政府、社会、市场协同发力，又要充分发挥农民主体作用，目标任务要符合实际，保障措施要可行有力。要科学规划、注重质量、稳步推进，一件事情接着一件事情办，一年接着一年干，让广大农民在乡村振兴中有更多获得感、幸福感、安全感。

作为专业发展，不能政府说做什么就被动地做什么，需要规划原理的革新。要在性质、规模、布局，功能分区、层级配置、规模效益等手法的基础上，树立系统优化、协同发展、公平包容的乡村发展理念。以农业区划和生活圈等内容促进生产、生活、生态的结合，作为空间布局的原则。同时，还要有公共产品、公共政策相关的制度安排，以及公众参与、多方协商的操作方式。要坚持合理开发、适度建设原则，构建适合地域特点、适合农村生存发展的人居环境。在经济社会环境较为脆弱的地区，培养农民应对风险的能力，合理建设、进退有度。充分尊重地方传统、乡村文明智慧，采取可持续生态技术措施，如污水处理、非化石能源利用，促进乡村生态文明。

规划师要成为乡村的“局内人”。

不论中外，乡村建设实践有个一致的认识，需要区分“局内人”和“局外人”。农民对“外来者”有排斥心理，对外来者所要求的往往表现出“礼貌的不接受”，而在“自己人”的范围内遵守乡规民约。在农民心目中，县乡两级干部、村民委员会领导、下乡服务的专业人员不一定是“自己人”，不能看作是稳定的“新乡绅”队伍。与传统的乡村精英不同，他们经常要调动工作，对于农民来说，属于“局外人”。在移民建镇、灾后重建等工作中，曾多次组织技术人员下乡开展规划设计，画了很多的图纸。但几十年过去了，真正化作实物环境的其实很少。原因就是农民们认为，那是“局外人”提出的要求。

在新时代，有人提出需要有意识培育“新乡绅”。但是愿意到乡村居住的城市人，实际是对乡村居住环境的热爱，并不是真正对农民的关心。他们建设的乡村人居环境，很可能是城市人居环境的分散化，与乡村振兴其实是无关的。虽然改革开放以来，农村经济、社会和环境发生了很大变化，乡村规划的基本任务也从单纯安排单个村庄和集镇的建设，发展为从更大的区域角度统筹部署人居环境建设。但是村庄规划是为村民服务的，这个基本要求是一致的。当地弱势农民的生存保障与城市下乡居民的生活调节是不同的，能否认识到这一点，是区分“局内人”和“局外人”的根本，也是乡村规划能否实施的关键。不考虑农民的实际需要，编制了规划也没有用处。

对人的生活和存在状况的全面关怀是人居营造活动唯一真实的目标，因而也是它的终极关怀。要通过乡村人居环境的改善，强化人们对于美好未来的信念。在快速发展的过程中，这一点显得更加重要。历史的经验显示，现代化的人居环境，除了能方便地满足人们衣、食、住、行等多方面要求，还应满足人们精神上高品质的追求。国内外许多著名乡村，之所以在城市时代仍旧散发着无穷魅力，正是由于保存着完好的地方特色和原有风貌。许多国家在经济高速发展的初期阶段，因为急于改变物质生活条件，往往忽视历史文化遗产的保护。待到经济发展了，希望重新追求高质量精神生活，重视社会文化发展渊源时，大量优秀的历史文化遗产已遭到破坏，造成无法挽回的遗憾。我们要吸取教训，切不可重复这种历史性的错误。

我们今天仍旧能够看到的传统乡村景观，有的是因为贫穷而没有进行更新改造的，有的是封建大家庭或者商人、士人等统治阶级的宅院。必须清楚地认识到，乡村振兴，不是传统农村的重建。与传统村落对应的农业生产、乡土文化、宗法治理的模式不可能作为未来乡村的参照系，封建社会等级森严的家庭生活，依靠宗祠进行的家族式治理，不可能得到恢复。对于这份宝贵的遗产，我们主要任务是保护和适当利用，不能大范围仿制。乡村复兴，也不可能是人民公社式的军事化集体生活。历史是不可能倒退的，经济社会发展的规律不能超越。乡村人居的未来根植于现代人的生活需求，是快速城市化阶段和高峰过后的乡村建设。乡村人居建设一方面是物质改善，另一方面是乡村文化复兴。乡村发展目标是中国特色社会主义这个发展阶段的新乡村，是美丽中国梦的组成部分，是与生态文明和网络社会相适应的中华文化复兴的重要方面。规划师不要把乡村当作自己的作品，而要从乡村居住者实际需要和政府长远工作目标出发，以创新的态度开展规划服务。

8 治理创新中的乡村规划

从国家治理创新的角度，讨论空间规划体系中的乡村规划内容。立足于中国治理体系和能力的现代化，分析全球治理思潮流行的实质及其对人居实践领域的影响，将乡村变迁放到乡村治理体系中观察。在新时代，乡村规划是乡村治理的工具，要克服部门主义和专业偏见，让最合适的人做最擅长的事，共同促进乡村振兴。

8.1 治理现代化

8.1.1 全球治理思潮

治理概念溯源。

当今中文中的“治理”一词，是个外来语翻译与中文原有的组合词的结合。“治理”一词，在中文词典中作为“治”的含义之一，有两个解释：一是统治、管理，二是处理、整修。[①] 治理一词在当代中国的流行，显然受到了国际治理思潮的影响。从外来语翻译角度看，治理源于英语词 governance 的中译。与 governance 对应的中文含义更接近“治理之方法”，可以简称为“治道”。[②]

早在 13 世纪，governance 就在法语中流行过一段时间，当时主要是为了表达政府开明，尊重市民社会。17 ~ 18 世纪时，治理就是讨论关于王权和议会权力平衡问题所涉及的重要内容。从这时起，王权开始依靠一些新的原则进行运作，诞生了民众权利和市民社会的理念。问题在于，治理一词早已存在，为什么其使用的频率会大大提高。主要原因是解决传统政府管理中存在的难题需要新的理论支持。

回顾历史，政府管理经历了几个不同的阶段。最初热衷于通过获得自然资源治理。国际含义的发展意味着通过殖民和战争争夺土地、矿产等资源。这样的时代一去不复返了。后来主要是通过促进技术进步治理。20 世纪 50 年代开始，不少国家为了促进工业化不断地向企业提供土地，鼓励购买机器设备，开办工厂，培训和吸引技术人才。随着时间推移，效果有限。于是，提出通过改进公共政策完善治理的思路。

20 世纪 90 年代后，人们普遍认识到制度安排的重要性，重视公共政策质量与政府制度优劣之间的关系。因此，治理理论受到追捧。事实上，从 20 世纪 70 年代末开始，许多国家的政府就开始变革治理之道。表现为政府职能市场化、政府行为法治化、政府决策民主化、政府权力多中心化。中文中的治理，从字面意思看，最初意指针对某物的人工干预，后解释为统治、管理。从历史的长河看，

---

① 上海辞书出版社 1979 年版的《辞海》还没有收录“治理”一词，仅在“治”字下有一解释：列第四，为“治理”，例如“治河”。商务印书馆 1996 年版的《现代汉语词典》（修订本）中将“治”字第一个含义解释为“治理”，例如“治家、治国、自治、治标、治本、治淮（淮河）”，另有“治理”一词，解释为：一是统治、管理，例如“治理国家”，二是处理、整修，例如“治理淮河”。外语教学与研究出版社 1995 年版的《汉英词典》（修订版）收录“治理”条，解释为 administer, govern, harness, bring under control, put in order。

② Governance，是动词 govern 的名词和正式用语。govern 具有统治、管理、控制、指导等含义。governance，源于古典拉丁文和古希腊语，常与 government 一词交叉使用，通常用于与国家公务相关的宪法或法律的执行方面，或指对多种不同行业、组织利害关系的管理。在不同学科专业有不同的译法，早期城市规划专业介绍治理时，多译为“管治”。

中国的改革开放进程融入了世界治理现代化的大潮，并创造了中国特色的治理体系。

治理的本质特征。

治理的本质是政府与非政府力量之间，以及各种力量内部的互动关系。改进治理的基本含义是逐步完善不同组织与力量之间相互渗透的管理方法。1989年，世界银行在一份关于非洲状况的报告中，使用了治理危机（crisis in governance）的表述，治理一词逐步地在国际组织、双边机构的话语和许多国家的政府文件中流行，并扩展到学术团体及民间组织，最终广泛地运用到政治学、经济学、社会学、管理学等社会科学的几乎全部研究领域，逐步形成一股治理思潮。

治理思潮有几个特征：一是主体多元化。政府是众多治理主体之一，不再是唯一的权力来源。改进治理不再仅仅围绕如何巩固政府自身的地位做文章。二是主体间责任的界限模糊。众多私营部门和非营利性组织等参与分享权力，同时承担相应的责任。三是主体间权力互相依赖。在众多的主体中，不强调有一个绝对的权力和权威，而是彼此相互合作，共同制定和实施公共决策。四是在某个领域形成自主自治的网络体系。通过促进不同性质相关组织之间的相互渗透，最终形成新的权力结构，共同处理某个领域的事务。

产生治理思潮最直接的诱因是政府的开支和其他可调控资源不断缩减，政府要为其他的社会组织发挥作用创造条件。治理的重新流行与学术界的推动有关，但并不是因为某一个组织，或某一个学科的推动，而是一种集体努力的产物，是集体时尚的一部分，带有协商和混杂的特征。政治经济学可以视作治理研究的理论基础。治理研究的先驱大多为合作主义者、政策分析人员和专攻经济体制变革研究的学者，后扩展为多个学科的共同议题，但是不同的参与学科有所分工。

政治学理论方面进行的研究根植于民主理论以及国家与市民关系的框架中。国际关系学方面的研究多为国家为了保障和强化自身利益开展的国际合作，因此提出了全球治理（global governance）的问题。公共管理学主要关注权力的集中与分散问题。企业管理学研究治理中企业的作用，以及企业自身管理的应用问题，与政策研究领域形成对照和抗衡。此外，发展研究、组织研究、城市与区域研究等领域也有系统论述和独到的见解。在治理一词使用范围扩展的过程中，公共行政、公共政策研究中的制度分析传统成为显学。

在治理思潮影响下，相关的专业领域出现一种常用的做法，就是通过在治理前加上修饰限定词，将它引入自己研究的领域。例如，housing governance，urban governance，regional governance 等。还有一种情况是将治理作为中性的，加上具有某种价值和道德伦理倾向的定语作为议题。例如，好的治理（良治）、多层次治理、多中心治理等。有的在治理前加上对象限定。例如，全球治理、政府治理、企业治理、社区治理、网络治理等。治理实践扩展到社会和政治生活的方方面面，人居领域也不例外，[①] 其含义逐渐与其本意相差甚远。虽然是政府研究培育了治理研究，但是两者并不能画等号。治理研究，不是分别研究各种组织和力量，而是要在分别研究各种组织和力量的基础上，专门研究组织与力量之间的互相渗透、互相依赖的互动关系。

8.1.2 我国的治理创新

对治理思潮的动态认识和全新实践。

国际治理思潮兴起后，中国学术界进行了大量引进和介绍。同时，将它与中国的现代化、政治和行政体制改革结合起来开展讨论，逐步产生了对治理原意的误解。例如，普遍混淆了治理与传统政府管理和新公共管理的界线，过于强调治理过程的动态模糊性，反而影响了对治理理念明确性的把握；用简单的公众参与替代多主体合作，没有很好地理解自组织原理与协同合作关系；不能正确理解政府赋能（enabling）与重新集权的区别，把作为规则制定与协调者的政府角色称为权力的新品种。事实上，治理反映的是社会复杂、多元、动态的趋势，而不是强化或弱化谁的问题。如果不与现实的政治和社会管理结合，只能停留在学术讨论，不可能产

① 何兴华．管治思潮及其对人居环境领域的影响 [J]．城市规划，2001（9）：7-12，20.

生真正的改进。

出现全球性质的金融危机后，人们重新认识、界定政府、市场与社会的关系，政府干预的必要性再次得到确认。人为制订的不切合实际的各种各样的规定，不论是由政府，还是由其他社会组织操作，都限制了人的创造性和现代复杂社会的发展。政府有可能通过不断扩大部门权力来转化为工作人员的自身利益。市场竞争中的企业，不论什么性质，都会努力获取最大利润。即使所谓非赢利的、社区的组织事实上也有利益追求。政府对于难以直接干预的事务，不一定推给其他性质的社会组织就是唯一的好方法。政府必须有手段鼓励各式各样的冲突势力参与社会活动而不是放任不管，造成社会动荡。

中国共产党根据中国特色社会主义现代化建设的现实需要，于 2013 年党的十八届三中全会首次提出了推进国家治理体系和治理能力现代化的重要议题。学术界认为，这是继工业、农业、国防和科学技术四个现代化之后的“第五个现代化”。国家治理体系和治理能力是一个国家制度和制度执行能力的集中体现。我国的国家治理体系是指在党领导下管理国家的制度体系，包括经济、政治、文化、社会、生态文明和党的建设等各领域体制机制、法律法规的安排，是一整套紧密相连、相互协调的国家制度；国家治理能力则是运用国家制度管理社会各方面事务的能力，包括改革发展稳定、内政外交国防、治党治国治军等各个方面。

强调依靠制度实现社会和谐稳定、国家长治久安，是要更好发挥中国特色社会主义制度的优越性。推进国家治理体系和治理能力现代化，就是要适应时代变化，既改革不适应实践发展要求的体制机制、法律法规，又不断构建新的体制机制、法律法规，使各方面制度更加科学、更加完善，实现党、国家、社会各项事务治理制度化、规范化、程序化。要更加注重治理能力建设，增强按制度办事、依法办事意识，善于运用制度和法律治理国家，把各方面制度优势转化为管理国家的效能，提高党科学执政、民主执政、依法执政水平。

2019 年，党的十九届四中全会审议通过《中共中央关于坚持和完善中国特色社会主义制度，推进国家治理体系和治理能力现代化若干重大问题的决定》，系统总结我国国家制度和国家治理体系的巨大成就和显著优势，深入回答在我国国家制度和国家治理体系上应该“坚持和巩固什么、完善和发展什么”这个重大政治问题，深入阐释了支撑中国特色社会主义制度的根本制度、基本制度、重要制度，对新时代坚持和完善中国特色社会主义制度，推进国家治理体系和治理能力现代化作出顶层设计和全面部署。这次全会系统梳理和集成升华了党和国家各方面的制度，描绘了坚持和完善中国特色社会主义制度的宏伟蓝图，为实现中华民族伟大复兴提供了坚强制度保障。

空间治理的新形式。

将治理的理念与传统的空间规划结合，就产生了空间治理的概念，具体表现为城市治理、乡村治理、区域治理等人居治理的形式。人类在自然界生存，因定居农业而“成聚”，因交换和产业分工的需要而“成邑”，因管理和防御功能而“成都”。从村落、集镇到城市的发展，大大改善了物质生活。城市化过程中城市规模的扩展，大大增加了人们工作和生活的选择性，同时产生大量问题，提出现代空间治理的新任务。在社会主义国家建设城市与乡村，必须将广大人民对美好生活的向往作为根本目标。政府干预空间环境的目的是维护系统综合平衡，考虑改善的整个过程，落实以人民为中心的思想。空间治理的单元，从社会治理看，主要是行政单元；从空间发展看，主要是主体功能区单元；从环境治理看，主要是生态系统和流域单元。需要根据治理的内容进行界定。

人们对空间环境的需要，一部分是变化的，一部分是不变的。考虑到人类个体对于空间环境的基本要求、步行距离内的生活圈、地球表面适宜人类居住的空间环境不会有大的变化，要根据人的尺度制定方案，提供多样化的选择，用最大多数人基本需要的满足程度，对城乡人居政策、标准、做法、效果进行评价、判断和规范。在治理思潮影响下，把生态文明理念和原则贯穿到经济建设、政治建设、社会建设、文化建设的各个方面和现代治理的各个环节，成为中国当代治理的重要内容。人们对于自然环境仍有刚性需求。例如，市内的公园建设、市外的风景区保护与开发，或国家公园的提出，都是这种需求的具体体现。全国主体功能区规划除了确定城市化地区、农产品主产区，还有重点生态功能区以及国家公园、自然保护区，提出了不同的治理思路和重点。

随着信息通信技术的普及，空间的概念成为“流动的”，全球与地方、城市与乡村结合，空间治理扩展到虚拟的网络空间。网络社会的权力与传统权力不同，政府“关键少数和关键作用”的地位受到挑战。技术专家在研发的第一线；出资的企业家们可以决定研发的方向；政府官员所制定的政策、法规，往往滞后于技术的发展进程。社会精英可以探讨各种可能的影响和后果，大多数人只能共享成果，无法考虑后果。网络社会交通方便，能耗下降；信息传播快速，获取成本下降；主体多元化，虚拟群大量增加；群体自组织，选择多样化；城乡乃至国别界限模糊，地域权威失信。尽管如此，人类并没有摆脱认识问题的基本框架，那就是时间和空间的实体结构。选择地表空间的一部分，作为人类活动创造的“场所”，不仅不会因为新技术而改变，还会将新技术纳入到其中。由于个体人的尺度没有也不会有大的变化，新的技术改变的只是人的活动方式和范围。

在务实的日常治理中，从理念上，必须理解“明明白白的不明白”“非常确定的不确定”，而不是主观强调不切实际的规范化、结构化，或是在没有条件确定时提出永恒不变的模式。政府应当围绕空间治理的需要设置动态更新“工具箱”，例如，推行大部门制，实施有效的权力制衡，减少不必要的行政干预；强化选人用人能力，建立不同专业技术协同合作的总师制度，鼓励最合适的人做最擅长的事；优化治理结构，其他机构做得更好的事政府不要亲自做，让尽量少的人做尽量多的事，让负责的人保护做事的人；采取以人为本的智慧管理方式，培养久久为功加只争朝夕的心态，能今天做的事不要等到明天做，需要耐心的事不要急于做；采取负面清单基础上的审批制度，能用技术管理的事不要用人管。

8.2 乡村治理体系建设

8.2.1 目标与推力

乡村与农业的现代化。

2019 年，中共中央办公厅、国务院办公厅印发《关于加强和改进乡村治理的指导意见》，提出按照实施乡村振兴战略的总体要求，坚持和加强党对乡村治理的集中统一领导，坚持把夯实基层基础作为固本之策，坚持把治理体系和治理能力建设作为主攻方向，坚持把保障和改善农村民生、促进农村和谐稳定作为根本目的，建立健全党委领导、政府负责、社会协同、公众参与、法治保障、科技支撑的现代乡村社会治理体制，以自治增活力、以法治强保障、以德治扬正气，健全党组织领导的自治、法治、德治相结合的乡村治理体系，构建共建共治共享的社会治理格局，走中国特色社会主义乡村善治之路，建设充满活力、和谐有序的乡村社会，不断增强广大农民的获得感、幸福感、安全感。

乡村治理是国家治理体系的重要组成部分，是人民群众安居乐业、社会安定有序、国家长治久安的重要保障。乡村治理创新是中国特色社会主义建设伟大实践的重要组成部分，是人民群众当家作主的具体体现，在国家治理体系中居于战略位置。乡村治理的总目标是实现乡村的现代化。中国共产党是领导者，人民政府是主要的组织者，农民以及各类涉农组织是重要的参与者。不同时期的变化主要体现在客体上，即不同的矛盾和重点问题以及产生这些问题的主要原因。治理方式包括调整变革乡村的生产关系、变革乡村的上层建筑，具体措施体现为一系列制度、法律、政策的制定与安排。新中国成立 70 年多来，党和国家的乡村治理政策从农业领域逐渐向农村和农民方面扩展，从规定土地产权向经济、政治、文化、社会、生态以及党的建设方面不断延伸。[①]

农业现代化是乡村治理首要的目标，但是不同时期农业现代化的内涵不尽相同。新中国成立之初，农业现代化主要指的是农业经济的现代化。为了实现这一目标，首先必须废除旧的封建土地制度，实现耕者有其田。广大农民获得了生产资料，生产积极性大提高。但是，以小农为主的农业生产力十分落后，需要通过社会主义改造，向集体化、合作化、机械化的方向发展。尽管这一探索过程是曲折坎坷的，但是，为后来的农业现代化提供了经验教训。改革开放后，农业现代化的内涵更加丰富。20 世纪 80 年代提出农业科技现代化，新世纪提出依靠集约化经营和精细化管理实现农业发展方式现代化。党的十八大以来，更加强调新的发展理念引领，注重

① 丁志刚，王杰．中国乡村治理 70 年：历史演进与逻辑理路 [Z]. 新三农公众号，2020-10-02.

创新驱动的农业现代化。

随着农村经济的发展，乡村治理的目标除了农业现代化，逐渐重视农村居民生活条件的改善和农村社会的发展进步。特别是新农村建设时期，除了要求生产发展以外，还要求实现生活宽裕、乡风文明、村容整洁、管理民主。在实施乡村振兴战略的新时代，乡村治理必将提出更高标准的目标要求。

治理语境下的力量平衡。

让农民摆脱对于共同体的依附，过渡到具有独立人格、自由个性和基本权利的现代社会公民，是乡村治理的核心问题。传统乡村是一个稳固的共同体，是一个知根知底的熟人社会，其主要的权力维持者并不是国家机构，而是乡村的绅士。他们依靠国家的授权和传统的村规民约等道德性力量维持乡村的秩序。现代乡村经过社会革命和改革的洗礼，乡村变迁制度性的推动力量是由政府作用、市场机制和民众互助共同构成的。治理的方式不应该在三者之间经常摇摆，而是要努力在三者之间建立平衡。

新中国成立之初，互助组、合作社较好地处理了国家和农民的关系。但是高级社的快速推进、人民公社的大范围实践，过度放大了国家作用。合作化和人民公社化运动虽然使国家政权力量渗透进乡村社会，但是乡村内部传统的习惯性治理在很大程度上仍在发挥着作用。改革开放后，市场机制逐步启动，包干实际上是大集体向小集体甚至个体的反动，是“小农的回归”，它使得民众自助力量在新的历史条件下有了不同于政府组织的意义。与此同时，社队办企业和乡镇企业也可以看作国家驱动力量向民众力量和市场力量的过渡。[①]

农民及其组织的自主性得到回复后，农村经济条件和居住的物质条件普遍得到一定程度的改善，但是，固化的二元政策导致我国的城市化滞后，服务业发育严重不足，农村劳动力无法及时转移到非农岗位，实际失业、隐性失业严重。就业压力下形成的农村工业化、乡村城市化分散发展模式导致土地、能源等资源的浪费，环境污染的扩散对生态环境造成了巨大压力甚至破坏。

---

① 何兴华.振兴乡村的探索及其启示[J].建筑师（乡村复兴专刊），2016（183）：30-37.

大量年轻的农村劳动力为了提高收入水平涌进城市就业，成为农民工，推动了城市化率的提升。但是，农民的身份并没有改变，以社区为基础的治理体系也尚未建立。进入城市的农民工，成为城乡两不管的社会群体。他们大部分时间在城市打工，但是其户籍在农村，并且常处于流动状态，城市社区不便管理。他们常年不在农村，需要在农村社区落实的各种权利和责任没法落实。另外，一部分富裕起来的农民在县城、城镇买房居住，虽然其户籍和身份没有实质性改变，但是根本不在乡村生活。这意味着广大乡村的劳动力外流，乡村居民老龄化，乡村治理面临的人口结构改变了，熟人社会难以维持。农民的现代化过程给目前的乡村治理带来了极大的问题和挑战。

从深层次分析，关于乡村的理论研究和政策设计都是以城市中国作为中国现代化的归宿，并以牺牲乡土中国作为前提条件。制度安排上，从计划经济时期的集体所有制和农产品统购统销制度，到改革开放后的城乡二元土地制度、强制低价的土地征收制度、由地方政府独家垄断的土地市场制度、土地资本化制度等，促进了经济的快速增长，拉大了城乡差距。

新形势下，在实行村民自治的基层社会出现了行政化趋势。因此，要让政府成为赋能者，从政府大包大揽的做法，到动员各方面的相关力量共同参与。从发动各种力量下乡，到重视乡村新的领导力量的培育。乡村治理现代化，理应是国家政权与民间社会的合作共赢，需要在中国共产党的领导下，实现乡镇政府与村民自治的良性互动。村民自治需要自治的空间，要有人将松散的村民组成利益共同体。

值得一提的是，新技术带来了机会。“网上村庄”的实践为我们提供了一个全新的视角。网络创造了信息直达的通道，人人都可以反映问题，打开了民情上达政府的大门，有助于推动治理重心下移，促进治理的转型升级。要推动社情民意在网上了解、矛盾纠纷在网上解决、正面能量在网上聚合。努力使社会治理从单向管理向双向互动、线下向线上线下融合、部门监管向社会协同转变。既要通过网络走群众路线，深化智能化建设，让百姓在指尖办成事、办好事，又要把“鼠标”与“脚板”结合起来，把“面对面”与“键对键”结合起来。

8.2.2 人才与利益关系

关键是人才问题。

就国家发展对乡村功能的定位而言，乡村是全社会粮食的来源，是治理区域环境污染的主战场，也是实现社会现代化的关键。但是，就乡村对人的吸引力而言，对比起“生存”这个基本需求，其他的外在功能相对都是次要的。乡村生活，首先要有生存条件，即就业带来的收入和维持日常生活所必需的物质基础。一方面，乡村振兴需要人，乡村却留不住人，由于没有就业机会和收入来源，大量中青年到城市找活路。另一方面，现有乡村的产业基础无法支撑过多的人口生存，为了缓解乡村人口与土地的紧张关系，需要适量人口离开乡村，融入城市生活。以人为核心的新型城镇化要把有能力在城镇稳定就业和生活的常住人口有序实现市民化。因此，形成了乡村治理的制度困境。

农民工流动性的加大和变化无常，解构了乡村传统共同体，传统的德治力量削弱，现代的法治力量还跟不上。乡村的实际情况和问题，单纯依靠自治无法解决。例如，城镇化发展需要大量建设用地，涉及土地征用和房屋拆迁，涉及错综复杂、难解难分的利益关系，乡镇政府必须拥有一定的纠纷化解能力，以及动员和整合能力。又如，脱贫攻坚需要政策水平，从贫困户建档立卡、扶贫措施的落实到位和应付各种检查评比，到了基层都落到干部的头上，需要党组织发挥不可替代的作用。

农民的整体素质和基层干部队伍的实际情况，使得乡村治理不能按照空洞的理念进行。一是乡村社区发育不良，治理组织覆盖不全。党的工作最坚实的力量支撑在基层，目前基层党组织在动员群众、凝聚群众、服务群众等方面还存在一些薄弱环节，党组织对基层社区的建设管理不够。二是精细化的治理手段不多。社区参与社会治理的资源和载体不够，缺乏为群众提供服务的资金和能力，难以提供精准化、精细化的服务。三是农民参与治理的积极性不高，渠道不畅、办法不多。乡村振兴战略的实施需要人才支撑，实际上，吸引人才的主要是就业机会。

近年来，为解决农村留守者的贫困问题和农民传统道德危机，社会各界做出了很大努力。在政府加大扶贫力度、选派大学生村官的同时，田园农业开发、民俗旅游等新兴的产业发展迅速。各类公益向农村倾斜，例如，自发组织帮助农民出售农副产品，为丰富农民文化生活组织下乡演出等，产生了一定的效果。但是，总体上看，要在相对落后的乡村创造就业机会，难点很大。特别是中西部地区的乡村，对于年轻人缺乏吸引力。事实上，乡村精英的流失是乡村各类问题产生的根本原因。

做好“留人”工作，需要事业留人、感情留人、待遇留人并重。有的地方吸引在农业科技、经营管理、商务营销等各方面学有专长、经验丰富的专业人才下乡担任志愿者，投资兴业，包村、包项目。有的地方在县、市建立人才储备库，在镇、村两级设立专门的平台，引导有一定管理和技术能力、身体健康、个人愿意的退休党员干部、技术人才等发挥余热。还有的按照交通、区位条件，将乡村教育、卫生机构，改造成县（市）相关机构的分支，派人长期驻守，指导本土人才成长。同时，完善激励机制，逐步提高基层干部待遇，组织对乡村治理急需的依法行政、组织协调、科技富农等能力进行系统培训，创新人才使用机制，优化监督考核，体现差异化要求，增加基层群众对考核工作的话语权。

人居实践中的多元利益共同体。

从人居实践的角度观察乡村基层的情况，出现了主体多元化的趋势，需要处理好多方面的利益关系。乡村规划建设的组织者包括乡镇党委和政府、村级党组织和村民委员会，需要处理好与农民的关系。建设和改造资金来源渠道增加，除了传统的集体资金积累、农民家庭收入与亲友自筹外，出现了政府部门补贴、企业资本下乡等方式。这些新渠道不完全是支持性质，财政资金面临政策风险，企业投资需要考虑合理回报。乡村建设用地的权属更加复杂，集体所有的含义已经发生根本变化，对治理提出新的挑战。

此外，还有大量参与的主体，都面临利益的考验。材料生产供应者需要处理质量、成本的关系，以及本地、外来产品的关系；建造者需要在专业施工队伍高质量的规范管理成本和“亲帮亲、邻帮邻”带来的低造价之间取得平衡；使用者也从当地农户，扩展为外来就业者、在乡村居住的城里人、游客等；日常维护的主体与方式发生变化，从个体家庭到物业企业、集体组织与个人的结合。因此，出现了完全不同的乡村利益共同体。专业服务无法在真空中进行。

乡村规划设计等技术人员的力量整体不足，城市规划设计院难以长期提供日常的服务，驻村规划设计师制度需要明确待遇，在促进人才下乡的过程中，要重点考虑长期驻村人才的医疗教育等公共服务保障。更加重要的是外来力量对本土力量的培养，传统的师傅带徒弟、现代的职业主义者下乡都需要精细的制度安排，而不再停留在过去城市对乡村的支援。

从乡村个体利益角度看，大量闲置的住宅没有城市资本下乡，无法活化。农村的人才到城市就业无法作为市民,城市居民在乡村居住无法获得有效的居住权保护，成为城乡流动者利益共同体。吸引人才和资源下乡没有可供选择的乡村人居环境政策，城中村和小产权房等问题长期得不到解决。另外，在资本下乡的过程中，原有村民土地权益的保护、土地收益的分配使用，特别是宅基地政策的落实都成为政策需要考虑的重点。

8.3 空间治理的规划探索

8.3.1 部门规划的协调

政府部门规划的众多类型。

规划活动是多种多样的。作为对未来的预测及行动方案，规划的含义和使用非常广泛。政府、企业、社会团体和个人都可以为了解决现实问题和实现未来目标制定规划，从国内、外规划实践看，由政府编制的规划可以分为两大类，即以干预空间布局为特征的空间规划和以干预经济社会发展战略为特征的发展规划或非空间规划。这两类规划都是市场经济条件下政府实施宏观调控的重要手段，两者相辅相成，但是各有其明确的内容、范围、功能和作用，不能相互混淆或替代。

政府规划又可以分为综合性规划和专项规划两大类。综合性规划是编制专项规划的依据，专项规划是综合性规划在某一方面的深化。非空间规划、空间规划都包含各自的综合性规划和专项规划。例如国民经济和社会发展规划，综合性、战略性很强，相对而言，科学、教育、文化等行业发展规划则属于专项规划。在各类空间规划中，城乡规划作为政府调控城乡建设和发展的基本手段，具有全局性、综合性、战略性等特点，机场、港口、公路等基础设施的规划属于专项规划。

改革开放以来，我国经济社会快速发展，市场经济体制逐步完善，市场配置资源的基础性作用得到更加充分的发挥，但资源浪费、环境恶化等问题也相当严重，成为制约我国经济社会可持续发展的不利因素。无论是非空间规划工作，还是空间规划工作都需要进一步改革和完善，并加强各类规划之间的协调和衔接，从而在不同方面发挥调控作用并形成合力。

据城乡规划司的不完全统计，在《城乡规划法》出台之前，我国经法律授权编制的规划至少有 83 种。其中，宪法授权的规划 1 种，即国民经济和社会发展计划（“计划”二字从“十一五”开始改称“规划”）；法律授权的规划 60 种，包括城镇体系规划、城市总体规划、土地利用总体规划、港口规划等；行政法规授权的规划 22 种，包括城市绿化规划、风景名胜区规划、村庄与集镇规划、自然保护区发展规划、公共文化体育设施建设规划等。

在上述 83 种法定规划中，许多规划与城乡规划相关，有些与城乡规划互为依据，有些是城乡规划的组成部分，或者是城乡规划的落实。例如道路交通规划、给水工程规划、供电工程规划、燃气工程规划等作为城市总体规划的专项规划。《城市规划法》规定，专项规划的编制必须依据城市总体规划，符合城市总体规划的要求。法律还明确要求，城市总体规划应当和国土规划、区域规划、江河流域规划、土地利用总体规划相协调。城市规划的编制，应当依据国民经济和社会发展规划以及当地的自然环境、资源条件、历史情况、现状特点，统筹兼顾，综合部署。

规划“铁三角”的关系。

在政府部门规划关系中，城乡规划与经济和社会发展规划，以及土地利用规划关系最为密切。特别是与土地利用总体规划、江河流域规划，以及港口、公路、铁路等重大基础设施规划的关系尤为密切。实践中，这些规划相互依托、相互约束、相互补充。城市规划与土地利用总体规划都属于空间性质的规划，根本目标一致，内容却有所交叉。自从国家土地管理部门成立一开始，就高度重视土地利用规划的研究（图 8-1），然而，从学科专业角度讲，土地利用规划是城市规划的主课。《国务院关于加强城市规划工作的通知》（国发〔1996〕18 号）再次强调城市总体规划应与土地利用总体规划等相协调，切实保护和节约土地资源。在乡村地区，从“两区”划定工作提出合作要求以来，虽然各有侧重，两者矛盾一直存在。

图 8-1　全国土地利用总体规划研究成果

《土地管理法》明确，城市总体规划、村庄和集镇规划应当与土地利用总体规划相衔接，城市总体规划、村庄和集镇规划中的建设用地规模，不得超过土地利用总体规划确定的城市和村庄、集镇建设用地规模。在城市规划区、村庄和集镇规划区内，城市和村庄、集镇建设用地应当符合城市规划、村庄和集镇规划。《村庄和集镇规划建设管理条例》要求，村庄、集镇规划的编制，应当以县域规划、农业区划、土地利用总体规划为依据，并同有关部门的专业规划相协调。1999 年，国务院领导在全国城乡规划工作会议上的讲话中要求，城乡规划应当和国土规划、区域规划、江河流域规划、土地利用总体规划相互衔接和协调。

经济和社会发展规划，最初称“五年计划”，后改称“五年规划”，由中共中央提出纲要建议，相对层次最高，侧重于解决国民经济和社会发展目标、产业政策等战略性问题。城乡规划更侧重空间安排，规范与居民点建设发展有关的资源保护和利用活动。发展规划主要是调控政府行为，对企业和公民一般不构成直接的约束，城乡规划对所有需要使用空间资源的管理相对人的具体行为形成直接的法律约束；发展规划是指导性的，主要通过财政、货币等政策，实现政府确定的经济社会发展目标，而城乡规划既有指导性，又具有强制性，通过对土地、空间资源利用活动的管制，保护和合理利用资源，创造良好的人居环境。

城乡规划与发展规划关系遇到的主要问题有，区域和城市经济社会长期发展计划和战略的研究比较薄弱，难以为期限较长的城乡规划提供编制依据；在一些地方，城乡规划更多地关注经济社会发展中的战略研究，两者编制缺乏互相沟通、参与，结合不够紧密甚至脱节；另一方面，重大建设项目的计划管理和规划管理不够协调，一些项目选址往往脱离城乡规划，造成重复建设、资源浪费等。产生问题的主要原因是，发展规划与城乡规划同属综合性规划，规划的作用和相互关系界定不够明确，尚未建立完善、明确的协调沟通机制。

在《城乡规划法》推进的同时，国家发展改革委员会（原国家计划委员会）组织起草了《规划编制条例》。条例提出“三级、三类规划体系”，将国民经济和社会发展规划作为总体规划，将行业规划、专题规划、发展建设规划、重大工程建设规划等特定领域的规划都称为专项规划，试图对各类政府规划的编制进行规范，同时将区域规划整合到经济社会发展规划编制之中。但是，对规划体制做大幅度调整不符合《城市规划法》等法律确定的规划编制和管理制度，缺乏理论和实践基础。面对多领域、多层次不断出现的大量问题，试图通过建立一个包罗万象的规划体系来解决，是不现实的。

城乡规划的协调作用。

城乡规划是政府规划，我国政府经济管理的职能逐步从制定和实施计划转到主要为市场主体服务和创造良好发展环境，最为重要的是要构建适应社会主义市场经济条件的政府对于城乡发展进行宏观调控与行政管理的机制。因此，城乡规划要为政府宏观调控提供政策目标和手段。行政管理体制改革要求城乡规划，从注重确定城镇的性质、规模、功能定位，转向注重控制规划区内合理的环境容量和确定科学的建设标准，运用管理程序、管制手段和控制指标规范建设活动。管辖与调节的范围应与政府行政管辖权限相协调，调节内容要适应政府职能转变的需要。

编制城乡规划的目的是要为社会制定城乡发展共同遵守的准则和实施监督管理的依据。编制城乡规划，要以整体利益和公共利益为准则，对各种利益矛盾进行调节和平衡，要优先考虑城乡基础设施和公共服务设施，以及普通居民住区的需要，促进社会公平，同时约束和控制那些妨碍整体利益和公共利益的开发建设行为，避免损害整体的人居环境质量。

2002年，建设部对全国10个省进行了城乡规划监督检查，当时的现实情况是，规划管理权限分散，缺乏有效的统一管理。只有45%的开发区规划管理权集中到了市一级规划行政主管部门。不少城市通过设立规划分局的形式作为派出机构加强与传统农村地区的规划管理上的协调。一些城市的区级政府或开发区独立行使规划管理权或者变相独立行使规划管理权，一些开发区搞封闭管理，“一个窗口对外、一个图章对外、一站式报批”，与规划争权，搞规划特权，破坏了城市规划的有机统一性。

城市规划管理体制与村镇规划管理体制同样存在矛盾，主要体现在城市规划区内原有村庄和集镇的管理以及镇的规划管理。《城市规划法》规定，城市规划区内由城市规划行政主管部门实行统一的规划管理。但随着城市的不断发展，规划区的范围实际上处于动态的扩大过程中。城市规划区将原本属于村镇规划管理的对象包括进来以后，实体的环境不会因为城市规划区范围的扩大而很快改变。导致新增部分处于管理的两难境地。

如果按城市规划法的要求发放“一书两证”，许多项目只能不予以许可，但原有居民、农村村民的生活生产改善就处于被动等待状态。这不仅引起社会矛盾，也客观上导致了违法建设的增加。镇的规划管理按照《城市规划法》应该属于城市范畴，但绝大多数镇由原先的乡建制改名而设立。镇也不会因为改名而一夜之间变成城市，镇的实际管理力量和水平并无实际变化。更重要的是，镇实行“镇管村”的体制，镇行政辖区范围的村庄不可能实行城市规划管理。所以出现了在一个很小的管理单元存在两种不同的规划管理方式，而实际上不少镇连一个建设助理员都配备不齐。

一级政府、一级规划、一级事权，逐步成为规划管理的共识。中央政府为国家利益负责，省级政府为省的利益负责，市县政府为各自的利益负责，但是，局部利益不得影响整体利益。在这个前提下，地方各级政府在法定范围内享有自主权。城乡规划编制体系、内容和深度的要求、上级政府审批的对象都要相应调整。

决策和实施的监督机制。

按照城市规划的管理体制，制定和实施城市规划的职能主要集中在城市政府，由于立法机关、上级政府、广大公众对城市规划制定和实施缺乏有效的监督，对城市政府的违法行为没有法定的纠正权力，对违法的城市政府和有关责任人员也没有具体的处分规定，致使一些城市政府违反法定义务不组织编制城市规划而随意建设；有的地方违反法定程序，随意变更城市规划，擅自扩大建设规模。这些问题严重损害城市规划的严肃性和权威性。许多城市的规划决策机制不完善，缺乏有效的公众参与，决策权集中在书记、市长手中。有的虽然加上五套班子和几个规划专家，但仍旧是少数人闭门造车式的决策。规划部门自由裁量权过大，对行政审批缺乏制度约束和监督机制。这些问题在规划下乡过程中变得更加严重和复杂。

城乡规划的综合性，一方面要求集中统一领导，另一方面又要建立听取不同意见的渠道，需要加强各个方面的参与和监督。2002 年，国务院下发了《关于加强城乡规划监督管理的通知》(国发〔2002〕13 号)，对城乡规划的综合性作了进一步的强调。城乡规划是政府指导、调控城乡建设和发展的基本手段，各类专门性规划必须服从城乡规划的统一要求，体现城乡规划的基本原则。与之相比，非空间规划，大多以国家发展战略、政党执政纲领等形式出现，缺乏专门的法律支撑和完整体系。随后，建设部等九部委提出贯彻落实通知的意见（建规〔2002〕204 号），各省积极推进城乡规划管理体制改革。为应对规划体制分割，健全规划决策机制，一些城市、地（市、州）、省相继建立了城乡规划委员会。城乡规划委员会大多数由地方政府设立，由公务员和非公务员组成，强化了城乡规划重大问题决策的科学性和民主性，对于避免领导随意决策、规划管理部门自由裁量权过大等问题产生了积极作用。

从改革方向看，要结合各级政府的事权，适应《行政许可法》《行政赔偿法》实施后对政府行政的规范要求，认真研究城乡规划体系的层级结构，明确中央事权和地方事权。城市内部哪些规划决策必须由市政府统一协调，哪些可以由区政府做出决策。在此基础上，建立决策、执行、监督相协调的机制，加强规划实施的监督，包括上级对下级政府的监督，人大依法监督，政协的民主监督，司法监督以及舆论监督等。同时，规划的制定和实施必须充分发扬民主，改进公众参与的方式，推进规划的社会化程度。要深入研究公众依法参与城乡规划编制和实施的途径。

结合《城乡规划法》的立法，建设部建立了派驻规划督察员制度，加强规划实施的层级监督、快速反馈和处理机制，有效防止和减少了由于违反规划带来的损失。建立了与群众利益密切相关重大事项的社会公示制度和听证制度，完善了专家咨询制度。同时，强化了内部监督，推行政务公开制度，建立规划管理行政责任追究制度。对于城乡规划管理工作中的各种违法违规行为造成的后果，追究直接责任人和主管领导的责任；对于造成严重影响和重大损失的，要追究主要领导的责任；对违法建设不依法查处的，要追究城乡规划部门的责任。

考虑到城乡二元体制的现实，以及城乡土地所有制形式、管理对象和自然状况差异很大的情况，确立了村庄范围内建设活动的规划许可制度。许可制度与《土地管理法》相衔接，在城乡规划管理基本制度统一的前提下，从保护农民利益、减轻农民负担、方便农民办事的角度出发，对城市规划管理进行了简化。在集镇、村庄规划区内进行乡镇（村）企业、公共设施、公益事业建设或农村村民住宅建设的，建设单位或个人向镇、乡人民政府提出申请，由镇、乡人民政府报市、县人民政府城乡规划行政主管部门审核，并核发选址意见书；建设单位在取得选址意见书后，方可申请办理用地手续。对于符合规划要求，使用原有宅基翻建自用住宅的，可采取报备的办法，简化手续。二层以下的农民住宅，不必办理建设工程规划许可证手续。县级规划建设部门承担整个行政辖区的城乡规划建设管理的责任。同时，发挥乡镇政府和村自治组织的作用。按照《村民委员会组织法》要求，村庄建设在坚持村民自治前提下，由县级建设部门做好指导和监督工作。

8.3.2 国土空间中的乡村

空间层次和时间阶段的划分。

如何划分空间层次和时间阶段是城乡规划一个重要的理论和实践问题。层次过多，不仅浪费技术资源，而且容易引起规划矛盾；层次过少，又难以承上启下，指导具体建设。我国的《城乡规划法》明确规定了城乡规划的法定类型，城乡规划包括城镇体系规划、城市规划、镇规划、乡规划和村庄规划。城市规划、镇规划包括总体规划和详细规划。详细规划进一步分为控制性详细规划和修建性详细规划。任何规划不能一劳永逸，必须不断更新发展。任何居民点都没有建设完成之时，只能是实现阶段目标。但是，规划又是严肃的，不能随意更改。一般来说，总体的、高层次的规划期限长些，具体的、局部的规划期限短些。例如，县市域范围规划 20 年，乡镇域范围规划 10 ~ 20 年，镇区、村庄规划 10 年。近期的乡镇规划通常与乡镇长任期相一致，3 ~ 5 年。

从治理视角观察，我们关心的是，乡村在城镇化过程中的变迁及其规划应对，如何体现自治、法治和德治的要求。乡村空间和时间如何划分和利用才能更加有利于乡村居者参与并发挥作用。例如，结合自治，探索乡村人居实践中如何划定具体规则落地的单元，与自然村、农业社区、村民小组、村民理事会等自治形式更好地结合。结合德治，探索乡村人居实践中如何表现新时代精神风貌，重构乡村精英、模范家庭等乡贤文化及其社会主义核心价值观的物质环境展示方式。结合法治，探索乡村人居实践中外在强制力与内生的秩序如何分工，更多用乡规民约等通俗易懂的形式改善日常居住行为。

2019 年，中共中央、国务院印发《关于建立国土空间规划体系并监督实施的若干意见》（中发〔2019〕18 号），为整合、协调各类空间规划提供了顶层设计。作为政府职能的城乡规划管理正在进行调整和重组，乡村规划不能独善其身。从专业角度看，规划并不是由哪个部门管的问题，而是规划本来应该怎么做的问题。国土空间规划体系中，乡村地域范围的规划分为县级国土空间规划、乡镇级国土空间规划和村庄规划。县、乡镇两级规划包括总体规划、详细规划和专项规划，村庄规划直接编制到详细规划的深度。

需要注意的是，每一个空间层次的规划应当解决不同的问题，不能将不同比例尺的图纸看作包括相同内容的成果。必须区分不同空间层次的要求，不能搞“相似形”和全国“一刀切”。例如，县域范围的规划需要打破“以乡论乡、就镇论镇”的狭隘观念，统一部署基础设施。但是，较大范围的区域规划限于规划能力、基础资料和管理水平，编制和实施都有一定困难。近年来，四川等省在国土空间规划背景下对多个乡镇统一编制规划进行了新的探索，称为“片区规划”。本质上，这是自上而下干预力量的强化。

国土空间与人居环境的统一性。

吴良镛认为，国土空间，同时也是人居环境，两者“如同一个银币之两面”。不管哪一级哪一类的空间单元，其服务的对象最终都是人。塑造以人为本的高品质国土空间，是新时代国土空间规划的重大历史使命。国土空间规划要以地球系统科学为基础，同时也离不开人居环境科学的支撑。国土空间规划关系生态文明建设，要遵循人与自然和谐共生的总体原则，建设人民美好生活的家园。

国土空间规划是综合性工作，原有的土地利用规划、城乡规划、主体功能区规划等都为国土空间规划提供了基础和经验，但是，国土空间规划不是各种既有规划的拼合，更不是以某个规划为主对其他规划内容进行的拼凑。国土空间规划是基于三者又高于三者的新创造。正是在此意义上，国土空间规划，既不是城乡规划，也不是土地利用规划。另外，国土空间规划也不是空中楼阁，需要在继承经验上进行整合和升级，在原有部门规划制度框架和空间规划探索的基础上，通过渐进性改革，将各部门规划的空间元素抽取出来，才可能形成高于这些规划的“一个政府、一本规划、一张蓝图”。

从人居环境改善看，不可能由一个国土空间规划解决全部的问题。微观空间层次的社区规划、居民点规划更加重要。规划中重视居民点，不是要回到“以点论点”，而是要重视人，包括人口构成、人的活动方式、所需空间用地结构。其实，大部分地表空间的安排只是划出一个范围进行政策指导下的控制而已，是不需要编制详细规划的。居民点本身的规划，才是重中之重。城乡规划需要以国土空间规划改革为契机，依法推进人居治理，做建设美丽中国的先行者。美丽中国，是一种国土空间建设的境界和状态，也是一个营建国土空间的理念，没有传统城乡规划的参与是不可能实现的。

不论是从学科建设，还是从行业发展来看，经过近百年的努力，城乡规划已经成为空间规划实践中相对成熟的专业。政府为什么提出国土空间规划的新要求呢？从规划专业长远的发展看，这不仅没有矛盾，而且是与从城市规划到城乡规划的演变趋势完全一致的。问题是，在城市规划师的技能和知识还没有来得及适应从城市规划到城乡规划的转变和扩展，却又要投入国土空间规划的实践之中，于是产生了一些困惑。国土空间规划与城乡规划主要的区别在于，更加强调各类资源的保护和合理利用，强调人居环境的永续发展。

生态保护红线、永久基本农田保护红线、城镇开发边界线，都只是管控的手段、治理的工具，是规划成果的展示形式，不是规划目的。规划的目的是以人为本的、以人民为中心的、更加美好的城乡生活。需要基于市县总体规划提升城乡目标定位，全域谋划城乡发展格局。空间规划编制成果中的各类约束指标要以满足城乡未来发展需求为目标，保护的目的是更好的发展。

乡村规划的全面理解。

国土空间规划为具有空间性质的各种政府规划提供了一个政策框架，但并不是乡村规划的全部内容。要充分理解乡村规划的多元特性。乡村规划是城乡规划的重要方面，也是国土空间规划的重要内容，更是人类对乡村地域范围各项发展进行的干预。广义的乡村振兴规划需要包括不同规划主体在乡村或者关于乡村的规划，因此，仍旧需要不同规划的合作。

作为城乡规划的乡村规划要区分作为居民点的规划，例如自然村规划、集镇规划，应当做到详细规划深度；作为行政管理单元的规划，包括行政村规划，乡规划、镇规划，县规划、市规划中的乡村内容等，要按照不同层次总体规划的深度编制；以及作为政策对象的规划，例如开发区规划、特色小镇规划、田园综合体规划、农业产业园区规划等，需要根据不同的项目要求编制。

乡村规划变革是时代的呼唤，是实施乡村振兴战略、落实乡村治理方略、提高空间规划科学性和实效性的具体举措。城乡规划与土地利用规划的主要区别是，前者要处理经济社会环境发展的多目标问题，后者仅处理相对专门的土地管理问题。因此，国土空间规划，既不是部门意义上的城乡规划，也不是部门意义上的土地利用规划，而是国家空间发展的指南、可持续发展的空间蓝图，各类开发、保护、建设活动的基本依据。

在国土空间规划体系建立过程中，特别需要注意两个误区：一是要防止部门主义，二是要防止面面俱到。如果将国土空间规划作为自然资源部的部门规划，就如同误以为城市规划是住房和城乡建设部的部门规划一样，是不符合学科规划专业发展趋势和中央对于空间规划的基本定位的。如果认为国土空间规划是规划的全部，此外没有规划，那就放大了政府部门认知能力和资源管理的作用，不利于规划的实施和日常管理。由于乡村居民点规模相对较小，需要强调在上一级国土空间规划指导下，直接开展设计，需要明确乡村人居环境设计的基本原则，对城乡景观的分工、空间层次与内容划分、在乡村层次的落实提出具体要求。

8.3.3 规划的传导机制

对部门主义和地方主义的制约。

部门规划的矛盾主要体现在治理权力的划分上。规划作为治理工具促使传统规划从设计思维上升为政策考虑，设计成为政策执行的工具。在实际规划编制和实施工作中，城市规划过度强调地方政府的作用，土地利用规划过度强调刚性的传导。部门内部也存在思维差异。城市规划管理部门普遍将建制镇作为城市对待，对市、县的规划进行了区分。为了强化乡村的规划，村镇规划管理部门曾组织对县、乡、村的规划进行专门的研究，试图找到城市规划与乡村规划的不同点。[①] 事实上，城乡两分的思维模式对城乡混合的空间形态普遍采取人为分割的态度，不过是从行政管理范围角度进行的主观的界定。于是，在同一个县域范围内，出现了城镇体系规划和村镇体系规划。因为城镇体系规划不能具体指导镇、村的规划，没有落地的能力。

进入 21 世纪，部门规划协调成为共识。从“三规合一”“多规合一”到协同规划等，逐步从计划经济时期重视“表格平衡”到市场经济时期重视空间布局的转变。从操作层面看，对不同层级、不同部门的空间规划不相协调的问题进行整合并非易事。地理学背景的规划师作为区域规划的先行者对此进行了长期探索。但是，部门规划的整合只是政府规划的改进，还不是对现代治理体系建设的规划贡献。需

① 顾朝林，张晓明．论县镇乡村域规划编制 [J]. 城市与区域规划研究，2016（2）：1-13.

要在摸清底数的基础上，明确不同主体的权力和责任分工，而不是将还没有认识清楚的问题通过集权固化为一个永久恒定的蓝图。

国土空间规划体系的建立，是对部门主义和地方主义的双重制约。但是，将“多规合一”理解为一张蓝图、一套数据、一个表格、一个标准、一个管理机构，其他的规划都没有了，其他的部门都不管规划了，是无法操作的。“多规合一”是一个通过空间性质规划的整合发现问题的机制，解决问题要靠多个部门。牵头的管理部门要通过生态底线的管控和土地用途的管制为其他部门和地方政府提供进一步规划的基础性“底图”，而不是取而代之。

在现代技术基础上形成的“多规合一”成果，会让各种规划之间的矛盾和问题暴露无遗，这时，不能强调原有规划的合法化程度和审批层级的高低，而是要将重点放在科学分析上。就乡村规划而言，市县以上层次的国土空间规划中，都要有乡村规划内容，或编制乡村专项规划，而不是说又有一个专门的乡村规划管理部门。全国国土空间规划纲要中要有乡村专项，落实乡村振兴总体战略、长远规划和重大政策。省级规划中，要有永久基本农田保护、生态保育、乡土文化培育等原则内容，引导乡村地区开展全域整治，指导对大地景观风貌的修复。市（县）规划中，要明确乡村发展重点区域，安排基础设施，延伸公共服务，提出激活乡村活力的政策指引。

同时，这样一个“底图”为各个部门的专项规划提供了依据。例如，乡村生态环境保护、基本农田保护和历史文化遗产保护等。乡镇规划要落实县镇村体系布局，提出村庄规划分类编制的要求、保留与迁并政策、人居环境整治方案、重要公建与设施等。在村庄规划层次，要用设计手法对具体工程、风貌提升等进行细化，甚至对重点建筑、住宅和庭院进行美化与改善。乡镇村庄层次的规划可以分片同步编制，但是要区分对象，明确不同对象的规划内容深度。最终，都要通过具体项目的建设安排，形成村庄建设管理公约，不断丰富乡村自治的内容和手段。

县规划作为治理工具的探索。

县的治理是传统乡村治理的最重要的层级，县规划是乡村治理的重要手段。但是，不同时期对治理的理解是不尽相同的。公社时期有个别的县编制了“县联社规划”，希望将几个相关的公社在更大的区域范围实现共同配置公共建筑和基础设施，由于经济能力和管理水平限制，没有产生任何实际效果，很快在“三年不搞规划”的错误决定下夭折了。在全国开展村镇规划的过程中，不仅新兴的村镇规划认识到了“以村论村、就镇论镇”的局限性，传统的城市规划也在近30年的徘徊后深刻地明白了“好的城市规划必定是区域规划”的道理，不断向着区域规划扩展，通过县域城镇体系规划的探索合法化（图8-2）。然而，这些规划并没有认识到权力分工是治理的核心，而是朝着增加部门规划种类的道路前进。

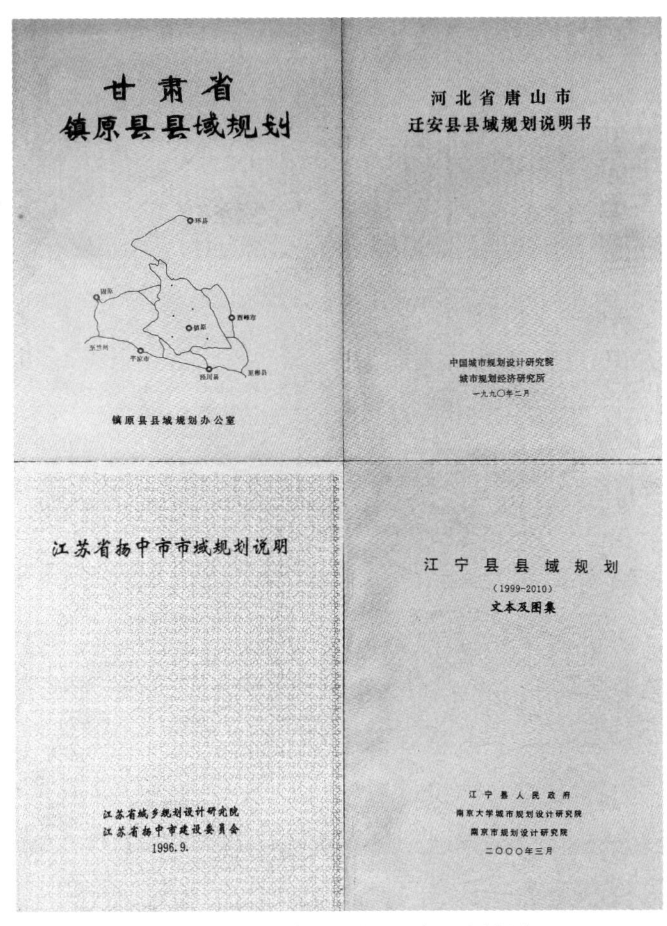

图8-2　不同时期不同地区县域规划的探索

县级国土空间规划具有在城乡之间承上启下的作用。一方面，需要具体落实省、市国土空间规划确定的战略安排和重要分配性指标，另一方面，需要提出乡镇甚至村庄规划的指导原则。在此基础上，才能对县域范围国土空间开发利用保护等内容做出总体安排和统筹部署。在科学分析“多规”差异的基础上，结合城乡发展新定位，充分利用农村地籍调查、人口经济调查等成果数据，全面摸清县级国土空间的底数，切实做好已有主体功能区划、土地利用总体规划、城市总体规划、环境保护规划等各类空间性规划之间的协同。同时，充分运用数字地理框架信息平台和规划信息平台的数据成果，整合成与上级系统有效对接的县级国土空间规划成果信息平台，实现县级国土空间规划全域覆盖、数据口径统一。

县国土空间规划要在对各类空间性规划进行综合性、系统性评估的基础上，从统筹山水林田湖草的角度出发，贯彻落实新发展理念，确定县域范围城镇村居民点体系布局、乡镇合并方案，提出村庄分类标准和布点原则，划定乡村振兴的重点区域，对基础设施、公共服务等提出优化布局的方案。

乡镇和村庄规划的作用。

在传统的土地利用规划话语中，“管制”“控制”“管控”都是常用词。如果出现了问题，则要求“精准管控”。这个思维如果不改变，乡镇国土空间规划仍旧难以发挥提升治理能力的作用，最终落到用地指标审批和调整的“怪圈”中。近年来，一些省提出乡镇国土空间规划编制技术指南，其中关于建设空间的安排要求，采取了自上而下分配指标并划定范围的做法。例如，按照建设用地相关指标的要求，统筹安排乡镇以及集中建设区建设用地总规模和新增建设用地规模，落实集中建设区范围，划定有条件建设区，明确新村聚居点位置，落实村庄建设用地的规模和范围，划定村庄建设用地区和有条件建设用地区。这样的规划，恐怕很难最终落地。

从治理角度看，乡镇规划是基于农村社会管理方式的规划引导，不仅是一个图画、一堆数据。需要认真研究乡村社会组织管理的特点，适应乡村建设自身的规律，对村干部与规划人员共同进行培训，统一思想行动。规划要作为社会过程得到具体的体现，从指导村镇建设的基本依据，发展为乡村治理的基本工具。我们熟悉的建设规划，不论是新建村镇的规划，还是原有村镇的改建、扩建规划，需要提升。落实上级国土空间总体规划提出的交通、水利、能源、环保等基础设施项目的选线或走向，结合乡镇内村镇居民点及产业分布、农业生产、农民生活方式，合理安排农村基础设施用地，不完全是空间合理性的问题，而是利益关系的调整。

2019 年，中央农办、农业农村部、自然资源部、国家发展改革委、财政部印发了《关于统筹推进村庄规划工作的意见》，自然资源部办公厅于同年 5 月印发了《关于加强村庄规划促进乡村振兴的通知》。村庄规划基本任务包括确定村镇建设的发展方向和规模，合理组织村镇各建设项目的用地与布局，妥善安排建设项目的进程，以便科学地、有计划地进行农村现代化建设，满足农村居民日益增长的物质生活和文化生活需要。从专业服务意义上，前提是要从更大的范围评价村庄的发展条件，区分保留村庄和迁并村庄，处理好改造与新建关系、原有村民和迁入村民的关系。村庄规划没有必要逐个单独编制，应在乡镇规划中确定编制的范围和方式。

村庄规划不能用一个万能的模式，应提供发展、建设、保护、复耕等多种不同村庄类型所需要的“套餐”。对于重点发展或需要进行较多开发建设、修复、整治的村庄，编制实用的综合性规划。对于不进行开发建设或只进行简单的人居环境整治的村庄，可只规定国土空间用途管制规则、建设管控和人居环境整治要求作为村庄规划。对于综合性的村庄规划，可以分步编制，分步报批，先编制近期急需的人居环境整治内容，后期逐步补充完善。对于紧邻城镇开发边界的村庄，可与城镇开发边界内的城镇建设用地统一编制详细规划。

8.4 提升治理能力的规划

8.4.1 规划思维的革新

需要强化的三种思维。

围绕为什么人的问题，强化主体思维。以人为本需要具体化。人，不是抽象的，是相关的全体乡村居者。这是人民主体地位的体现。对于原有的农民而言，重点考虑城镇化过程中土地权益的保护、土地收益的分配使用。核心是宅基地使用权、资格权、所有权政策的落实。下乡规划，不是居高临下，要尊重各地的民风民俗。从朴素的人情、简单的日常生活中挖掘乡土文化内涵、传统人居智慧，并通过具体的规划措施展示出来。要考虑规划范围内所有的居者全生命周期的、全方位的整体利益安排，考虑规划对其带来的影响。不是到城市里去或回到乡村去的问题，改变生活方式、提高生活质量才是关键。

围绕人居实践的过程，强化系统思维。在城镇化道路上，城镇村是一个不可分割的整体，就乡村规划而言，要特别重视镇的作用。镇是乡村中心。作为乡村之首，始终不忘乡村振兴战略提出的产业兴旺、生态宜居、乡风文明、治理有效、生活富裕的总要求，要通过产业、人才、文化、生态、组织等方面综合措施，确保当地群众安居乐业。镇是城市功能延伸服务的具体场所。作为城市之尾，要更好地统筹人才、资金、土地、社保、文化等政策，让各个方面形成合力。从城乡融合的历史长河中认识规划对象。对环境设计、资源利用、社会治理、文化保护、生态修复等内容，进行智慧集成和系统优化，服务于效率和平等，维护乡村稳定和可持续发展。

围绕人居环境成果，强化特色思维。乡村居民点规模不大，乡村的产业更要合理分工，体现特色，避免因重复而产生的恶性竞争。重新认识小农经济，将小而特、小而精、小而优、小而美的产品，通过网络平台整合到更大的市场。调整优化生产力布局。结合当地实际情况，创建特色农产品优势区，建设现代农业产业园、农业科技园，实施休闲农业和旅游精品工程，建设设施完备、功能多样的休闲观光园、森林人家、康养基地、乡村民宿、特色小镇。特色是生存的依靠与发展的底气。成功的规划就是找到了特色。

需要落实的三种思维。

在具体的操作层次，首先要落实“底线”思维。保护自然资源，尊重自然、顺应自然。适应气候地理地质等条件，统筹山水林田湖草生态系统治理，加强农村突出环境问题的综合治理，建立市场化多元化生态补偿机制。严守耕地红线。落实永久基本农田保护制度，划定和建设粮食生产功能区、重要农产品生产保护区。保护历史文化。划定文物古迹、传统村落、民族村寨、传统建筑、农业遗迹、灌溉工程遗产等保护的范围。所谓底线，不是样样内容都安排好，而是明确哪些内容不能动。点线面结合，划出生态、生产、生活空间。将经过批准的规划确定的底线，通过占地规模、建设总量、环境指标、整体风貌等要求和具体项目落到实处。

发展是硬道理，规划要落实“增值”思维。高度重视现状调查和分析，要对农田、山林、水面，房屋、道路、农业设施等进行详细测绘，对实物的质量、权属，及使用者的收入情况、改扩建意愿，进行综合分析。确定重大基础设施布局。针对现状条件，明确具体项目的建设时序。根据上位规划的要求，确定分散居民点去留，明确保留村庄的功能分工和合并村庄的处理意见，切实提升宜居水平。对规划布局影响的建设用地的土地增值情况进行认真分析，提出控制的措施。同时推动乡村自然资本加快增值，实现百姓富、生态美的统一。

治理是持续的行动，还要落实“跟进”思维。统一用地分类方法、图纸的空间范围，规范内容名称、规划期限。通过新技术手段，建构信息平台，将规划编制实施管理的各类信息整合到同一个空间构架中。制定评价体系，不断反馈信息，将经验决策与数据辅助决策结合好。动态跟踪、全过程监督居民点的变迁情况。经常对规划实施带来的影响进行检讨，按照一定程序修改完善，更好地实现总体规划确定的整体目标。

需要建立的三种思维。

抓住主要矛盾，建立“急所”思维。优先安排防灾减灾、扶贫攻坚、农村危改、社会治安方面的内容。寻找发展新动能，挖掘优势资源，扩大就业机会，提高整体收入水平。在技术能力不足时，要有一个大体上合理的布局，把急需上马的项目安排好，指导近期建设，避免二次改造。规划要有利于开展土地整理，改革土地制度。严格控制建设用地范围，尽量不占耕地。好比下围棋，虽然始终不能忘记大场，但必须处理好急所，否则前功尽弃。必须切实提高规划对象应变抗压能力，建设韧性乡村。

牢记基本需求，建立“磁铁”思维。要重视公共文化建设，健全服务体系。发挥县级机构的辐射作用，推进基层综合性文化服务中心建设，实现乡村两级公共文化服务全覆盖，提升服务效能。要传承、发展、提升优秀传统文化，切实保护文化遗产，推动文化遗产合理适度利用。营造良好的社会文化氛围。提供有利于保障基本需要、平衡增补需要的各项公共政策，在空间安排上为宜居、宜业、宜学、宜医等创造条件，增强乡村吸引力。改变容器思维模式，好比养鱼，单纯修建一个好看的养鱼池是不够的，需要富有营养的水生态环境，才能吸引鱼的到来。

坚守共同利益，建立"促成"思维。组织公众参与，发挥村民及其自治组织、投资企业等各方主体的作用。要充分与各个利益相关方协商，提出共同遵守的规则。在向本地居民宣传新知识新技能的同时，了解本地居民长期积累的经验知识和实用技能，促进本土智力与外脑的交流学习。处理好外来人口与原有居民的关系，综合考虑土地政策、住宅提供、社会保障、基础服务等。把事情做成，不能停留在协调沟通阶段，不能光有共享成果的理想，要在复杂的矛盾中找出维护公共利益的具体措施。

8.4.2 规划作为治理的工具

直面制度性问题。

我国基层政府的行动力比较强大，一旦发现问题，一般都会尽力解决。就乡村规划而言，主要的问题是基层政府往往不知道老百姓在想什么，需求是什么。因为管理者在城镇，管理对象在乡村，信息是逐级上报的，看到问题的人可能不关心，或者嫌麻烦懒得反映，于是，有些问题基层政府可能不能及时发现，发现时已成大问题。因此，乡村治理面临基本制度改革，必须直面复杂的制度性问题和挑战。

有学者通过考察村庄基本秩序状况及其维系机制、村干部的角色与动力机制，以及乡村关系状况，分解乡村治理的结构和要素，区分原生秩序型、次生秩序型、乡村合谋型和无序型等四种乡村治理类型，为抽象的乡村治理制度研究具体化，以及可以实证展开的经验研究提供了可能。[①] 针对乡村治理问题，有学者提出了从农民置下模式向农民置上模式的转换。目前，通常由政府部门、企业、规划师掌握政策、资金、技术的权威优势，许多情况下，对"三农"了解不多，用运动式、一次性、单向度补助的方式推动乡村建设，替代农民决策，效果难以持续。乡村治理要

① 贺雪峰，董磊明．中国乡村治理：结构与类型 [J]．经济社会体制比较，2005（3）：42-50.

以农民利益作为最终目的，让农民充分表达意愿和意见，积极参与规划、决策。①

乡村治理水平的提高，需要城乡的双向互动。在城镇化背景下，实施乡村振兴战略需要努力破除城乡之间的制度性壁垒，促进城乡各种要素自由双向流动。在此基础上，提升德治力量，动员民众参与，加强乡村共同体内在联系。同时，培育公民守法意识，加强法治建设力度，营造文化氛围，提高自治能力，逐步形成城乡一体的自治、法治与德治结构，将治理现代化建立在可靠的制度基础之上。

认识规划面临的挑战。

规划下乡过程中，要深入研究乡村人居实践与城市人居实践的不同点。在二元经济社会政策中，城市人居实践由城市政府等公共部门起主导作用，投资由国家计划或城市财政安排，有完整的城市建设用地制度、技术标准体系，是统一指挥下集中进行的先进技术试验，人居环境的维护属于公共服务，兼有福利的成分。而乡村的人居实践主要由集体和个人家庭负责，建设资金主要靠集体积累和个人家庭集资，乡村缺乏土地用途调整的事权，只能是适用技术和传统技能，采取亲帮亲、邻帮邻的分散建设方式，维护完全依靠个人和集体。

规划师的思考要从住宅什么样子、建筑什么风格、村庄什么布局、区域什么特色等外形问题，转化为为谁提供住宅、为谁设计建筑、为谁规划乡村、为谁营造环境等问题。想清楚我是谁、还有谁、为了谁等问题，多在制度文化建设上下功夫。从如何提供住宅、如何设计建筑、如何规划乡村、如何营造环境等问题，转化为如何确定优先权、如何达成共识、谁来支付成本、对社会影响如何等问题。

乡村人居长期存在的意义就是人们永远都会有“需求”，这种需求是城市所不能提供的。乡村人居建设要提高科学性，并能真正落到实处，必须要能够发现并满足这种需求，那样，才会有广泛的群众基础。未来的乡村居者，除了长期居住于此的本地农民和外出务工的农民，还有长期在此工作的外地人和临时到此的旅游者。从长远看，还属于选择在乡村居住的人。乡村是乡村人的乡村，不是开发商的乡村，也不是学者的乡村。

---

① 郐艳丽．我国乡村治理的本原模式研究 [J]. 城市规划，2015（6）：59-68.

乡村人居要回归现代人本真的空间需求，放弃形式主义的追求。对未来乡村居民生存、人际交往、学习、劳作、信仰这些分层次的客观需求进行空间的落实，是乡村规划师的使命。驻村调研时，要逐户走访，详细了解村庄发展历史脉络、文化背景和人文风情。编制规划的过程要有村民代表参加，要充分听取村民诉求，依靠村党组织和村民委员会，动员、组织和引导村民以主人翁的态度，参与调研访谈、方案比选，共同协商规划内容。不能“政府干、群众看”，这样编出来的规划肯定没用。规划成果形成后，应组织村民提意见。报送审批前，应经村民代表会议审议，并在村庄内公示，报送审批时应附相关审议意见或决议，确保规划符合村民意愿。成果批准后，要将主要内容纳入村规民约，共同遵守执行，互相监督。

8.4.3 介入治理的多种路径

更有效的干预是资源分配的优化。

作为城乡规划的一个层面，乡村规划与城市规划的原理是共通的，为居住在规划范围内的人们提供合适的活动空间，并通过这种空间规划，促进经济、社会、环境的协调、健康与持续发展。简单讲，就是提供美好的人居，支撑更美好的未来生活。然而，从人居实践视野谈论乡村治理，可以从多个层次展开。相对简单的是规划直接介入物质环境的改善，如果有一定的投资，物质环境外观会迅速得到改变，但是影响的只是外观，无法获得长远的效果，除非再次投入。

城市规划最初是城市设计，主要是为皇权和神权服务的，在市场经济成熟过程中发展成为资本和地方政府服务的现代城市规划，逐步演化为城乡规划、城市与区域规划、国土空间规划等，成果的体现方式也从物质形态的美学构图，发展到调整利益的公共政策，强调以人为本、关心大众的规划目标。作为人居实践的关键环节和社会治理的工具，经过反复地探索，人们认识到，从资源分配角度介入人居治理的规划更加有效。

资源分配的含义是广泛的，但其基础是土地利用。各种地表的要素需要根据规划的目的进行选择和重新组织。城市规划不能局限于城市物质环境的规划，而是针对城市发展的相关资源的配置。城市规划具有在地性和政治性的特征。我国的城市规划曾有相当长的一段时间过多考虑政治和经济目标，而忽视社会和环境目标，存在“重物轻人”的思想。例如“先生产、后生活，先治坡、后治窝”的政策口号，以及大量开发区和新城的建设。

城市空间扩展的过程其实就是乡村空间减少的过程，城市的日常生活也离不开乡村提供的资源。城市规划发展为城乡规划后，不能再以乡村落后为由，编制城市优先的居高临下、指点江山的方案，而是要深入研究城市化过程中农民基本需求和乡村生产生活条件的变化，优化资源在城乡不同区域的配置，整体提升城乡物质环境质量。下乡工作要认真了解乡村的环境情况、经济社会发展水平，以及多目标带来的困惑，学会协调各方面的意见，才能发挥更好的作用。协调这些矛盾，凭物质环境形体的干预是做不到的。需要破除二元政策的障碍，明确县市、乡镇两级政府引导乡村人居资源利用的基本原则，在相关的人口、财税、产业、土地、环保、区划和社会保障政策等方面促进集中，提高效率。

更长久是保障是制度产品的提供。

物质环境外表，只不过是资源利用和人的行为方式的结果，而决定这些资源利用和人的行为方式的是政策框架、决策的体制机制和经济社会政治制度。无论是乡村建设，还是城镇发展，问题性质是一样的。只有从制度上对乡村发展进行总体的设计，让乡村在整体的人居环境中占有相应的位置，乡村才能吸引到足够的资源和人才，才有发展的后劲。

研究全面实施乡村振兴战略，需要明确乡村人居制度创新的基本原则，就是城乡平等、城乡统筹、城乡融合。城市与乡村的建设发展不是对立的，而是高度关联的、互动的。城市发展与乡村振兴是同一个事情的两个方面，城市问题与乡村问题是互为因果的，城乡发展的长久动力源自城镇化过程中城乡关系的改善，否则就不能实现真正的城镇化。从新型城镇化视野看乡村变迁，乡村规划不完全是针对现有乡村的规划，而是要考虑乡村变迁方向问题。城市和乡村都不能独善其身。各种制度既不能搞城市优先，也不能搞乡村优先。

制度设计要考虑政府作用、市场机制和民众自助三种基本力量的平衡。历史经验和教训启示我们，政府作用通常徘徊在作为物质提供者、事务管理者、人群控制者的角色，与作为资源调配者、矛盾协调者、规则制定者的角色之间，不同的强调产生不同的政策，体现政府对待人居实践的不同态度。传统理论探讨中的问题在于，没有深入分析三种力量的适用范围，而是不断寻找有利于自己所推崇理论的证据。在治理思想的影响下，许多国家采取了混合的政策，政府试图扮演赋能者（enabler）的角色，使得上述角色之间不再有明确的界线，各自优点与缺点互相承认，取长补短。

值得强调的是，村民委员会是我国社会主义条件下群众自治组织的一种形式，作为联系政府和农村广大群众的桥梁，对于执行政府政策具有十分重要的作用。可以通过培训、教育和宣传，提高村民委员会领导对乡村建设的认识，增强他们执行的自觉性。在中央方针政策已经明确的情况下，乡村要在土地制度完善、农业服务体系建设、公用设施管理、农民社会保障等制度产品提供方面取得突破。

最根本的措施是社会文化的培育。

虽然制度建设比资源调配的影响深远，但比起文化的作用，就显得近一些。作家刘震云曾说，中国最缺少的是远见，做事情首先看有什么好处，希望立即见到效果。这主要是因为文化意义上的实用主义在作怪。

乡村人居物质环境条件需要改善，每年都需要安排危房改造，任务艰巨。乡村资源紧张，保护基本农田，十分重要。打破城乡二元的制度，让要素在城乡市场合理分配，极其艰难。但是，把作为依附体身份的传统农民培养成现代社会的公民，让他们真正在村民自治、法治、德治中发挥作用，全面推进乡村新文化建设，更加任重道远。文化意义上的变迁如果发生，物质营造、资源利用、制度建设都会有相应的变化。

农民对什么是美丽乡村的认识，涉及从小农心理向现代农村居民心理的转变，道路漫长，“罗马不是一夜建成的”。需要从更宽泛的人居实践视野，用人居科学的理念和复杂适应系统的理论指导乡村规划，改善乡村人居。要努力改变城市文化主导规划的局面，不能画地为牢。生活在城市还是乡村，应该是生活方式的选择，而不是社会地位的反映。研究城市还是乡村，应该是研究领域的选择，而不是学术地位的反映。但是，居民点变迁受居民活动与空间限制的影响，有自身的规律，找到这方面的规律，按规律办事，让科学文化流行起来，让行政的权力和社会行为顺应它，意义重大。否则，政府部门一轮又一轮组织规划编制，各个部门都希望以自身规划为主导，普遍存在局部之和大于整体的问题。

表面上看，政府部门是重视规划，实际上是通过编制行政辖区的规划，进行空间管制和权力强化，这与现代治理的理念是背道而驰的。其实，生态文明也是为了人类更宜居的环境建设，评价标准仍旧是人类的生活改善。自然本身无所谓平衡与否，失衡了它就调整到平衡。因此，在所有规划中，划出人的活动范围和居民点发展的范围是重中之重。城市与乡村只是两种互相可以替代的人居形式选择，并无优劣之分。

规划是一种发现规律、预测未来的科学研究能力，更是一种引导需求、应对变化的决策行动能力。伦理的和政治的规划需要不断提出诱人的目标和口号，以起到安慰或者凝聚人心的作用。科学的和艺术的规划需要对过去的实践进行回顾，以了解其实际作用。在特定政治制度下，政策的总目标始终是明确的，因此，真正体现规划水平的，并不是预测未来的能力，而是应对变化的能力。对规划的重视程度，不应当超过规划的实际作用。当城市规划师们还没有真正理解从城市规划扩展到城乡规划需要解决哪些重大问题时，就让他们编制国土空间规划，确实相当困难，只能在实践中不断探索。

9 知识生产中的乡村规划

从学科建设的角度，讨论乡村规划的知识结构与产生的渠道。在区分学科与科学概念的基础上，简要归纳人居领域知识生产分散化发展趋势与整合的努力，特别是乡村研究与规划研究的状况，分析乡村规划的知识生产问题。乡村规划重点要研究乡村居民点的演化规律，关注城市化过程中农民居住方式的变迁和乡村居者的实际体验，体现以人为本的原则和科学发展的目的。

9.1 学科的分化与整合

9.1.1 学科的分化

学科分类以及知识的生产与应用。

国际上，通常将知识分为科学、艺术和人文三种形态，与我国招生考试中理科、工科和文科类似。区别在于，我国的学科分类更多考虑的不是知识生产方式，而是知识应用方式。理科、工科、文科中都不仅仅是科学、艺术和人文的内容。总体讲，百年来学科的分类呈现不断细化的趋势。根据教育部《2021 年度普通高等学校本科专业备案和审批结果》，我国的本科专业目录新增 31 个，共 771 个，分为哲学、经济、法学、教育学、文学、历史、理学、工学、农学、医学、管理学、艺术学、军事学等 13 个门类，92 个大类。根据《研究生教育学科专业目录（2022 年）》，有 14 个学科大类，117 个一级学科，380 多个二级学科（不含学校自设二级学科）。城乡规划学是属于建筑大类的一级学科。

从大的背景看，我国的文化传统和现实教育都相对强调整体性和实用性，对不同性质的知识通常不加区分，而是根据实际应用的需要整合到不同的专业和学科之中，并根据问题的特征和需要的变化不断调整。对创新的理解停留在知识的组合方式，而不是生产的方式上。因此，在中文的语境下，科学与技术往往混为一谈，学科与科学通常也不加区分，这个问题至今仍旧没有引起学术界和社会的足够关注。

事实上，学科的概念远比科学宽泛。任何一种知识，只要是形成体系，就可以建立学科。从事相关知识生产，即为某个专业。掌握这些知识的人成为这个学科的专业人才，在社会上从业，形成行业。传授知识的人就是专业教育工作者。学科发展过程包括知识的发现、知识的整合和系统化，同时，也是学科从知识体系转化为学术制度的过程。由于从业分工的需要，学科发展从早期的以学术分类为原则，转向以组织制度为核心，形成现代教育和研究体系。以学科为基础，教育机构传授知识、研究机构生产知识，服务于个人就业和社会发展的需要。需要高度重视的是，这些学科知识与知识生产方式没有关系。

科学就不同了。正如卡西尔所言，“科学是人的智力发展中的最后一步，并且可以被看作是人类文化最高最独特的成就。它是一种只有在非常特殊的条件下才可能得到发展的非常晚但又非常精致的成果。”① 人类文化开端于一种远为错综复杂的心智状态，是古希腊的思想家们用科学逻辑引入了新的秩序原则以及新的理智解释的形式。科学是从古希腊以后才出现的人类使用符号的方式之一，开始于人类对简明性的追求。科学依靠全新的理念和不同的逻辑，提出了认识真理的标准和方法，最终超越直接经验，揭示了普遍真理，建立了一种新的秩序原则和新的解释方式。事实上，炼金术先于化学，占星术先于天文学，但前者并不是科学。科学与学科的不同之处在于，它重视知识生产的过程和表达的方式。

① 恩斯特·卡西尔．人论 [M]. 甘阳，译．上海：上海译文出版社，1985：263.

作为专门研究知识生产的学科，科学（学科）哲学自身同样存在许多问题。科学哲学是一级学科哲学的二级学科科学技术哲学的分支，已经将研究限定在科学技术范围。科学技术哲学，过去称为自然辩证法，其研究工作同样非常分散。“研究领域的漫无边际，研究视角的多种多样，使得这个学术群体缺乏一种单体上的学术认同感，同行之间没有同行的感觉。尽管以科学哲学的名义有了一个外在的学科建制，但是内在的学术规范迟迟未能建立起来。不少业内业外的人士甚至认为它根本不是一个学科，而是一个跨学科的、边缘的研究领域。然而，没有学科规范，就不会有严格意义上的学术积累和进步。中国科技哲学界已经意识到，热点问题和现实问题的研究，不能代替学科建设。唯有通过学科建设，我们的学科才能后继有人；唯有加强学科建设，我们的热点问题和现实问题研究才能走向深入。”① 现在的科学技术哲学包括了以科学技术为研究对象的各种学科，实际上是由于飞速发展的科学技术引出了大量前所未有的问题，催生了许多边缘学科。

人居领域知识生产的分化。

人居领域的研究，一方面，受到整个国家背景文化和知识生产特点的制约，另一方面，表现为自身知识生产传统的继承与科学革新的矛盾。知识生产的分化主要体现在，在研究的空间对象上，将城市与乡村分开；在研究的行为对象上，将规划与设计、建设与管理分开。与乡村规划相关的知识生产受到了这个大趋势的影响。人居环境科学提出之前，赋形学科将乡村作为城市的外围，重城轻乡的现象非常普遍。而且，在每次受到其他学科挑战之时通常将城市作为坚守的“堡垒”。

从专业发展角度看，重城轻乡是历史的必然。作为应用科学、交叉学科，城市规划主要发源于工程科学，后来从自然科学和社会科学中吸取养料。近代中国从西方输入大量知识，但是大多为国家和城市相关的内容，城市规划伴随其中，基本上没有乡村内容。辛亥革命后，封建军阀接替了清王朝，战争不断，帝国主义的侵入造成租界和受殖民统治城市畸形繁荣。洋务运动、变法维新后逐步产生

① 吴国盛. 北京大学科技哲学丛书 [M]. 北京：北京大学出版社，2003：总序.

了适应资本主义生产方式的工商业城市，以及铁路交通方式导致的枢纽城市。传统的封建都城受到重大影响，地区间差不断扩大，传统的天下人居格局逐步失去意义。由于中国的城市规划不能继续按照习以为常的逻辑向前发展，一度出现了严重的混乱局面，形成失落后的杂乱无章。除了中华民国的政治中心南京、经济中心上海以及抗日战争时期的陪都重庆，城市有了较大发展，总体而言，全国的城市建设不多。[①] 这时，城市研究受到城市建设实践的驱动。与此同时，由于发展阶段的不同，结合乡村建设运动开展的乡村研究基本上属于另外一个层面，吸引的学科也完全不同。

从规划设计实践看，新中国成立后实行的城乡二元经济社会制度将国土空间分为城乡，成为最大的中国特色。居住环境政策也是二元的。城市规划只考虑城市问题，就城市论城市；乡村规划只考虑乡村问题，就乡村论乡村，规划的作用并没有得到整体的发挥。即使是改革开放后城乡规划成为一级学科，许多大学和机构不愿意更名。最初的城市规划，其实是城市设计，受到传统建筑学的重大影响。在增加了基础设施并补充了区域内容后逐步发展为城市与区域规划、城乡规划。城乡规划希望通过规划设计手段，对地表空间进行科学合理的分配使用，但是一直徘徊在难以提高学术地位的形体传统和过高估计自身能力的综合传统之间。为了学科的独立，需要摆脱建筑学的设计思维的影响，但为了在市场上生存，必须参与设计。因此，城市设计成为两个学科竞争的领域。还有一些机构，将本来研究乡村的定位，修改为研究城镇，以便“进军城市”。以实用主义为指导的研究需要“出资人”，城市政府和投资企业远比乡镇政府和村民自治组织条件优越。但是，规划设计项目成果是否算作学术研究，不同专业看法不同，就另当别论了。

知识生产受到历史脉络和现实实践的影响。在人居研究学术领域，城市居住与乡村居住的研究通常是分开的。一些单纯研究大中城市的人，重点放在城市竞争，往往对农村的变化不太了解，也不感兴趣，基于自己过去的经验进行思考推论，对乡村的批评严厉而不切实际；一些长期研究乡村的人，较多考虑的是乡村社会经济变迁，对物质空间环境的知识比较缺乏，提出的建议满足于就地改善农民的居住条

① 同济大学城市规划教研室．中国城市建设史 [M]. 北京：中国建筑工业出版社，1982.

件，轻视城市的巨大影响力。由于社会处于快速的城市化过程中，城市问题毫无疑问是重中之重。因此，乡村人居的研究主要是作为解决城市问题的方式而开展的，乡村问题与城市问题是一起发生的，并不是两个问题。

另外，人居领域的学科分化还体现在技术与艺术分开，编制与实施分开等。建筑师逐步将工程技术问题交给工程师处理，自己专门处理艺术问题；城市规划院与规划局分开，实现市场化，成为与医生、律师、建筑师一样的职业人士。因此，中国的“现代城乡规划学继承了中国古典城乡规划理念的传统，在近代西方规划理论输入后，与我国的专业实践相结合，形成了具有我国特色的城乡规划理论体系。”[①]

9.1.2 学科的整合

提高科学地位的努力。

如果简单地将科学理解为“分科之学”，那么科学与学科就是同义词。任何一个学科或者专业所生产的知识都是科学。例如食品加工科学、历史科学、机械科学。中国科协组织编写的学科发展报告，英文译为科学发展报告，并由民政部门注册的学会协会作为学科类型组织编写，同样没有对行业、专业，学科、科学进行区分。

人居知识生产受到我国科学观念的影响，将在人居实践中需要的知识整合起来，称之为“科学”，是最为常见的做法。例如城市科学、建筑科学等。人居研究中比较系统的科学探索最初是从广义建筑学出发的，将建筑学、风景园林、城乡规划作为核心学科，提出相关学科的整合方案，逐步形成人居环境科学，侧重点是相关要素的组合。但是，要素的组合并不是机械的，否则参与学科不断扩展，难以形成学术共同体。

建筑学对人居研究的探索还有另外一个角度多少有点被学者们忽视了，那就是从干预行为角度对于居住需要满足过程进行的研究，例如设计科学的探索，侧重点

---

① 中国城市规划学会．中国城乡规划学学科史 [M]. 北京：中国科学技术出版社，2018：ix.

是路径的科学选择。人居实践整合了两者的关系，回到人与物互动的过程。由实践建构的人居科学，不再满足于归属某一个已有的成熟科学，试图开创由复杂适应系统理论、非线性科学、新技术等支撑的人居科学。人居科学研究那些有利于普通大众生存发展的物质环境和空间需要，不再局限于精英们所建造的象征成功的、供后人仰视的建筑物。

以人为核心的思想要求我们首先搞清楚作为自然人的各种活动的基本空间需要，再根据经济、社会、环境等方面的资源条件，创造多样化的人居环境。以人民为中心的发展理念，要求用最大多数人基本空间需要的满足程度对所有关于人居的理论和实践进行评价和规范。发展人居科学的目的，是为了寻找人类行为所需空间的客观性，即对地表空间中与人类活动密切相关部分进行实证分析。这样，才能区分人的基本空间需要和增补空间需要。政府才能通过各种政策工具和新技术手段，保障大众的基本空间需要，调节精英的增补空间需要。[①]

人居科学的提出体现了传统学科不满足于作为城乡建设工具的定位，向科学进军的努力。同时产生了知识生产科学化的更高要求。传统赋形学科属于技艺的范畴，当将它们作为人居科学核心学科时，需要进一步明确它们的努力目标、特有的科学研究对象和方法及其与其他科学门类的区别。因此，居者所需空间客观性的表达是人居科学是否能够在科学知识体系中立足的关键。而乡村作为人居的基本形态，甚至早于城市出现、存在时间也长于城市，首先必须深入研究。

城市化使得乡村人口减少，这是普遍规律。但是中国特色的城镇化，伴随大量农村家庭成员居住和就业变化，由于政策维护城乡二元制度，同时引入市场机制，使得传统的农村家庭生活分散化。事实上，中国的很多社会问题与传统农村家庭成员离散、活动频率增加有关，也是新型城镇化战略提出的依据和必须面对的研究课题。[②] 乡村仍旧居住着大量的居民，这些乡村居民往往是没有能力进入城市的社会弱势群体。如果乡村的问题得不到及时处理，必将带来新的社会问题。

从乡下人、街上人，到城里人，从本地人、外地人，到“中国居民”，构成一

---

① 何兴华．人居与科学概念可能的组合 [J]. 人居科学学刊，2020（3）：13-21.

② 王兴平．以家庭为基本单元的耦合式城镇化：新型城镇化研究的新视角 [J]. 现代城市研究，2014（12）：88-93.

个具有文化脉络关系的主体共同体；从农村住宅，村落、集镇、城市，到“山水林田路村”整体的人居环境，构成一个空间连续统一体；从决策、策划、规划、设计、建设、维护、更新，构成人居实践的全过程。将分散的研究聚合，从中找到规律，才能有助于实际问题的解决。

传统学科的科学化路径。

在中国现有的学科分类中，人居科学并不属于一个学科，其最初的形态人居环境科学也不是一个学科，而是一个以一级学科建筑学、城乡规划学和风景园林学为主导的，试图整合人居研究有关的各相关学科的知识集合体。既然称为科学，就必须经得起科学标准的检验。对于科学标准是什么这个问题的回答，不可能离开科学哲学研究的成果。一方面，人居科学能否成为科学，需要从科学哲学角度进行观察。另一方面，从长远看，科学哲学研究如果不涉及人居科学，也将是不够完整的。无论是从学科建设的角度还是从解决现实问题的需要看，两者同样任重道远。

原有的研究是怎样的？通常人与物是分离的，人文科学研究人，工程技术科学研究物，各自在强调主观能动性和客观规律性之间徘徊，没有真正认识到人与物的互动过程才是规划的本质。为了改变这种情况，人居实践观倡导人居领域以人为本，强调人与物互动。传统的学科虽然重视沟通共享，但是，没有将实体对象研究和主体行为研究有机结合。更重要的是，对谁的居住、谁的场所问题采取了回避态度，规划没有明确的服务对象。虽然重视规划管理，但是没有认识清楚，即使规划专业自身闭环，也只是人居实践的一个环节，不明白规划不能独自解决复杂的城乡发展矛盾。虽然重视资源利用，但是，对体制机制和制度建设重视不够，没有真正认识到文化的深刻影响和长远作用。虽然重视生态智慧，但是，没有认识到规划中人的极端重要性与自然环境的基础性作用。虽然重视科学规划，但是，对什么是科学、已往发生的或他处发生的规律是否就是科学，缺乏深入思考，人为拔高了技术和艺术的科学地位。

东方人所说的“大自然”，不同于西方人的“自然界”。作为基础，自然的重要性无法替代。生命现象、人类社会现象都是在大自然中产生的。道家思想中已经包括了演化的观念。人是生命的一部分，居住环境是人为了满足自身的需求创造出来的。人居是人类活动空间需要的体现，既是客观的，同时，又具有极大的创造性，同样产生多种满足的可能性。因此，必须将居住作为研究对象，关注居者的实际体验，才能将人与物关系的研究落到实处。建筑学要在建筑类型研究、建筑设计研究的基础上，更多地关注用户体验和资源利用。风景园林要在园林和风景区研究、景观规划设计研究的基础上，更多地关注观赏者体验和资源利用。城乡规划要努力克服城市研究和乡村研究、规划研究与设计研究两分离的状态，更多关注政府、市场、城乡居民等主体，以及规划师的规划行为对地表空间环境变迁的实际影响。

人居科学涉及众多现有的学科专业，个人不大可能把它们都吃透，因此要面对不同学科专业怎样才能融贯综合、形成最优的难题。常识是科学知识的来源，但是不能等同于科学。通过实态调查向现状学习，研究无建筑师的建筑、无规划师的规划，只是一种知识生产方式。技艺是科学的来源，也是科学的应用，但是不能都等同于科学。职业建筑师、规划师做规划设计工作，如果不做科学研究，并不生产科学知识。治道是科学的来源，更是常识、技艺、科学知识的综合应用。公共部门运作的方式与对公共政策和治理的研究不能画等号。

学科的分化导致城乡规划独立于建筑学成为一级学科，而学科的整合使得城乡规划无法脱离建筑大类而成为其他类型。从分化的角度看，与城市规划相比，乡村规划没有能力单独成立学科；从整合的角度看，乡村规划很可能淹没在城市规划之中。这是由乡村研究和规划研究的内容与方法决定的。

9.2 乡村研究与规划研究

9.2.1 乡村研究的扩展

乡村研究的引入与中国化。

乡村规划科学性的提高首先取决于对乡村研究的科学化水平。对中国乡村的近现代学术研究最初是由到中国旅游和居住的外国学者开创的。例如，曾长期在中国生活的美国传教士明恩溥（Arthur H. Smith）从社会学的角度用西方人的眼光生动地描述了中国乡村多个方面的情况，于1899年写出了《中国乡村生活》一书。后来，另一位美国学者葛学溥（Daniel H. Kulp）用更为规范的学术研究方式在华南地区开创了乡村文化人类学角度的研究，并于1925年完成了《华南的乡村生活》一书。[①] 在学术之外，从资助渠道可以看出，外国学者的中国乡村研究大多带有为所在国家收集政治、经济、社会有关情报的意图。例如，日本设立的“南满洲铁道株式会社”，其调查部曾经对中国农村习惯行为进行了比较深入的研究。

不久，中国学者也对中国乡村进行了调查研究，影响比较大的有李景汉的定县社会调查、费孝通的江村经济、林耀华的南方宗族、杨懋春的乡村文化等，这些研究从不同学科的角度，例如社会学、文化人类学等，作出了原创性贡献，得到了国际学术界的认可。费孝通开创了中国学者深入系统地研究中国传统农村社会的先河，写出《江村经济》《乡土中国》《生育制度》《乡土重建》等一批以农村社会为题材的著作。与此同时，学者们知行合一，参与了改进乡村教育、乡村建设的活动。由于社会科学在新中国成立后未能得到充分的重视，乡村研究仅仅局限于农业、土地政策的解释。

改革开放后，随着联产承包责任制的推行和乡镇企业的兴起，乡村工业化和乡村城镇化伴随着小城镇问题逐步提上了议程。物质环境与社会文化的研究同时得到较大发展。一大批西方理论被介绍到中国，中国农村改革同样吸引了国际上乡村研究学者的注意力。乡村研究开始兴盛起来，多学科交叉的综合政策研究得到推崇。另一方面，历史学者的中国乡村研究也从对农民战争史的考察，逐步扩展到对农村现代化与农民心理变迁的研究。

从历时的角度看，乡村研究大致经历了乡村地理、乡村发展、乡村转型三个阶段。研究内容都与乡村规划有关，特别是其中的乡村发展。如果说，乡村地理更多

---

① 希望了解早期中国乡村研究的读者可以参阅葛学溥．华南的乡村生活 [M]. 周大鸣，译．北京：知识产权出版社，2006；明恩溥．中国乡村生活 [M]. 陈午晴，唐军，译．北京：中国电子工业出版社，2012.

的是为了描述乡村的基本情况，乡村发展则有了更多的未来指向，早期的乡村建设、后来的新农村建设和当今的乡村振兴等方面的研究都属于这一范畴。

由于时代的迅速变迁，不同阶段的乡村研究难以形成统一的学术话语，产生了许多不同的观点。一开始，伴随着农村经济体制的改革，主要是从农业经济的研究扩展到农村经济的研究，即从关注经济的产业结构转向关注地域结构，并分析城市经济、农村经济和海洋经济的关系。后来，更多地关注物质环境改善对农村经济的促进作用。例如，从市场经济的角度投资农村基础设施建设，带动农村劳动密集型企业发展以增加农民收入；改革农村户口制度，给予广大农民“国民权利”，希望从根本上解决社会成员不公平的问题；还有强调村民自治，农村社会组织和文化的重建，等等。就总体趋势而言，乡村研究从对物质环境的描述，回到对乡村社会变迁的解释，以及两者关系的综合。

不同学科的乡村研究与方法。

从事乡村研究的学科众多，研究对象包括了从物质环境到精神文化的多个层面，主要有地理学、建筑学、生态学、社会学、经济学、政治学、历史学、文化人类学等。从物质环境角度，地理学研究的重点是乡村各类要素的空间分布规律，通过改进乡村居民点的体系布局和内部结构，提高综合效益。例如对江苏农村聚落的研究，根据自然环境、交通条件、生活水源、耕作远近，将聚落划分为 9 个类型，发现聚落的集聚与分散，规模和结构与土地利用高度相关，是人类改造自然的产物。[①] 建筑学研究大多寻求类型学与艺术创作的结合，例如对水乡、山地，平原、圩区等村落、建筑形式与创造的探索。后来更加重视人工环境与自然条件和社会文化的关系。

比较而言，经济学和生态学更加重视人与环境的互动。从经济学的角度，研究乡村产业政策、土地制度、财政税收、金融等问题，优化资源配置；从生态学的角度，研究乡村自然环境保护、乡镇企业污染治理，促进可持续发展。传统的乡村研究学科也有进一步的成果。从社会学的角度，研究乡村人口、社会结构、社区状况、制度关系、社会冲突等，促进和谐社会建设。从政治学的角度，研究乡村治理、村

---

① 金其铭．中国农村聚落地理 [M]. 南京：江苏科学技术出版社，1989.

民自治、立法执法等问题，维护公众利益。从文化人类学角度，研究乡土文化现代化，优良文化传统和历史文化遗产的保护，以及城市文化和网络文化对于乡村的影响，等等。另外，还有从政策研究角度提出的统筹发展城乡，以经济建设为中心，加快完善农村社会的经济社会管理体制等。

然而，与城市研究类似，乡村作为研究的对象，并没有形成一个特定的方法。从整体看，乡村研究一开始比较重视对研究对象实际情况的描述和分析，主要研究目的是要“理解乡村”。因此，地理学、历史学方法，特别是历史地理、人文地理从区位、功能、土地利用等角度对乡村进行的探索发挥了重要的基础作用。后来，研究者不再满足于对乡村的解释，开始重视乡村的发展问题。不少学者认真反思城市化对乡村的影响，关注城乡失衡，特别是乡村贫困等问题，希望提出振兴乡村的意见，但是，泛泛议论者众，实证研究者少。随着技术能力的提高以及区域范围的扩大，建筑学与地理学逐步总结出更加全面的乡村物质空间形态特征，并不属于方法上的革命。

与此同时，国际上也有一些大学开设了以乡村发展命名的课程，主要研究发展中国家的乡村发展，其中有不少是针对中国的研究。更进一步，重视城乡关系，以及乡村到城市转型的研究，提出了乡村城市化、城乡一体化、城乡融合等一系列新概念。但是，乡村发展研究更多地针对的是经济发展，社会内容被放到乡土文化研究之中，通常是历史的角度。对乡村现实问题的研究被分割成不同学科，虽然更加深入，却难以整合形成直接采取行动改变乡村的政策措施，对于改进乡村规划的作用有限。不少学术研究成果成为政策的解释而不是政策的咨询。为改变这种情况，引入乡村分类研究方法，细化城乡不同空间，而不是笼统地讲述城市与乡村的不同点。例如，用统计学方法对“乡村性程度”所进行的分类，以及用类型学方式对乡村状态属于生产、消费，或渐变、保持等的分类。

9.2.2 规划研究的探索

规划的本质和行为特征。

规划理论研究者给出了众多的规划定义，虽然用词与词序有所不同，但都指出了完整的规划不仅要有实现的目标，更要有行动的措施。[1] 规划能力可以看作是人与动物的主要区别之一。除了众所周知的物质工具的使用，与动物相比，人类拥有更好未来的信念，以及为此采取行动的能力，即规划的动机和行为。[2] 人类行为有理性的、非理性的、直觉的等区别。规划属于高度理性的行为。规划的行为主体是人及其各种组织，规划行为的客体是某个方面的目标，主体围绕客体目标形成环境条件，主体根据对这个条件的认识，以一定的方式方法、运用一定的工具手段采取行动，对目标结果产生影响。从最宽泛的意义上，规划可以看作是一种人类区别于动物的行为。

作为人类特有的行为，不同的规划有着一些相似特征。规划可以看作是人类的一种信念，规划者相信未来可以通过人类自身的努力变得更好。规划可以看作是社会的一种伦理，规划者认为个人规划（欲望）需要群体的规划进行约束。此外，规划可以看作是权力的一种工具，从个人、企业、社区至各级政府、国际组织均可编制和实施规划。执政党依靠规划治国理政，政府（公共部门）依靠规划管理社会，企业依靠规划营利，社区组织依靠规划自治。但是，每个主体都是有特定个性的人，或是由特定个性的人组成的，他们有不同的认识和行为方式。因此，任何一种类型的规划行为，通常都会产生多种规划方案。任何一种控制监管措施，也都会产生一种以上的后果。这些规划方案及其执行的后果，是否具有自身固有的演化规律？对于这一点，规划理论缺乏实证的研究。环境行为学研究表明，在相似的环境中，具有相似个性的人或相似共性的群体，有相似的行为表现。

人必须生活在环境之中，环境既包括自然的环境，也包括社会的环境，还包括自己营造的环境。它们共同组成人的生存空间。人的行为要受到环境因素的制约，而一切行为的后果，或者改变自己以适应环境，或者改变环境以适应自己，又或者兼而有之。不能适应者就会被环境所淘汰。人类控制自身行为的方法可以分为自我控制和社会控制。自我控制的主要目的是使自己能与其他的社会成员和谐相处，其办法为“修养”，包括自学、自省、自律等方面。社会控制的目的，不但要使得社

---

① MARIOS. C. Planning theory and philosophy[M]. London & New York: Tavistock Publications, 1979.

② 例如，黑猩猩也会使用工具，但却不会规划。

会成员彼此之间能够和谐相处，还要使人类社会与自然环境也能和谐相处。规划师并不是特殊的主体，而是主体规律的了解者。

由于规划行为的特点，对于规划的认识因人而异，关于规划的研究归属不同学科。规划实践由不同性质和类型的主体分割，很难用一种规划替代。否则，那将是对人类认识能力的挑战，因为没有研究作为支撑。

城乡规划实践与规划理论生产。

不容置疑，我们生活在城市化过程中，处于人类历史上从未有过的城市世纪。中国作为世界上人口最多的发展中国家，城镇化进程必将对全球发展产生深远的影响。城市规划中，将市区和镇区粗略地视作城市居民点，这等于将科学研究交给了行政区划，是不够严谨的。科研工作者更关注实体地域的识别，一般采用建成区人口规模、非农化程度、区域人口密度等作为划定标准。[①] 城镇化对实体城镇和乡村共同产生作用，城乡规划既要安排不断增长的城镇，也要考虑面临衰退的乡村。

国家高度重视城市的健康发展和乡村振兴，将城乡规划学作为一级学科进行建设，希望培养城乡统筹协调发展所必需的专业人才。由于城镇化进程中大量建设的需要，以及复杂的社会变迁，城乡规划的办学领域涉及面较广，如建筑类、地理类、人文社科类、行政管理类、农林类等。但是，城市规划是一门既古老而又年轻的学科，就对物质空间的认识和干预而言，在广义建筑学和应用地理学的共同努力下，已经有了相当的积累。从城市规划到城乡规划，问题的焦点从计划角度的物质空间安排转化为空间与社会变迁的关系或者干预的依据。原有的知识积累与新增的专业实践面临协调的问题。否则，知识生产过于发散，无法摆脱“拿来主义”的影子。

宏观尺度的区域规划、以人类聚居为核心的城市规划、不同建筑物及其相互关系的建筑设计和城市设计，以及强调人与自然关系的景观设计，无法被城乡规划都包括。从物质形态的规划设计角度看，不同尺度需要不同的比例尺，其实就

① 周一星，史育龙．建立中国城市的实体地域概念 [J]．地理学报，1995（4）：289–301.

是不同的专业方向。更何况，即使处于同一个空间尺度下，还有很多不同的社会内容，也需要不同专业的配合。规划不仅需要处理局部与整体的矛盾、近期与长远的矛盾，还需要处理不同目标对象和群体利益的关系。从时间意义上认识规划，规划是一个连续不断施加的控制措施。由于受到认识能力的局限性，规划的预测能力是有限的，控制手段是相对的。从更大的区域范围认识规划，规划并不存在一个完成的时刻，它只是一个动态的过程。规划在不同的时空和人群中完全可能是不同的。规划需要自身的理论，否则，长期寄附于不同学科，到处寻找理论依据，被实用主义所左右。

正是因为这个问题没有引起足够的重视，规划实践与理论之间、不同类型的规划从业者之间有着深深的裂痕，互相抱怨。不同政治体制的国家和文化共同体之间并没有形成有效的规划基础知识生产方式。总体而言，规划理论研究的生产能力不足，已有的理论大多是不同实操形式的归纳总结。例如纲要规划（综合理性规划）、渐进式规划、协商规划，倡导规划、激进式规划，沟通式规划、代言规划、公众参与规划等，体现的是西方发达经济体在城市化水平相对稳定后的社会需要。因此，规划实践虽然丰富多彩，但是由于理论范畴过于宽泛，将规划作为一个学科的努力长路漫漫，迄今仍旧看不到明朗的前景。

9.3 人居科学中的乡村规划

9.3.1 传统建筑学的努力

从农民住宅设计到乡村建设规划。

起初，我国关于人居的研究主要精力集中在传统民居或历史城镇村中的居住环境，通过对于空间秩序的整理，重点挖掘文化内涵和价值，启发设计灵感。不难理解，由于资料局限和经费来源问题，乡村人居在人居研究中十分薄弱。抗日战争时期，中国营造学社被迫迁到云南省昆明市北 10 公里的龙泉镇麦地村。这里，云南的“一颗印”住宅随处可见，引起东北大学建筑学首届学生刘致平的浓厚兴趣，他将当地人家的住宅整理成文，可以算最早的乡村住宅田野调查了。

新中国成立后，大量智力转移到标准化城镇住宅和居住区，重点要解决城镇居民的居住问题。也有一些关于农村新型住宅的探索，往往是由政府推动，作为政治任务依靠组织资源完成的，学术的成分较淡。这些住宅研究对象所服务的人口生活工作较为稳定，空间上较少流动，从居住功能讲，甚至可以说不流动。这与快速城市化过程中人口急剧流动的现实很不适应。

传统建筑学研究从聚焦于物质意义的乡土建筑设计，扩大到村庄和集镇的整体规划设计，进一步通过研究某个更大区域范围的村镇，为乡村居民提供生活与生产的平台，或保护地方风貌和民族特色。例如，段进团队将具有明显地域自然条件与文化传统特征的太湖流域作为研究范围，对该地区现存古镇的整体特点、空间构成、空间环境等情况从结构与形态两方面进行了综合和全面的解析。[①] 这是比较典型的建筑学专业的乡村人居研究成果。

近年来，“城里人”逐步认识到乡村的作用，年轻人开始关心乡村，越来越多的建筑师加入“寻找乡愁的队伍”。“博士生春节回乡记”走红网络，各大建筑学院师生将乡村作为教学基地，“寻找乡愁”成为心灵的共鸣点。但是，建筑师的乡村研究较多地关注建成环境的形式和建造过程，对于推动乡村变迁的体制机制和社会文化背景涉及不多。因此，乡村建设一直是乡村人居研究的重点。

乡村人居研究与乡村研究是高度相关的，但并不能完全画等号。乡村研究不一定与实体空间建立联系，而乡村人居研究针对的是乡村空间场所的研究，其核心要义是参与地球表面空间资源的分配使用。乡村是人居环境的类型，乡村人居实践有营造性质，从实体空间角度，研究传统乡村走向现代的变迁过程，将空间和时间的分布作为基础条件，深入观察乡土社会和农民生活，更好地理解乡村人居变迁的经济社会背景、乡土文化和治理体制机制。将快速动态变迁过程中的乡村居住环境作为一个重要的切入点，整体考虑城乡聚居问题，对于人居科学发展具有重要意义。

---

① 段进，季松，王海宁．城镇空间解析——太湖流域古镇空间结构与形态 [M]. 北京：中国建筑工业出版社，2002.

传统村落研究与对文脉的关注。

对于传统村落的认识是逐步深入的，村落的保护研究可以分为 1996 年以前的起步期和 1997 年开始的政府干预之后的系统化。1997 年以前，以描述性研究为主。1997 年后，围绕政府部门历史文化名村和名镇的申报工作，传统村落研究迅速扩展，对传统村落内涵、更新保护、开发利用，以及与城镇化、农民市民化、文体冲突等结合，研究的视野、内容和方法都取得新的进展。近年来，中国传统村落的研究成果明显增加，普遍从“物”的研究转向“人”的研究。文化传承、自组织、当代治理等成为热点。参与研究的学科也从地理学、建筑学、考古学，向文化人类学、社会学、生态学等扩展，并开展了物质空间形态与非物质文化遗产的交互研究。这与对学术成果分析结果一致。①

然而，学术研究与具体保护工作经常脱节，传统村落与城市人居环境不同的优点还没有能够在市场竞争中发挥应有的作用。现实生活中，不少人或限于认识水平或出于利益追求，经常把物质条件相对落后的现状村落当作急需推平的“废物”，不搞现状研究就搞规划，规划仿佛画在一张白纸上。这种无视现状的理想蓝图违反了居民点变迁的基本原理，切断了文脉，结果通常是“规划、规划，纸上画画、墙上挂挂”。既要避免建设性的破坏，又不让保护成为进一步衰退的原因，导致传统物质文化的断裂，需要进行价值分析。在乡村振兴战略实施的过程中，工业产品下乡、资本下乡成为传统村落资本升值的一种选择，需要多元主体的共同推动。②

传统建筑学观察问题往往是从建筑物及其周围的物质环境开始的，而人居科学研究要求以人为核心。建筑是“石头的史书”，居民点是客观历史的物质反映，它们都是时间意义上的积累，记录了不同时期的居民生活。人类历史意识的觉醒，充分体现在对于过去人居环境的重视，基于历史认识而创造新的历史，将保护作为创造的一种方式，文脉（contexture）得到延续。这些实体环境使得当代居民不得不接触过去的东西，不同时代的人在同一个地点生活，由于熟悉的环境产生了地区的

① 张浩龙，陈静，周春山. 中国传统村落研究述评与展望 [J]. 城市规划，2017（4）：74-80.

② 张京祥，姜克芳. 解析中国当前乡建热潮背后的资本逻辑 [J]. 现代城市研究，2016（10）：1-8.

认同和安全感。这说明，人类有共同的空间需要。但是，物质环境总是随着时间的推移不断退化，因此，保留与新建的关系构成人居实践一个永恒的主题。通过乡村规划传承乡土文化，这是许多规划师认为的自我责任，责任的落实需要对共同需要的科学研究。

问题在于，物质的空间场所是资源利用方式的结果，而资源利用方式取决于决策的体制机制，这一切本质上都是人类文化的表现。因此，如果资源的利用方式和决策的体制机制都发生了革命性的变化，传统乡土文化的影响力是无法直接达到物质环境层面的。反之，单纯依靠物质环境意义上的努力不能真正传承文化。这使得规划下乡从政府推动和专家支持进入到更加长远更加深入的传统文化在现代社会的表达问题。在此基础上讨论乡村规划的作用，才有实际意义。

9.3.2 城乡规划学的推进

从城市规划到城乡规划不只是名称变化。

规划定语的变化意味着内容甚至性质的变化，但大多数城市规划师并没有意识到这一点。从专业共同体看，城市规划、城市与区域规划、城乡规划是同义词，专业的理论支撑主要是从广义建筑学和人文地理学发展而来。但是，从知识界和社会用语看，将城市规划等于城乡规划是有问题的。在中国这样一个长期实行城乡二元经济社会制度的国家，更是如此。既然城镇化过程中需要对城市以外的地区进行规划实践，知识生产就会扩展到乡村。

进一步地，由于其应用科学的地位，城乡规划学科受到政府工作的深刻影响，专业人才的培养需要考虑如何更好地为政府工作服务。中央政府部门和地方政府的利益影响着专业和学科的发展方向，实践中派生出众多的规划设计“品种”。土地、经济、管理、交通、旅游、农业、艺术等相关学科都向应用领域延伸，开办城乡规划专业。学科理论来源多元化，地表空间的整体性和连续性受到规划项目肢解，实践中整合相当困难。于是，城市规划希望通过公共政策转向，从公共管理理论中找到出路。

令人欣慰的是，中国有了城乡规划法、城乡规划部门、城乡规划学科，有许多省成立了城乡规划院。虽然中国城市规划学会、中国城市规划设计研究院，同济大学、清华大学以及其他众多大学的城市规划系并没有更名，然而，有趣的是，没有更名的单位，其实也已经将乡村作为重点工作之一。清华大学成立乡村振兴学生工作站，同济大学开设了乡村建设专门课程，中国城市规划学会成立了乡村规划与建设学术委员会、中国建筑学会成立村镇建设研究会，乡村是城市规划专业的热门。从"外行"听起来，确实有点奇怪。

政府主管部门的态度影响着城乡规划学科的发展方向。自从国家要求建立国土空间规划体系后，关于城乡规划学科的名称引发了争议，可以说面临着前所未有的挑战。一些学者受政府部门工作分工的影响，试图将城乡规划学科更名为国土空间规划，有的则抱怨不应该将城市规划更改为城乡规划，认为是"乡"带来了问题，也有一些学者主张将城乡规划称为城市与区域规划。虽然在教育部的学科分类中，城乡规划是一级学科，归属于"建筑类"。但是，在不同专业背景的学者心目中，城乡规划学科的归属仍旧处于争议之中。这些争议是对城乡规划学科基质缺乏真正理解造成的，需要从实践中寻找答案。

城市规划下乡六十年的实践为建立城乡规划一级学科打下了坚实的基础，不能因为政府规划行政职能分工的调整，就将学科自身发展规律放在一边。城乡规划学科，包括城市规划、区域规划、乡村规划三个方面的工作。需要注意的是，大量的误解其实是从名称不规范使用开始的。城市规划，作为学科的名称，这时它并不是关于城市地区的规划，而是区别于其他政府规划的一个规划类型。城乡规划同样不是规划的全部，虽然可以使用不同的名称，其为人类活动提供地表空间分配方案的实质不会改变，还是需要与其他的规划进行协调整合。

对过去六十年城市规划下乡的背景、做法、经验、效果进行归纳，对不同阶段城市规划下乡所遇到的实际问题和政府推动工作的方式进行反思，目的是要寻找专业发展规律，加深认识城乡二元体制中政府规划干预的真正困难和问题。从专业发展角度看，乡村规划是城乡规划学科的重要组成部分，但是如何识别城市与乡村、乡村规划与城市规划的区别是什么、城市规划为什么能在乡村从事规划等问题需要学术上回答。

城乡规划学科建设中的乡村规划内容。

城乡规划学的二级学科研究方向包括六个方面，即区域发展与规划、城乡规划与设计、住房与社区建设规划、城乡发展历史与遗产保护规划、城乡生态环境与基础设施规划、城乡规划与建设管理。这并不是已经完成的情况，而是学科建设的目标建议。这些二级学科不仅名称存在误解，其专业内容曾经的归属情况也相当复杂。城乡规划与设计，可以理解为城乡规划、城乡设计，城乡规划分支放在城乡规划一级学科之中，逻辑上就有问题。对城乡设计与城市设计关系如何解释，也需要费不少口舌。因此，城乡规划与设计实际上是城乡规划与设计方案的编制。城乡发展历史，可以理解为在城市发展史基础上扩展而成的。比较而言，区域发展与规划，是地理学开设的城市规划专业的看家本领，而住房与社区建设规划，早在建筑学、经济学、土木工程开设的学科中涉及。城乡生态环境的内容更为宽泛，而建设管理属于建筑管理类学科，城乡基础设施规划属于市政类学科。比较而言，建筑学、地理学并无优势。因此，城乡规划一级学科是创办的过程，而不是原有城市规划的扩展过程。

就乡村规划研究而言，需要搞清楚众多的问题。什么是乡村规划？是乡村地区的规划，还是涉及乡村的规划？就规划主体而言，城市规划师在为谁编制规划？乡村规划应该由谁来编制？编制什么内容？为什么现在的村镇还没有找不到规划设计师的传统村镇那么精致？就与相关规划的关系而言，城乡规划中的乡村规划与乡村地区的规划是什么关系？就政府的作用而言，政府在乡村规划中发挥什么作用？如何将规划作为乡村治理的工具？政府部门与党委、市场主体、村民自治组织如何分工协作？

乡村规划只重视编制的做法是受到城市规划影响的。城市规划由于分工细致，专业人员区分了规划编制、规划管理，实施是管理工作者的事情。而乡村，特别是其中的村庄，往往没有专业管理。近年来政府主导的大量村庄规划仍旧是运动式的编制，虽然速度快、规模大，但是，对乡村的持续健康发展其实并无多大的实际作用。乡村规划是城乡规划的重要方面，重点研究乡村居民点的变迁规律。村庄和集镇是乡村居民点的主要类型，将村镇作为居民点研究，才能为管理单元的调整和政策对象的设计提供专业服务，科学规划才有可能。

学科的调整需要结合政府治理方式的革新，由学术界自主决定。从历史的长河看未来，在网络社会和生态文明时代，抓住新一轮国土空间规划改革的机会，推动新型城镇化过程中乡村居民点体系的重构，这是专业发展的机会，也是人居实践主体日渐觉醒的过程。要建立为乡村居民的全生命周期提供服务的基本理念，努力改变用城市规划主导乡村规划的局面，不能从思想上认为农村落后、小农落后，于是热衷于用大规模改造的方式搞乡村建设，急于见到效果。

在乡村规划从无到有的过程中，许多人普遍不明白一个道理，在很多情况下，过于细致的规划等于是无科学依据的规划。要求编制出一个长久甚至永久管用的规划，一张蓝图越是详细越好，最好画出每一幢房子，这种在计划经济条件下搞城市工业项目形成的思路，导致规划与现实不符合。即使在一个村落上的规划，画成那样都不一定能实现。这种规划方法，导致人们对于规划失去信心。从学术角度看，需要引入村庄规划实施效果评价的研究。

9.4 促进学科发展的规划

9.4.1 乡村规划不是一个学科

规划下乡是政府推动的独特实践。

规划下乡是世界范围的普遍现象，但是，并不存在一种趋同的理论方向。我国具有独特的国情，需要加强认识。发达国家的当代城市规划是“城市化后的规划”，对乡村地区的圈地早已完成，乡村更加需要保护。无论城市还是乡村，已经只有很少的建设量了。因此，规划理论社会科学化。而我国，在新中国成立初期还是一个农业大国，工业基础十分薄弱，城市化水平只有10%。我国的城乡规划只能是“城市化中的规划”，大量的城乡建设时刻都在进行，规划必须提供基本的技术服务。

发达国家长期实行市场经济体制，城市规划是“市场失灵的修正工具”，规划理论长期徘徊在市场机制与政府作用的悖论之中。我国长期实行计划经济，新中国成立之初，城市规划定位于“国民经济计划的具体化”，根本不可能考虑没有城市户口的农民。改革开放后，大量农村富余劳动力在城市没有任何准备时，进城打工和居住，其生产生活条件是可想而知的。乡村规划需要处理长期的二元经济社会政策带来的农民身份转变、非农产业发展、建设用地调整、房屋产权归属、文化传承等大量问题。因此，中西方城乡规划背景有巨大差异，需要有切实可行的符合中国实际的理论思想作为指导。

组织城市规划设计专业人员到乡村开展技术服务是政府部门干预乡村人居变迁的重大举措，也为专业发展提供了机会。经过六十多年的实践，乡村规划除了城市规划队伍下乡和由此带动的乡村本土智力的规划实践，还包括原有从事“三农”工作者的努力，以及后来生态、景观等相关专业逐步向乡村规划领域的延伸，内容相当丰富。回顾和分析乡村规划需要克服部门主义和学科偏见。城乡规划并不是规划的全部，需要与其他部门的规划进行协调；城乡规划涉及中央与地方的分工，需要在不同层级的政府规划之间取得平衡。过度关注土地空间资源保护，或者只会编制用地扩张规划；过度强调经济社会发展和乡村治理，或者只会编制物质环境建设规划，是不够的。需要多种规划手段的整合与部门的合作，共同为解决“三农”问题做出努力。

组织多方力量下乡编制规划，需要考虑编制成本、费用来源、支付方式等问题。乡村的人口密度低，地面物相对少，技术含量与城市不同，规划管理力量缺乏，因此，乡村的规划不能分步太多，完全可以一步到位。与此同时，外来规划智力需要与本土智力相结合，通过编制规划对当地的乡村规划员进行培训，促进规划的实施。因此，乡村规划是以现实问题为导向的不同学科专业参与的实践，并不是与城市规划对应的一个新的专业。

乡村振兴战略提出后，城乡规划、建筑学、风景园林等学科相关专业人员比以往更多地关注乡村，壮大了乡村的规划专业力量，提升了乡村人居领域的专业服务水平。但是，由于大多数专业人员，特别是长期从事城市工作的同行，接触乡村的时间不长，对于乡村规划的来龙去脉及其相关历史背景了解不多，在为乡村提供规划专业服务的过程中，也出现了一些共性问题。例如，普遍存在精英意识，对“三农”问题理解不深，不大善于与基层政府和农民自治组织打交道；习惯于用体型规划直接干预物质环境建设，对农民的财富积累、利益关系等问题重视不够；没有形成地表空间资源综合利用的理念，认为乡村建设规划就是分配建设用地；规划实施缺乏手段，对规划与设计和施工的结合、建设资金的筹措、土地权属纠纷等矛盾的处理没有经验等。于是，虽然规划设计师"下乡了"，但是，规划设计成果"不接地气、难以落地"。许多乡村规划成果还没有真正发挥作用，就束之高阁了。有关政府部门的官员和城市规划专家一边讨论乡村规划到底有没有用，一边要求所有乡镇都要编制新的规划。由于乡村居民点空间尺度小，在技术下乡过程中，规划与设计通常结合在一起。我们所讨论的规划下乡其实是规划与设计下乡的简称。放在人居实践视野，规划下乡的含义则更加宽泛。

乡村规划研究内容涉及众多学科。

从乡村规划研究领域和相关内容看，可以进一步理解为什么说乡村规划不可能成为一个学科。如果以县以下的管理单元作为乡村的空间范围，包括近 30000 个相对稳定的镇、乡，60 多万个陆续减少的行政村，300 多万个不断面临衰退的自然村，而且，就居民点体系而言，县城、建制镇、乡镇和村镇很难区分。从城乡规划编制角度看，在镇、乡层面，大部分都有一个规划，但是并没有达到指导建设的效果。村庄层面的规划则较少，估计 10% 左右。真正管用的乡村规划涉及众多学科，城乡规划学科需要有足够的吸引力才能发挥主导作用。

居民点意义上的村镇大多数是自然形成的，分布比较零乱，结构形态不合理，不仅韧性不足，基础设施和公共服务缺乏，或者配置不够合理，难以适应现代社会的生活改善。随着城镇化的发展，传统村落保护形势严峻。为发展旅游而进行的修复改造，有可能导致景观的破坏，原来的乡愁记忆也可能消失，甚至整个村庄消亡。在村镇重构过程中，不仅要对村镇形态的发展、村镇体系的时空演变进行分析，还要对农村各种资源配置的有效性进行研究和预测。这些任务需要组织不同专业共同完成。现实中的问题之所以长期得不到解决，就是对问题的认识停留在简单化、单一化的层面，解决方案急于求成。例如，乡村用地粗放浪费与技术落后、标准不统一、政策更新不及时等都有关，无法由用地管理部门单独解决。

乡村规划的未来研究方向包括人居实践的几乎所有方面。在最为基础的层面，要摸清楚村镇土地利用情况，进行监测、动态更新和管控。这样，村镇空间调整、村镇体系重构才有意义，各项基础设施和公共服务规划布局、建设模式和投融资，以及建成后日常使用维护等方面的研究才能深入。乡村发展要有产业支撑，需要从生态文明和网络社会新时代要求考虑产业发展。空心村和废弃土地的整治、村镇优化配置、农民上楼等问题都要从技术上研究，迫切需要标准数据平台的支撑。

在目前城乡规划学科规划中，乡村规划内容没有单独提出，而是安放于城乡规划与设计之中。乡村规划不是二级学科，而是城乡规划与设计学科的主要研究方向之一。城乡规划与设计主要研究方向包括三个，即城市规划理论与方法、城市设计、乡村规划。研究内容包括城市规划与设计、城乡规划理论、城市设计、乡村规划与设计、城乡景观规划、新技术应用。同时，在分支学科的建议中，大多使用“城乡”代替以往的“城市”，以体现城乡统筹的内涵。将乡村内容隐藏在城市之中，其本质是淡化空间尺度，以及城市与乡村空间的差异性。

9.4.2 乡村规划研究的科学化

关注乡村生活的基本单元。

居民点的识别必定与人口规模和用地性质建立最直接的联系，在此基础上，再根据人口的密度或聚居程度，以及建设用地分布情况进行分类定档。根据《城镇建设用地分类与规划建设用地标准》GB 50137-2011，城乡居民点用地包括城市建设用地、镇建设用地、乡建设用地和村庄建设用地。城市建设用地是城市和县人民政府所在地镇内的建设用地，镇建设用地指“非县人民政府所在地镇”的建设用地，乡建设用地指“乡人民政府驻地”的建设用地，村庄建设用地指农村居民点的建设用地。在新技术条件下，常用的方法是利用遥感数据集或人口密度等社会经济信息，从不同的空间尺度进行分析，进一步将实体居民点的功能与形态两个方面的特征结合，不断提高精度。

从以人为本的角度，我们更加关心居民点识别的目的。城镇的人口和用地规模大到一定的程度，就构成一个完整的居民生活基本单元，或者称为完整社区。规模的不断扩大增加了基本单元的数量，同时增加了居民生活的选择性。村庄规模太小，需要向上一级居民点寻求各种服务，才能满足村民现代社会生活的基本需要。各类农村中心，包括中心村、农村集镇、小城镇，乃至县城和小城市，其繁荣程度，离不开所服务的周围村庄。因此，乡村居民点所形成的村镇体系与城镇体系不在同一个层次，村镇体系的联系属于满足居民基础层次需要的日常生活。单独编制村庄规划，不论是行政村还是自然村，都是困难的。即使是集镇，也难以独自确定规划目标。即使将现有的乡镇作为一个规划单元，重视小城镇发展，也不意味着每一个乡镇都能得到大发展，更不是指每一个已有的小城镇都能成为未来的城市。

通过对城市规划下乡的历史回顾，可以看到，如果规划不考虑乡村居者生活的基本单元，只考虑单个居民点发展，必定出现局部之和大于整体的严重问题。乡村规划不能以点论点。“就村论村、就镇论镇”，等于将乡村居民点内在的有机联系切断了。村庄规模太小，功能过于单一，生活质量的提高离不开不同等级的乡村中心。村庄的保留与迁建，不可能由一个部门规划决定，需要综合的政策设计。乡村规划要重视乡土文化脉络的传承，从城、镇、村共同构成的体系观察乡村居民点变迁规律。规划编制方法应当提供建设、保护、复耕等多种不同的“套餐”，而不是用一个万能的模式。居民点体系是逐步形成的，人为地选取某一类居民点作为发展重点，都是超出规划能力的干预。

关注乡村居住空间的客观性。

乡村振兴是中华民族伟大复兴的重要内容，强调的是乡村全面发展。乡村全面发展需要乡村人居环境的支撑，乡村人居环境的改善必须更好地满足使用者日益增长的需要。在国家工业化、城市化和现代化的过程中，农民的居住环境已经发生了根本的变化，在网络社会和生态文明时代有什么新的要求，专业上试图提供什么样的人居环境，如何才能从根本上改善乡村社会状况，建设宜居的可持续发展的乡村人居环境，值得深入地思考。

总体而言，建筑学背景的乡村规划研究大多从物质空间入手，注重布局形态、建筑形式，个案研究较多，缺乏完整的理论研究框架。随着多学科的介入，社会空间、生产空间的变迁，基于大数据的居民满意度调查，文化传承、功能更新与空间活化结合，保护与发展并重等成为研究内容。地理学背景的乡村规划研究，从描述性探讨，到以计量学、空间分析为支撑的形态研究、社会空间演变和转型发展的研究，开拓了新路径。但是，乡村规划研究的成果仍旧以解释现状为主，对规划干预的科学依据研究不够。

乡村人居物质环境的全面改善，必须提倡回归人的基本空间需求。呼吸是人的第一需要，是生命的象征，对空气质量的要求实际上超过任何其他需求。在很多情况下，乡村的空气质量普遍好于大城市，是乡村人居环境的优点之一。但是，因为这个需求由自然界提供，随手可得，反而常常被人们忽略。吃喝是人的另一基本需求，在进行任何超过进食时间间隔的活动中，这都是需要考虑的基本问题。因此，提供生产粮食和制作食品的地方是一个现实居住环境中必须考虑的问题。住宅中的厨房、社区里的餐馆、菜市场，基本农田保护和蔬菜基地建设和供应通道，对于居民日常生活才是最为重要的。水源地的保护、燃料的供应渠道，都是规划的强制性内容。这些内容都需要通过乡村规划才能最终落实。

人的其他基本需要也都与乡村规划有关。例如睡眠，虽然不同人的休息习惯不完全一样，但最基本的是噪声、光线、味道等环境因素的控制。保温相对来讲没有上述需要来得致命，因为提供的途径较多，因时间和地点变化较大。但对北方地区和特定的具体人也是随时随地必须考虑的。排污是文明的基本方面，进行垃圾处理、设置公共厕所、控制排放污染源十分重要，对提高日常生活质量意义重大。从日常劳作讲，还必须考虑人在日常生活规律范围内和特定交通工具条件下的可达性。农民上楼就要考虑与耕作半径的关系，不能用城市的标准直接强加给农村建设。只有放弃形式主义的追求，让基本需要得到更好的满足，乡村的居住体验才能提高品质。乡村规划要回归人本真的空间需求，才能与城市规划形成互补。

由于农村的产业非农化、工业化，乡村生活城镇化，原先的农民被分化为多种从业群体。从未来发展的方向看，乡村的居住者也不一定是农民，不再具有“同质性”。他们可能是原来的农民，可能是已经到城市工作又要随时回乡的人，也可能是从城市到乡村居住的人或来到乡村工作的人，也可能是旅游者或短期来乡村居住的人。

中国式的城镇化是不完整的，因为进入城市的乡村劳动力并没有得到与城市居民一样的社会服务。反之，要求人才流动到乡村工作和居住，促进乡村振兴，缺乏相关的政策支持。这两种情况普遍忽视了家庭生活对于普通人的重要性。家庭的完整性对个体生存影响重大，如果家庭出现问题，就需要他人或社会的帮助。家庭的大小是社会形态的基础，农业文明与工业文明不同，网络社会和生态文明需要对此重新认识。乡村规划服务的对象是所有在乡村居住的人及其家庭。

日常生活的居住单元、个体和家庭的空间需要构成两个有科学意义的研究对象。其中，个体活动所需要空间的客观性是人居科学的基础，个体活动的需要又受到家庭生活的影响。只有为所有的乡村居者，不论他们是半城市化的，还是乡村城市化的传统农民，还是新选择到乡村居住的人，提供他们需要的空间环境条件，城市和乡村才能形成吸引力。这不仅是居住方式的问题，而是城镇化过程中的生活质量问题。

乡村规划对学科理论研究的启示。

近年来，我国城乡规划领域逐步开始重视规划历史和理论的研究，这是学科成熟的标志。例如，中国城市规划学会组织编写了《城乡规划学学科史》，中国城市规划设计院组织编辑出版了新中国城市规划的一些史料，还有一批区别于建筑史的城市规划相关历史档案得到了整理。但是，对乡村规划的发展还缺乏认真地回顾和反思，导致不少规划师认为自己到乡村从事规划是开拓性质的。

对于历史在人类自我认知中的重要性是没有争议的，而关于历史学如何成为可能就有了很多不同的看法。按照 19 世纪德国历史学大师兰克的观点，历史学既是科学，也是艺术。历史学是有关收集、查寻、洞悉的一门科学，但又区别于自然科学，它不满足于记录找到的东西，它需要重现和描绘认识了的事物。因此，历史是关于现实的诗歌。[①] 用一种先入为主的意图有选择性地查找事实，不同于发现大量事实后进行的思考。历史学是历史事实与历史学家的互动，是现在与过去的交流。这是永无止境的过程。没有事实的历史学家是无根之木，没有历史学家的事实则是一潭死水，毫无意义。[②] 规划的理论研究，需要从历史学家的视角出发，对规划的

① （德）兰克著．于文，译．陈新，校．论历史科学的特征（1830 年代手稿），见刘北成，陈新．史学理论读本 [M]. 北京：北京大学出版社，2006：3-13.

② 卡尔．历史是什么 [M]. 吴柱存，译．北京：商务印书馆，1981：第一章．

历史事实进行反思。

对规划的期望，不应当超过历史上规划的实际作用。规划好坏的衡量，并不完全取决于对未来的预测能力，而是对不确定的客观现实的应变能力。事实上，城乡规划专业仍处于“咨询者”的地位，只不过“雇主”从皇权、神权和资本，换作了地方政府、部门和企业。虽然也有了公众参与或代言沟通程序的尝试，但是，总体上讲，仍旧徘徊在形体设计和综合政策两个传统的夹缝之中。规划专业共同体日益多元化，城乡规划师在实践中面临多重人格的困境。

不可否认，规划理论的基础极其薄弱。将主要来自西方城市化后的规划理论，用于指导中国的实践，不仅依据不足，有时甚至互相矛盾。例如，空间演化理论认为，市场机制决定要素的集聚和扩散，政府干预能够发挥的作用缺乏评价的手段。新经济地理学基于规模经济和运输成本相互作用理论，揭示市场规模与产业集聚存在内在关联。但是，我国的乡村长期实行二元的户口和土地制度，特有的经济社会政策无法用市场经济条件下形成的理论作解释和指导。

规划理论只能强调规划方法论的一致性。例如，规划作为公共的和政治的决策，是确定未来发展目标及其实施方案的理性过程；综合性空间规划是经济、社会、环境和形态的协调发展；规划既是科学又是艺术，但受到价值观念的影响。这些方法论意义上的共识，当然是涵盖西方和东方、城市和乡村的。但是，对理性过程、协调方式、价值观的理解决定理论的现实意义。

在传统社会里，“柴门老树”“村头井边”是许多中国农民一生的空间经历，离开故土之人称为“游子”，其行为乃是“背井离乡”。随着交通条件和通信工具的快速改善，人类的迁移速度和范围都今非昔比了，“天下这么大，我想去看看”，成为几乎所有人的共同呼声，包括“乡下人”。这种情况下，乡村指的是什么？需要从理论研究上进行认真的思考和界定（图 9-1）。否则，居者与空间可能错位，规划就没有了真正的服务对象。

即使明确了服务对象，还有一个干预方式的问题。学术界由于长期囿于建筑工程的传统思维，对于空间意识的变迁显然还是十分模糊的。因而对于干预的方式习惯于物质环境形体设计。实际上，从人居实践角度进行的规划理论思考和建构，完全可以是多元的、广义的（图 9-2）。

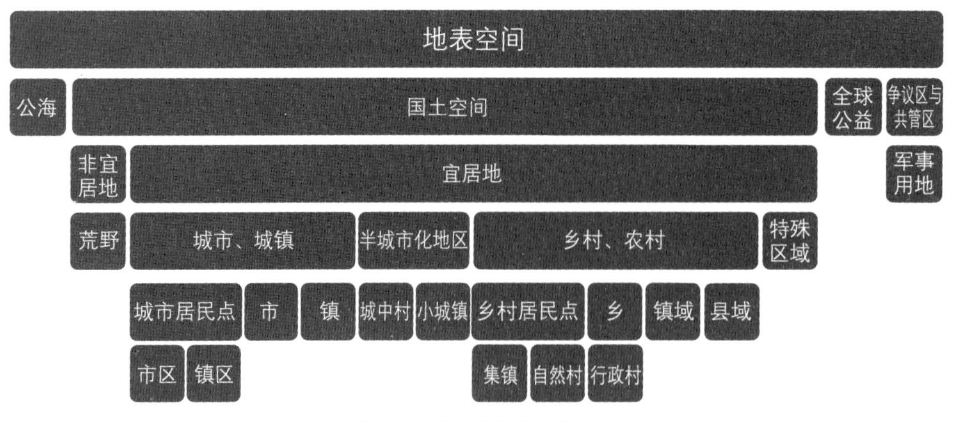

图 9-1　国土空间中的乡村

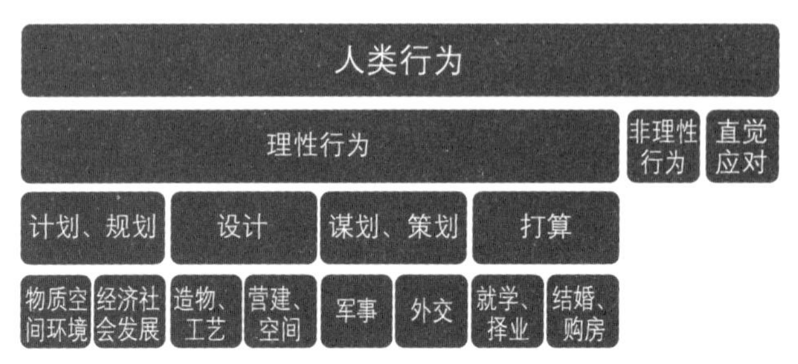

图 9-2　人类行为中的规划

最后，必须指出，在目前的国际政治构架下，全球统一的人居行动只是一个幻想。空间有关的规划实践属于国家的治理，而国家的空间大小、资源状态、经济发展水平、政治制度、社会历史文化、宗教信仰等有巨大的差异，发达国家不可能放弃优越舒适的环境资源条件。因此，我们真正需要的规划理论必定是中国的。它们是由我国国情条件所限制的，在新时代中国特色社会主义思想指导下全面建设社会主义现代化国家过程中所产生的。这也是我国的乡村规划实践对城乡规划学科建设和规划理论研究方向提供的启示。

参考文献

[1] 中共中央宣传部理论局 . 马克思主义哲学十讲 [M]. 北京：学习出版社，党建读物出版社，2013.

[2] 何兴华 . 人居科学：一个由实践建构的科学概念框架 [J]. 人居科学学刊，2016（4）：39-47

[3] TURNER J. Channels and community control[M]// D CADMAN, G PAYNE. The living city.London: Routledge, 1990.

[4] 中国农业百科全书总编辑委员会农业经济卷编辑委员会，中国农业百科全书编辑部 . 中国农业百科全书：农业经济卷 [M]. 北京：农业出版社，1991.

[5] 周一星 . 城市地理学 [M]. 北京：商务印书馆，1995.

[6] 郑弘毅，等 . 农村城市化研究 [M]. 南京：南京大学出版社，1998.

[7] 城乡规划学名词审定委员会 . 城乡规划学名词 [M]. 北京：科学出版社，2020.

[8] 何兴华 . 中国人居环境的二元特性 [J]. 城市规划，1998（2）：38-41.

[9] 琼・希利尔，帕齐・希利 . 规划理论传统的国际化释读 [M]. 曹康，等译 . 南京：东南大学出版社，2017.

[10] 孙施文 . 现代城市规划理论 [M]. 北京：中国建筑工业出版社，2007.

[11] 何兴华 . 城市规划中实证科学的困境及其解困之道 [M]. 北京：中国建筑工业出版社，2007.

[12] 何兴华 . 从建设部优秀设计评比看村镇规划设计与城市规划设计的异同 [J]. 建筑学报，1989（12）：20-22.

[13] 中国城市规划学会 . 中国城乡规划学学科史 [M]. 北京：中国科学技术出版社，2018.

[14]《住房和城乡建设部历史沿革和大事记》编委会 . 住房和城乡建设部历史沿革和大事记 [M]. 北京：中国城市出版社，2012.

[15] 吴良镛 . 人居环境科学导论 [M]. 北京：中国建筑工业出版社，2001.

[16] 何兴华 . 城市规划下乡六十年的反思与启示 [J]. 城市发展研究，2019（10）：1-11.

[17] 李强 . 中国城市农民工劳动力市场研究 [J]. 学海，2001（1）：110-115.

[18] 田莉 . 城乡统筹规划实施的二元土地困境：基于产权创新的破解之道 [J]. 城市规划学刊，2013（1）：18-22.

[19] 全国干部培训教材编审指导委员会 . 从文明起源到现代化——中国历史 25 讲 [M]. 北京：人民出版社，2002.

[20] 何新 . 中国文化史新论——关于文化传统与中国现代化 [M]. 哈尔滨：黑龙江人民出版社，1987.

[21] 李泽厚 . 中国古代思想史论 [M]. 北京：人民出版社，1986.

[22] 陈吉元，陈家骥，杨勋 . 中国农村社会经济变迁 1949-1989[M]. 太原：山西经济出版社，1993.

[23] 秦晖 . 耕耘者言 [M]. 济南：山东教育出版社，1999.

[24] 费孝通 . 乡土中国 [M]. 北京：三联书店，1985.

[25] 秦晖 . 农民、农民学与农民社会的现代化 [J]. 中国经济史研究，1994（1）.
[26] 孙达人 . 中国农民变迁论 [M]. 北京：中央编译出版社，1996.
[27] 周晓虹 . 传统与变迁 [M]. 北京：三联书店，1998.
[28] 葛兆光 . 宅兹中国—重建有关“中国”的历史论述 [M]. 北京：中华书局，2011.
[29] 齐涛 . 中国通史教程 [M]. 济南：山东大学出版社，1999.
[30] 秦晖 . 农民中国：历史反思与现实选择 [M]. 郑州：河南人民出版社，2003.
[31] 张岂之 . 中国历史（元明清卷）[M]. 北京：高等教育出版社，2001.
[32] 史仲文，胡晓林 . 中国清代经济史 [M]. 北京：人民出版社，1994.
[33] 秦晖 . 中国历史上，何来如此深仇大恨 [Z]. 明清书话公众号，2021-03-21.
[34] 周振鹤 . 中国历代行政区划的变迁 [M]. 北京：商务印书馆，1998.
[35] 孙华 . 传统村落的保护与发展 [Z]. 乡村规划与建设公众号，2016-06-03.
[36] 住房和城乡建设部 . 中国传统民居类型全集（上中下）[M]. 北京：中国建筑工业出版社，2014.
[37] 吴良镛 . 中国人居史 [M]. 北京：中国建筑工业出版社，2014.
[38] 全国农业区划委员会中国农业资源与区划要览编委会 . 中国农业资源与区划要览 [M]. 北京：测绘出版社，工商出版社，1987.
[39] 彭一刚 . 传统村镇聚落景观分析 [M]. 北京：中国建筑工业出版社，1992.
[40] 何新 . 诸神的起源 [M]. 北京：三联书店，1986.
[41] 王贵祥 . 东西方的建筑空间 [M]. 北京：中国建筑工业出版社，1999.
[42] 汪德华 . 中国城市规划史纲 [M]. 南京：东南大学出版社，2005.
[43] 希克 . 宗教之解释 [M]. 王志成，译 . 成都：四川人民出版社，1998.
[44] 梁漱溟 . 梁漱溟全集（第四卷）[M]. 济南：山东人民出版社，1989.
[45] 郑大华 . 民国乡村建设运动 [M]. 北京：社会科学文献出版社，2000.
[46] 中共中央党史研究室 . 中国共产党历史 [M]. 北京：中共党史出版社，2011.
[47] 费孝通 . 江村经济 [M]. 南京：江苏人民出版社，1985.
[48] 袁镜身，冯华，张修志 . 当代中国的乡村建设 [M]. 北京：中国社会科学出版社，1987.
[49] 中共中央文献研究室 . 毛泽东著作专题摘编 [M]. 北京：中央文献出版社，2003.
[50] 中共中央党史研究室 . 中国共产党的九十年 [M]. 北京：中共党史出版社，党建读物出版社，2016.
[51] 梁书升 . 乡镇企业发展与农村小城镇建设 [Z]. 全国乡镇长小城镇建设学习班材料，1986.
[52] 郭书田，刘纯彬，等 . 失衡的中国 [M]. 石家庄：河北人民出版社，1990.
[53] 国家基本建设委员会农村房屋建设调查组 . 农村房屋建设 [Z]. 1975.
[54] 国家建委建筑科学研究院 . 农村房屋建设调查（专辑）[Z]. 1975.
[55] 本书编写组 . 改革开放简史 [M]. 北京：人民出版社，中国社会科学出版社，

2021.
[56] 何兴华 . 中国村镇规划：1979-1998[J]. 城市与区域规划研究，2011，4（2）：44-64.
[57] 国家土地管理局土地利用规划司 . 全国土地利用总体规划研究 [M]. 北京：科学出版社，1994.
[58] 湖北省村镇规划公建定额指标编制组 . 湖北省村镇规划公建定额指标 [M]. 武汉：湖北科学技术出版社，1985.
[59] 南北方课题研究组 . 当前我国村镇发展趋势和对策——南北方农业区村镇发展特点规律技术经济政策和规划建设试点研究综合报告 [Z]. 1987.
[60] 冯华，杜白操，王振萼 . 国外村镇建设资料集 [Z]. 中国建筑技术研究院，1985.
[61] 高承增 . 当前村镇规划工作中的几个问题 [Z]. 嘉定：全国村镇建设学术讨论会交流资料，1983.
[62] 中国建筑中心村镇所，建设部村镇建设试点办，清华大学建筑学院 . 国际村镇建设学术讨论会论文选集 [Z]. 1991.
[63] 城乡建设环境保护部 . 村镇建设技术政策要点 [Z]. 1983.
[64] 中国建筑科学研究院农村建筑研究所 . 村镇规划讲义 [Z]. 1982.
[65] 何兴华 . 规划学在乡村开花结果——村镇规划 10 年回顾与初步展望 [J]. 村镇建设，1992（2）：12-15.
[66] 叶舜赞，孙俊杰 . 为实现农村现代化开展农村居民点地理研究 [Z]. 中国科学院地理研究所，1979.
[67] 高承增 . 十年来村镇建设的学术研究 [J]. 建筑学报，1989（12）：23-26.
[68] 王育坤，等 . 中国：世纪之交的城市发展 [M]. 沈阳：辽宁人民出版社，1992.
[69] 李梦白，胡欣，等 . 流动人口对大城市发展的影响及对策 [M]. 北京：经济日报出版社，1991.
[70]《农村乡镇发展研究》课题组 . 乡镇发展：独特的历史难题与严峻的现实抉择——2000 年中国农村乡镇发展研究报告 [Z]. 1987.
[71] 王远征 . 什么样的城市化 . 中国经济时报"新视点"专栏 [Z]. 2000.
[72] 王凡 . 论小城市的理性和生命力 . 在广西小城市建设和发展座谈会上的讲话 [Z]. 1989.
[73] 费孝通 . 论中国小城镇的发展 [J]. 中国农村经济，1996（3）：3-5.
[74] 费孝通 . 小城镇四记 [M]. 北京：新华出版社，1984.
[75] 温铁军 . 中国小城镇发展中的农村产权制度问题 [Z]. 农村小城镇建设用地制度改革研讨会论文，1997.
[76] 何兴华 . 小城镇发展战略的由来及实际效果 [J]. 小城镇建设，2017（4）：100-103.
[77] 国家土地管理局，小城镇土地使用和管理制度改革课题组 . 中国小城镇土地使用和管理制度改革调研报告 [Z]. 1997.
[78] 李兵弟，张文成 . 三农问题与村镇建设 [M]. 北京：中国建筑工业出版社，

2006.
[79] 建设部课题组 . 小城镇规划管理研究 [Z]. UNDP 资助课题，1997.
[80] 何兴华 . 小城镇规划论纲 [J]. 城市规划，1999（3）：8-12.
[81] 邹德慈 . 城市规划导论 [M]. 北京：中国建筑工业出版社，2002.
[82] 俞燕山 . 中国小城镇发展问题研究 [M]. 北京：中国农业大学出版社，2001.
[83] CHRISTALLER W. Central Places in Southern Germany[M]. Englewoods N.J. : Prentice-Hall, 1933.
[84] ESCAP. Guidelines for rural centre planning, 3[M]. New York: UN, 1979.
[85] ESCAP. Guidelines for rural centre planning: Rural industrization & organizational framework for RCP[M]. New York: UN, 1990.
[86] 张军 . 小城镇规划的区域观点与动态观点 [J]. 城市发展研究，1998（1）:18.
[87] 赵晖，等 . 说清小城镇：全国 121 个小城镇详细调查 [M]. 北京：中国建筑工业出版社，2017.
[88] 温铁军 . 农村城镇化进程中的陷阱 [J]. 战略与管理，1998（6）:43-55.
[89] 吴良镛 . 关于城乡建设若干问题的思考 [J]. 建筑师，1983（1）31-45.
[90] 王凯，林辰辉，吴乘月 . 中国城镇化率 60% 后的趋势与规划选择 [J]. 城市规划，2020（12）:9-17.
[91] 国务院研究室课题组 . 中国农民工调研报告 [M]. 北京：中国言实出版社，2006.
[92] 王春光 . 社会流动和社会重构——京城“浙江村”研究 [M]. 杭州：浙江人民出版社，1995.
[93] 柯兰君，李汉林 . 都市里的村民——中国大城市的流动人口 [M]. 北京：中央编译出版社，2001.
[94] 住房和城乡建设部政策研究中心 . 移居城镇的农民住房问题研究 [Z]. 国家软科学研究项目报告，2008.
[95] 建设部课题组 . 城中村规划建设问题研究 [M]. 北京：中国建筑工业出版社，2007.
[96] 晏群 . 关于开展市(县域)规划的若干问题的思考 [J]. 城市规划,1991(5):25-27.
[97] 联合国人居中心（生境）. 全球人类住区报告 1996：城市化的世界 [M]. 沈建国，于立，董立，等译 . 北京：中国建筑工业出版社，1999.
[98] 赵民，游猎，陈晨 . 论农村人居空间的“精明收缩”导向和规划策略 [J]. 城市规划，2015（7）:9-18.
[99] 王国刚，刘彦随，王介勇 . 中国农村空心化演进机理与调控策略 [J]. 农业现代化研究，2015（1）:34-40.
[100] 刘彦随，刘玉 . 中国农村空心化问题研究的进展与展望 [J]. 地理研究，2010（1）:35-42.
[101] 史英静 .“中国传统村落”的概念内涵 [Z]. 乡村规划与建设公众号，2020-

04-27.
[102] 白正盛 . 实用型村庄规划理念与方法 [J]. 城市规划，2018（3）.:59-62
[103] 贺雪峰 . 乡村振兴要充分考虑进城农民的期待与顾虑 [Z] . 新三农公众号，2020-12-26.
[104] 冯骥才 . 传统村落的困境与出路 [Z]. 建筑联盟公众号，2016-07-17.
[105] 张松 . 作为人居形式的传统村落及其整体性保护 [J]. 城市规划学刊，2017（2）:44-49.
[106] 何兴华 . 管治思潮及其对人居环境领域的影响 [J]. 城市规划，2001（9）：7-12,20.
[107] 丁志刚，王杰 . 中国乡村治理 70 年：历史演进与逻辑理路 [Z]. 新三农公众号，2020-10-02.
[108] 顾朝林，张晓明 . 论县镇乡村域规划编制 [J]. 城市与区域规划研究，2016(2)：1-13.
[109] 何兴华 . 振兴乡村的探索及其启示 [J]. 建筑师(乡村复兴专刊)，2016(183)：30-37.
[110] 贺雪峰，董磊明 . 中国乡村治理：结构与类型 [J]. 经济社会体制比较，2005（3）：42-50.
[111] 郐艳丽 . 我国乡村治理的本原模式研究 [J]. 城市规划，2015（6）：59-68.
[112] 恩斯特・卡西尔 . 人论 [M]. 甘阳，译 . 上海：上海译文出版社，1985.
[113] 同济大学城市规划教研室 . 中国城市建设史 [M]. 北京：中国建筑工业出版社，1982.
[114] 何兴华 . 人居与科学概念可能的组合 [J]. 人居科学学刊，2020（3）：13-21.
[115] 王兴平 . 以家庭为基本单元的耦合式城镇化：新型城镇化研究的新视角 [J]. 现代城市研究，2014（12）：88-93.
[116] 金其铭 . 中国农村聚落地理 [M]. 南京：江苏科学技术出版社，1989.
[117] MARIOS C. Planning theory and philosophy[M]. London & New York：Tavistock Publications，1979.
[118] 周一星，史育龙 . 建立中国城市的实体地域概念 [J]. 地理学报，1995（4）：289-301.
[119] 段进，季松，王海宁 . 城镇空间解析——太湖流域古镇空间结构与形态 [M]. 北京：中国建筑工业出版社，2002.
[120] 张浩龙，陈静，周春山 . 中国传统村落研究述评与展望 [J]. 城市规划，2017（4）：74-80.
[121] 张京祥，姜克芳 . 解析中国当前乡建热潮背后的资本逻辑 [J]. 现代城市研究，2016（10）：1-8.
[122] 刘北成，陈新 . 史学理论读本 [M]. 北京：北京大学出版社，2006.
[123] 卡尔 . 历史是什么 [M]. 吴柱存，译 . 北京：商务印书馆，1981.

后记

我与乡村有情缘。我生长在苏南农村，对农村生活比较熟悉。从耕读小学（实际就是个托儿所）读书开始就有“农忙假”，假期结束回校时要报告干活情况，生产队出具证明。高中毕业后回村务农，因为“文革”后期我父亲遇到暂时困难，我算是家里唯一的男劳力，绝大多数农活基本上都干过。与其他的乡下孩子一样，我也向往城市，认为“跳出农门万丈高，脱离农业样样好”。比他们幸运的是，因为恢复高考，我梦想成真。我学习的是建筑学专业，接受了“学院派”式的形体训练，做毕业设计时选择了城市规划与设计方向。毕业后，我被分配到国家城市建设总局，认为这下真的“跳出农门”了。然而，报到时才知道，国家城市建设总局已在改革中撤销，我被安排到新组建的城乡建设环境保护部乡村建设管理局规划设计处实习，据说那里更需要规划设计专业人才。

我的心情是复杂的。一方面，建筑学专业的学生，不要求“摇笔杆子”，而要会“设计房子”，进了“大机关”，没有直接设计房子的机会了，却必须经常草拟各种公文。另一方面，在中央国家机关工作有很多到全国各地出差或者到地方实习的机会，这又是我梦寐以求的。参加工作不久，我就跟着领导跑了近20个省市区，被借调到国家民族事务委员会筹备会议半年，并被下派到浙江省绍兴县建设局工作一年，其中半年在华舍乡“解剖麻雀”，另外的时间在全县乡镇调查，回京前还被安排到省城乡规划设计研究院实习。我曾经作为处领导，分管村镇规划设计工作10年，后来又作为司领导同时分管城市规划和村镇规划，站在城市与乡村两种规划的“接缝”上，并有机会挂职担任厦门市规划局党组书记和局长，“零距离”接触规划管理。回京后，我分管规划管理，主要参与《城乡规划法》制定过程中的一些协调工作。因此，我是城市规划下乡和城乡规划统筹工作的亲历者。

学术是我的业余爱好。正如大多数学习建筑学和城市规划的同行，我是一个重实际效果的人，信奉“行胜于言”“学以致用”“知行合一”。但是，我多少有一些“文字障”，主要表现为，喜欢阅读有一定“学术浓度”和“理论深度”的文章。这两者是有矛盾的，这个矛盾在我以往的工作经历中多次出来“为难于我”，主要是不断重复出现机会，可以在“官”与“学”之间进行选择。之所以选择继续在公务员岗位上工作，既有更重“行”的意思，也有天性中比较慵懒的成分。虽然在机关工作，我一直希望自己保持专业兴趣，争取抓住每个学习机会。在老一辈专家和领导的指导下，我在出差调研或参加重要会议后，通常会在公务之余，整理专业的学习体会，逐步在农村建筑、村镇规划、小城镇建设、乡村人居环境综合改善等方面有了一些“原始的积累”。例如，在绍兴县华舍乡工作的时候，我就结合编制乡总体规划草案，写了 2 万多字的基层工作随笔，清晰地形成了村镇体系的观点，以及规划业务与乡镇管理相结合的思路。

改革开放使得我有了更多的学习机会。我曾参加联合国人居中心（UNCHS）举办的住宅培训班，先后在亚洲理工学院和鲁汶大学进修，并对浙江省萧山县红山农场作了实例研究。由于农场的特殊性，我开始意识到政策对象的概念。我应邀参加了在伊朗德黑兰召开的农村中心规划国际会议，在会上展示了中国乡村中心规划的组织结构。后来，在司领导鼓励下，我申请到了英国文化委员会（BC）的奖学金，赴伯明翰大学公共政策学院住房政策专业读硕士研究生，对政府在住房政策中的不同角色进行了比较研究。回国后，我还承担了联合国开发计划署（UNDP）资助的课题“小城镇规划与管理研究”。因此，我把自己看作“业余的学术爱好者”。

从公务员成长的角度看，我是非常顺利的，但是我的“文字障”提醒我，再不抓紧学习，就“落伍”了。于是，我拟定了一个大致的写作计划，要求自己结合分管业务工作平均每年写一篇学术文章，每十年能够形成一本书。这样，围绕人居、城市和乡村三个题材写三本书。虽然每年写一篇学术文章的目标基本实现，但是，关于写书的事情，却迟迟没有真正启动。世纪之交，我决定申请到清华大学在职攻读城市规划与设计专业博士学位，写“第一本书”（博士论文）。期间，我曾在美国波特兰大学短期进修，有一天在中国餐馆吃饭，店老板为吸引顾客，送大家一道点心，为每位客人准备了一个小糕饼，每个小糕饼中间有一个卷着的小纸条，每个小纸条上写着一句“忠告”。我抽到的纸条上写着“Don't always write an introduction, start chapter one now!”（别老写导论了，开始写第一章吧！）。

这个无意的提醒，让我终生难忘。多年来，我确实老是在构思提纲，写着导论。也许是命中注定我要写些东西才会心安理得，经过几年的努力，我终于在2006年写出博士论文，通过答辩，并于翌年出版了第一本书。此后，我继续思考人居认知框架。由于涉及内容太多，同时构思乡村规划一书的写作，希望在城市和乡村两本书的基础上再完成关于人居的专著。从整个乡村规划而言，与自身工作有关的经历，只不过是微不足道的局部。但是，由于工作分工的原因，我对政府部门组织城市规划下乡过程知道得多一些。另外，我有一些长期积累的资料，对于它们我一直想处理又没有足够的精力。

凑巧的是，2011年秋，我因习练太极拳传统套路不得要领，导致右膝重伤，多家医院都建议我手术治疗。当时，考虑到自己双盘打坐二十多年，半月板早已变形，而且年近半百，膝盖有所老化，手术可能造成新的创伤。经过咨询中医，认为可以尝试保守疗法，但要坚持“不负重运动”，需有足够的耐心，多年方可见效。为了不影响单位工作的正常开展，也是为了有更多可以自己掌握的时间，我于2012年9月为部工作满30年后向组织申请提前退休，直到2015年3月终于得到批准。其间，虽然右膝的伤得到一定的恢复，但是仍不能久行和负重。从此，我边养伤，边写作，开始了无利、无名、无功的“三无学术”。我虽然是退休公务员，但是个“学术理想主义者”。退休使得我可以自主地安排时间，摆脱了部门主义的束缚和学科的偏见，相对安静、独立地思考一些问题，专心做一些力所能及的研究。在这种状态下，把多年来想做又一直没有时间做的事情做了，是再恰当不过的了。因此，我对城市规划下乡回顾的动力起因来自于工作经历和积累，成书归因于提前退休。

早在1992年，我就在《村镇建设》杂志上发表了“规划学在乡村开花结果”一文，对十年村镇规划实践进行了简要回顾和初步展望。2011年，应《城市与区域规划研究》杂志组稿要求，撰写了“中国村镇规划:1979—1998”一文。2016年，南京大学教授赵辰为《建筑师》杂志编辑“乡村复兴”专集，约我写了一篇“振兴乡村的探索与启示”。

2017 年，我接受中国城市规划学会小城镇规划学术委员会秘书长的访谈，对“小城镇发展战略的由来及其实际效果”进行了回顾，发表在《小城镇建设》杂志。2018 年，在苏州召开的“首届水网地区城乡发展与规划国际会议”上，就“规划下乡六十年”作了报告，后接受约稿，整理成文章“城市规划下乡六十年的反思与启示”，发表在《城市发展研究》杂志。这本书是在上述工作基础上所作的延伸，主要是与自己的工作经历相关的积累与思考，可以看作一种长期的“参与式研究”。之所以采取现在这种表达形式，是因为写成历史书，资料不够；写成理论书，功力不足。

我经常想，起心动念，要写三本书，本身就是一个“愚蠢的”事情，但我还是坚持写了。之所以这样，与我每个阶段遇到的人和事是分不开的。需要和兴趣是最好的老师，始终带着问题工作和学习，就像有种动力一直在驱使。但是，机遇和环境同样是实现梦想的重要条件。如果没有“贵人相助”，自己无法完成这项任务。总的来讲，我的生活、学习和工作经历是十分幸运的，我不仅自己“从农村进入城市”“从中国走向世界”，组织分配的工作也体现了“城镇化”“国际化”进程。在公务之余，我曾被选为中国城市规划学会、中国建筑学会、中国城市科学研究会的常务理事，中华海外联谊会、中国国际科技合作协会的理事，被聘为福建省人民政府顾问、中国市长研修学院客座教授等。这为我从多个角度观察关心的问题，为写作资料积累提供了必要的条件。更重要的是，我在每一个阶段都遇到了关心爱护年轻人成长的领导，他们为我创造了大量的工作和学习机会。即使是退休后，除了做好组织上分派的工作外，导师吴良镛先生邀请我担任他主编的中国大百科全书（第三版）《人居环境科学》学科卷的编委，老领导仇保兴先生邀请我担任中国城市科学研究会的咨询专家，泛华集团、中国建筑科学研究院、中国市长研修学院、清华大学团委、深圳大学建筑与规划学院等为我提供了从多个从不同角度接触城乡规划专业实践的机会。

现在，我已经基本上完成了三本书，就算是向自己的一个交待，也算是“不忘初心”吧！本书付印之际，首先感谢养育我的父母，他们都不可能看到我写的书了。但是，他们在生活条件艰苦的农村，把最好的一切都给了我。感谢支持我学业的妻子和儿子，在家里，他们从来都把最适合学习的场所留给我，也不问我写的东西有什么用处。感谢教育过我的各位老师，特别是博士导师吴良镛先生，他以学术人生的家国情怀激发学生的学习热情，还有硕士导师David Mullins先生，他对大众居住问题和社会组织作用的关注为我树立了学术研究的榜样。同时，感谢各位支持我学业的单位领导和同事，特别是高承增总工程师、郑坤生司长（退休前曾任中央人民政府驻香港特别行政区办公室副主任）、田世宇司长、唐凯总规划师、张学勤司长。感谢中国建筑工业出版社对我学习和工作的一贯支持，特别是张锋书记的关心、高延伟编审的鼓励和审阅，以及责任编辑杨虹的辛勤劳动！